2022 年汛期优秀气象服务典型案例

中国气象局应急减灾与公共服务司
中国气象局公共气象服务中心　组编

气象出版社
China Meteorological Press

内容简介

本书汇编了 2022 年汛期优秀气象服务典型案例，共收录了全国 31 个省（区、市）气象部门和中国气象局相关直属单位的 43 个典型案例，包括《北京"7·27"强降雨气象服务总结与思考》《坚持底线思维和极限思维　全力做好 8 月 18 日至 19 日暴雨气象服务》《迎战"8·18"大暴雨　坚守防灾减灾第一道防线》《无缝隙服务　多部门联动　铸就极端天气高质量气象服务保障》等优秀案例，每个案例包括基本情况、监测预报预警情况、气象服务情况、防灾减灾效益、经验与启示等方面，凝练总结了各级气象部门做好气象服务、助力防灾减灾的宝贵经验，具有一定的参考价值，是气象部门汛期气象服务工作的重要史料，也是气象部门相关科研业务人员的参考读物。

图书在版编目（ＣＩＰ）数据

2022年汛期优秀气象服务典型案例 / 中国气象局应急减灾与公共服务司，中国气象局公共气象服务中心组编．-- 北京：气象出版社，2023.9
ISBN 978-7-5029-8041-2

Ⅰ．①2… Ⅱ．①中… ②中… Ⅲ．①汛期－气象服务－案例－中国－2022 Ⅳ．①P451

中国国家版本馆CIP数据核字(2023)第176765号

2022 年汛期优秀气象服务典型案例

2022 Nian Xunqi Youxiu Qixiang Fuwu Dianxing Anli

出版发行：气象出版社	
地　　址：北京市海淀区中关村南大街 46 号	邮政编码：100081
电　　话：010-68407112（总编室）　010-68408042（发行部）	
网　　址：http：//www.qxcbs.com	E-mail：qxcbs@cma.gov.cn
责任编辑：彭淑凡	终　审：张　斌
责任校对：张硕杰	责任技编：赵相宁
封面设计：艺点设计	
印　　刷：北京中石油彩色印刷有限责任公司	
开　　本：787 mm×1092 mm　1/16	印　张：15
字　　数：365 千字	
版　　次：2023 年 9 月第 1 版	印　次：2023 年 9 月第 1 次印刷
定　　价：66.00 元	

前　言

每年汛期是气象预报员和气象服务工作者夜以继日的特殊时期，他们奋斗在气象防灾减灾救灾第一线，始终坚持"人民至上、生命至上"，努力做到"监测精密、预报精准、服务精细"，谱写了守护生命安全、保障民生福祉的华丽篇章，其间涌现出一个个感人的奋斗事迹、一个个鲜活的气象服务案例，值得大家学习、宣传和颂扬。

为此，中国气象局应急减灾与公共服务司于2022年面向全国31个省（区、市）气象部门和中国气象局相关直属单位征集汛期优秀服务典型案例，汇编成这本《2022年汛期优秀气象服务典型案例》，旨在进一步推动公共气象服务高质量发展，提高气象服务的针对性、时效性、敏感性和综合性。

入选本书的优秀案例是各级气象部门在汛期针对重大气象灾害、局地突发性气象灾害和高影响天气事件开展服务的情况总结形成的，可为探索研究气象服务共性问题和普遍规律、总结服务经验和教训提供参考依据。与此同时，服务案例并不局限于气象防灾减灾，还涉及能源保供、粮食安全、生态安全服务等其他方面，彰显了气象服务的多样性和多元化。

每篇服务案例大致由基本情况、监测预报预警情况、气象服务亮点、气象服务情况、气象服务效益、经验与启示等部分组成，详细介绍了气象部门在2022年汛期重大气象服务的工作全貌，凝练总结了值得借鉴的宝贵经验和深刻教训。

全部案例由中国气象局应急减灾与公共服务司进行征集和收稿，由中国气象局公共气象服务中心组织专家进行评审、修改和统稿，最终精选出43个典型优秀案例汇编成册。

本次优秀案例的组稿和汇编过程，得到了中国气象局各职能司、相关国家级业务单位以及全国31个省（区、市）气象局的大力支持，在此表示衷心的感谢！

由于编者水平有限、时间仓促，本书难免存在疏漏之处，敬请各位读者指正。

编者
2023 年 9 月

目　录

北京"7·27"强降雨气象服务总结与思考

北京市气象台

作者：甘璐　荆浩　吴宏议

2022 年 7 月 27 日至 28 日，北京地区出现中到大雨，局地大暴雨。由于影响本次过程的低涡系统尺度很小，数值模式对其移动路径和强度预报摆动很大，加大了预报员对精准预报的困扰。北京市气象局充分发挥国省协同、京津冀互动、全市联动的服务新模式，协同国家气象中心派遣的首席专家全程共同应对强降雨天气。专家成员细致分析本地新型资料，周密会商，集多方智慧，及时捕捉天气异常信号，针对此次降雨过程的起止时间、平均降雨量以及最大雨强均提供了准确的预报结论。本次气象预报服务工作获得中国气象局和北京市领导的充分肯定和公众的广泛认可。

一、天气实况

受东移高空槽影响，7 月 27 日至 28 日，北京地区出现中到大雨、局地大暴雨（图 1）天气过程。此次降雨过程具有以下特点：一是持续时间较长，降雨从 27 日上午开始，主要降雨时段在 27 日中午至 28 日早晨，28 日中午降雨结束，持续时间超过 24 小时。二是累计雨量大，全市平均降雨量 44.4 毫米，其中城区平均 66.1 毫米，最大降雨量出现在朝阳化工桥，为 177.1 毫米；全市有 52 个气象观测站（约 10%）雨量超过 100 毫米。三是雨量分布不均匀，累计雨量呈现东部和南部多、西部和北部少的分布趋势，其中朝阳区平均累计雨量 93.1 毫米，延庆区则仅有 10.0 毫米。全市 5 个站次雨强超过 50 毫米/时，最大雨强出现在朝阳黑庄户都市农汇，27 日 14—15 时降雨 77.5 毫米。

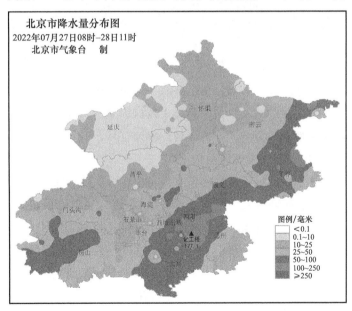

图 1　北京市"7·27"累计降水量

二、模式订正分析

（一）全球模式分析订正

从 26 日 08 时起报的降雨落区（图 2）可以看到，不同全球模式同一时次起报的降雨落区、量级和极值分歧较大，ECMWF 模式预报北京大部分地区为暴雨，NCEP 模式预报为小雨。相比较而言，ECMWF 模式预报的降雨落区在几个全球模式中与实况最为接近，但随后几个时次起报的落区调整较大，特别是东西摆动幅度大，这对于北京的精细化预报非常不利。可能是由于影响"7·27"强降雨的低涡系统尺度很小，使得全球模式的预报能力不足。总体来说，全球模式对于天气系统的把握不足，分歧较大，难以给预报员足够的信心。加之全球模式对于 27 日白天暖区强降雨的预报偏差较大，更加大了预报员对精准预报的困扰。

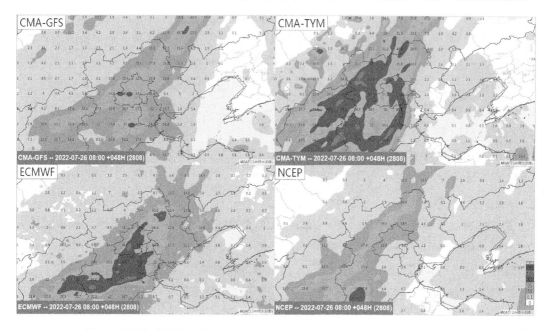

图 2　不同全球模式 7 月 26 日 08 时起报 27 日 08 时至 28 日 08 时降雨落区

根据预报员多年积累的经验，南风气流中的对流发展易出现在北京东北部地区，尤其是密云东北角，于是大胆将降雨落区向东北订正。同时，考虑到系统的移动方向，将西部山前一带也作为暴雨出现区域。事实证明，这两点都与实况基本一致。

（二）区域模式订正分析

北京城市气象研究院通过与美国国家大气研究中心深度合作，深入开展面向业务应用的本地化拓展研发，建立了睿图区域数值模式体系（RMAPS）。睿图模式产品（图 3）显示，提前一天的预报基本能把握本次降雨过程，对于降雨极值量级把握较好，但对于落区有一定偏差。随着起报时次变化，降雨落区摆动很大，这对预报员对落区的精确把握提出了挑战。特别是在 27 日前半夜（21 时前后）北京出现降雨较弱的空档期，需要研判夜间是否还会出现明显降雨，决定着全市防汛人员夜间是否还需要继续留守，决策压力巨大。

睿图模式产品逐小时更新，为开展跟进式服务提供重要参考。本次过程中，预报员经过天气系统与中小尺度环境场等分析，预报了东部地区将持续降雨。从组合反射率产品（图 4）可以看到，睿图模式持续预报南部的强对流不断向北移动并影响北京，为预报员在短临时段内的大胆订正提供了强大的信心。

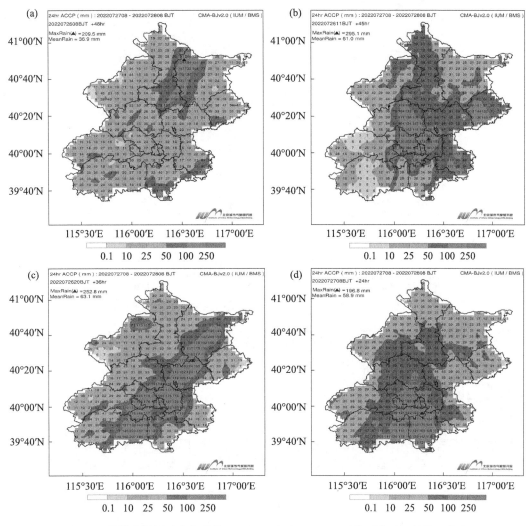

图 3　区域模式不同时次起报的 27 日 08 时至 28 日 08 时降雨落区（单位：毫米）

（a）26 日 08 时；（b）26 日 11 时；（c）26 日 20 时；（d）27 日 08 时

三、气象服务情况

1. 提前 3 天发布决策材料（图 5），精准预报落区和量级。 结合模式订正预报和人工智能客观预报技术产品分析，7 月 24 日发布第一期天气情况，提示本次降雨天气概况。26 日下午发布《重要天气报告》，指出本次过程降雨落区位置，局地 50～80 毫米，个别点可达 100 毫米以上。27 日上午跟进发布决策材料，在维持预报结论的基础上，提示沿山和南部地区暴雨，并强调了主要降水时段。

2. 及早有序发布分区预警信息，支撑靶向防御。 针对此次强降雨过程，北京市气象台于 27 日 14 时 15 分发布暴雨蓝色预警信号，28 日 01 时 50 分升级发布暴雨黄色预警信号。同时，深化市、区上下游及与周边的天气联防机制，各区及时发布雷电、暴雨分区预警信号共 42 期。其中，朝阳、平谷和密云区先后升级发布暴雨橙色预警信号。本次过程雷电预警、暴雨预警的准确率（命中率）均为 100%。

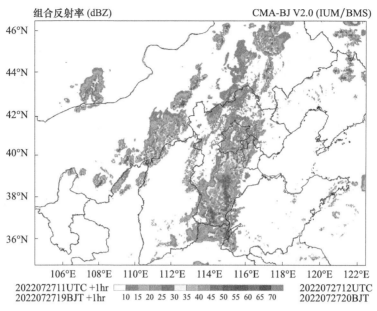

图 4　区域模式 CMA-BJ 27 日 20 时起报的组合反射率拼图（单位：dBZ）

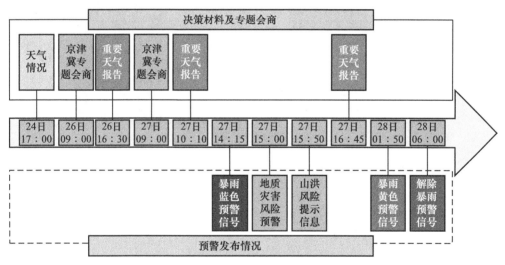

图 5　"7·27" 强降雨气象服务工作时序图

3. 联合发布基于影响的风险预警。 27 日 15 时联合北京市规划和自然资源委发布地质灾害气象风险预警，15 时 50 分联合市水务局发布山洪灾害风险提示，为决策部门开展精准防御提供支撑。

四、应急响应及部门联动

1. 深度融入 "1＋7＋5＋17＋N"① **防汛应急指挥体系。** 7 月 26 日至 28 日连续 3 天向全市决策部门实时通报天气情况，累计发布决策材料 42 期。降水期间逐小时、主要降水时段半小时提供雨情通报、雷达回波图等信息。气象信息全面融入 "1＋7＋5＋17＋N" 防汛应急

---

① 1＋7＋5＋17＋N，即北京市防汛抗旱指挥部（简称市防指），以及相应的 7 个专项分指挥部，5 个流域分指挥部，17 个区级分指挥部和 N 个社会单位、行业组织、基层网格员、安全员、信息员等。

指挥体系，第一时间覆盖到达基层最后一公里。同时，加强与行业部门的联动，通过各类专项指挥平台提供数字化气象服务。市防汛办根据预报预警信息，及时向公众全网发布提示性信息。针对此次降雨过程，全市共备勤队伍 2645 支、125478 人，转移受威胁群众 3322 人，关闭涉山涉水景区 129 家，关闭民宿 174 家，工程停工 1979 项，有力保障安全度汛。

2. 加强公众气象服务，增强防灾避险意识。 准确把握北京重大天气舆论引导节奏，强化科普宣传和信息解读。组织专家接受媒体采访，面向 40 余家央地主流媒体发布新闻通稿。24 日起通过北京广播电视台 7 档影视节目滚动播发 7 月 27 日至 28 日降雨过程预报预警信息，并于 27 日加播 4 档天气连线节目。通过气象北京微博、微信、抖音、快手等新媒体跟踪发布此次降水过程实况、预报预警、服务提示和科普信息 80 条，总阅读量达410.9 万次。滚动提示市民注意防雷避雨，不要贸然涉水，注意防范山洪泥石流等次生灾害。针对市民关注的"雨什么时候下、哪里大？雨什么时候停？"等问题进行及时回应。

五、经验与启示

1. 领导高度重视，靠前指挥。 7 月 27 日下午，北京市主管防汛副市长到北京市气象局指导降雨预报服务工作，强调要树立底线思维，秉持科学精神，坚持科学预报，重点关注强对流等极端天气，宁可十防九空，不可失防万一，为更有效地开展全市防汛应急联动，确保安全度汛打下坚实基础。市气象局于 7 月 27 日 14 时 15 分启动Ⅳ级应急响应，7月 28 日 01 时 50 分升级启动Ⅲ级应急响应。市气象局主管领导和相关部门负责同志 24 小时值班值守，全程指导做好此次强降雨过程的预报预警和服务工作。

2. 充分利用国省资源协同应对强降雨过程。 充分发挥首都区位优势，聚合多方资源共同研判北京天气。北京市气象局与中国气象局气象探测中心建立北京局服务支撑微信群，同步开展北京降雨过程监测、雷达协同观测等多种手段，全力支持北京预报服务工作。同时，与国家卫星气象中心开展重大天气过程卫星加密观测，覆盖北京区域的逐分钟快扫云图为降雨监测提供支撑。

3. 加强数值模式产品的订正仍是精准预报的关键。 现阶段，数值预报仍是天气预报的基础，预报员可以依靠但不依赖于模式预报。此次强降雨过程中，多数主流模式对于低涡的移动速度和路径预报与实况有所偏差，摆动较大，给预报员对降雨的精准判断造成困扰。预报员对于模式产品的订正发挥了重要作用。下一步，仍需加强对不同模式预报性能的评估分析，积累模式应用经验，形成有效的预报指标和订正方法。

4. 充分应用气象高质量发展和现代化建设成果。 此次降雨过程在包括全球模式等多家模式预报效果不佳的前提下，逐小时更新的睿图区域模式产品为预报员滚动订正降雨落区提供了重要支撑。市气象台依托人工智能研发团队，研发新的定量降水和强对流预报方法，基于客观算法产品订正后的综合预报准确率更高，其中汛期晴雨预报准确率达82.9%，较去年提升 4.0%。

5. 完善气象预报预警为先导的应急联动机制。 通过深化与防汛责任部门全天候会商联动和"直通式"叫应机制，修订完善市、区强降水天气"叫应"服务标准和工作流程，进一步提高了应急联动效率。针对不同用户采用分众式气象服务，通过统筹兼顾预报预警发布时效和准确性，进一步提升预报预警的有效性和可用性。

附表　汛期预警响应全流程

确定汛前响应等级：预防条件	预防行动：市气象局	预防行动：市防汛办	预警响应	响应启动与结束	响应调整和解除
≥200毫米	提前1~2天提出预警建议；提前12~24小时发布橙、红色预警	提前1~2天组织全网会商部署；提前24小时启动橙色或红色预警响应	视情况启动防汛Ⅰ级响应	市防指总指挥批准	按照“谁启动、谁调整、谁结束”的原则。各相关防汛指挥部可视情况调整预警响应或宣布预警响应结束
150~200毫米	提前1~2天提出预警建议；提前12~24小时发布黄、橙色预警	提前1~2天组织全网会商部署；提前12~24小时启动橙色或红色预警响应			
50~150毫米	提前1~2天提出预警建议；提前6~12小时发布蓝、黄色预警	提前1~2天组织会商部署；提前6~12小时启动蓝色或黄色预警响应	视情况启动防汛Ⅱ级响应	市防指常务（执行）副总指挥批准	
25~50毫米	提前1~2天提出预警建议；视情况提前6小时发布蓝色预警	组织防汛会商；适时启动全市蓝色预警响应或区域预警响应			
＜25毫米（雨强＞50毫米/小时）	提前3~12小时提出预警建议；视情况提前1~3小时发布蓝色或黄色预警	组织防汛会商；适时启动区域预警响应或事件响应	视情况启动防汛Ⅲ级响应	市防指副秘书长或防办主任批准	
＜25毫米（雨强＜50毫米/小时）	及时分区分级发布预警				
局地突发性降雨	及时修正预警建议，尽早发布或调整预警信号	视情况可启动预警响应或防汛突发事件应急响应	视情况启动防汛Ⅳ级响应	市防汛办主任或执行副主任批准	

坚持底线思维和极限思维
全力做好8月18日至19日暴雨气象服务

天津市气象局

作者：孟雪　段丽瑶　翟蕾

2022年8月18日白天到夜间，天津普降大到暴雨、局部大暴雨，最大小时降雨量为近10年最大值。市领导对此次强降雨过程作出重要批示并坐镇指挥，市气象局密切监视天津及海河流域强降水天气过程，加强天气研判，开展递进式服务，强化部门合作，全面做好监测预报预警服务各项工作。

一、基本情况

此次降雨过程持续时间长、累计雨量大、局地小时雨强历史少见。全市平均累计雨量69.7毫米，最大累计雨量197.1毫米，为2022年天津汛期最强降雨过程（图1）。降雨持

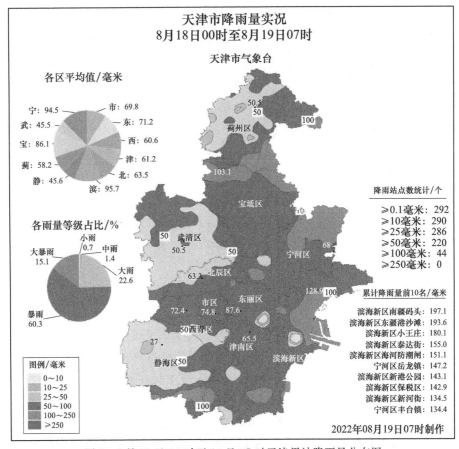

图1　8月18日00时至19日07时天津累计降雨量分布图

续近 22 个小时，强降雨集中出现在 18 日 20 时至 19 日 00 时。海河流域中北部普降中到大雨，局部暴雨到大暴雨，个别站出现特大暴雨。最大降雨量 276.1 毫米，最大小时降雨量 117.1 毫米，为天津近 10 年最大。

二、服务亮点

（一）尽"早"，当好防汛"吹哨人"

一是提前 10 天作出预测。针对此次降雨过程，天津市气象局分别于 7 月 30 日、8 月 9 日发布的月滚动气候趋势预测中已预测出此次降雨过程。二是提前 3 天发布重要天气过程预报。开展直通式服务，8 月 16 日，在每天 08 时上报天津市主要领导的气象信息例报中提前预报此次降雨过程。三是提前 1 天发布具体天气预报。8 月 17 日发布重要气象信息专报，天津市张工市长作出应对工作的批示，桂平常务副市长、树起副市长分别坐镇市防办、市水务局指挥调度山洪地质灾害防御、防汛排涝等各项工作。四是提前会商研判，早防范，早联动。市气象局 8 次参加市防办组织的会商，研判雨情发展趋势，为市防办组织各单位提早上岗，全力做好强降雨应对准备提供决策支撑。各区气象局参加本区调度会议，向本区党政主要领导及时报告气象信息，安排专人在区防办应急值守，现场开展服务。市防办于 8 月 18 日 05 时启动防洪Ⅳ级应急响应。市气象局于 18 日 07 时启动气象灾害（暴雨）Ⅲ级应急响应。

（二）报"准"，打响气象"发令枪"

一是新建雷达提供观测支撑。新建成的宝坻双极化雷达提供了更为精细的对流系统结构特征，大力提升了降水强度的预估准确度。二是分区预警提升预警发布效果。按照"属地负责、宁空勿漏、宁早勿迟、服务优先"的天气预警发布原则，对灾害性天气尽量早研判、早预报、早预警。市气象台 18 日上午和傍晚先后发布暴雨蓝色和黄色预警信号，指导各区气象局开展属地化预警服务，滨海新区发布暴雨红色预警信号，宁河区、静海区发布暴雨橙色预警信号。三是预报评分名列全国前列。中央气象台天气业务内网检验模块中全国暴雨 TS 评分结果显示，8 月 17 日 20 时和 18 日 20 时天津降雨预报评分全国排名第 1，18 日 08 时预报评分排名第 2。18 日 06 时 43 分发布暴雨蓝色预警信号，预警信号准确率达 100%，预警提前量为 602 分钟，有效性得分 100 分。当日 20 时 47 分发布暴雨橙色预警信号，预警信号准确率达 100%，预警提前量为 61 分钟，有效性得分 80 分。因此次暴雨过程预报准确，天津暴雨评分跃升至全国第 5 位。

（三）"快"速，射准预警"离弦箭"

一是开展跟进式服务。市气象局根据需求及时调整服务方式，在强降雨时段，快速研判、快速统计，每小时通过市防汛微信群报告天气实况及未来 2 小时降雨预报，确保气象信息第一时间到达市领导及相关部门。二是开展分层分级叫应。密切监测天气形势变化并及时发布预警信号和雨情信息，市、区两级随时保持实时连线，完成内部叫应，市级快速、高效对区级指导，各区气象台及时发布、升级分乡镇的预警信号。三是迅速启动"绿色通道"。通过新建成的天津市突发事件预警信息发布系统（二期）全网发布暴雨蓝色预警信息，实现 1 小时发布全市 1600 万人次的预期目标，发布速度比之前提高 2～3 倍。18 日当晚天津滨海新区发布暴雨红色预警信号，太平镇小王庄已出现 130 毫米的强降雨，通过预警发布系统的精准靶向发布功能，向小王庄附近 5 千米范围内约 2.5 万人次精准发布暴雨提示，提醒当地居民注意防范。

（四）"广"泛，织密服务"一张网"

一是做好大城市气象服务保障。聚焦城市生命线，对交通、旅游、石化等行业需求，提前开展电话叫应。积极通过数字化专业气象服务平台实现暴雨灾害自动感知、风险预警智能研判、服务产品精准推送，为交通安全运行、景区运营管理、石化生产运营等提供 24 小时不间断精细化气象服务，相关部门及时采取了道路限行、景点人员转移、景区关闭等必要措施，城市安全稳定运行未受到明显灾情影响。二是开展迎峰度夏电力负荷专项服务。面向电力运控调度人员开展"一对一"服务，滚动提供预报预警和实况监测信息，科学合理制定电力负荷预测曲线；保证供电平稳，筑牢电力光明防线。三是做好部门联动，发布风险预警。落实气象与规划、水务部门 24 小时直连制度，随时沟通天气形势变化；与市规划资源局加密会商，及时发布地质灾害气象风险黄色预警。及时向交通、城管、消防等部门提供积水数据。

（五）务"实"，筑牢气象"首防线"

一是市气象灾害防御指挥部办公室（简称市气指办）职责落实到位。市气指办利用气象灾害应急联络员微信群组滚动发送气象灾害预警、最新气象提示等信息，为 25 个成员单位开展应急工作提供及时的气象服务。市、区两级气象部门，第一时间分层分级电话叫应党政领导和应急责任人 68 人次，提醒防汛部门和基层单位提前部署防御工作。二是流域气象服务联防落实到位。组织海河流域各省会商，及时发布流域气象服务产品。参加海河水利委员会专题会商并及时提供最新降雨实况和未来降雨预报，关注重点区域进行针对性服务。三是加强科普解读，提升全民防灾意识。组织媒体集中采访，首席专家加强对此次降雨发生发展特点的分析解读。8 月 16 日通过中国气象局微信公众号推送名家讲科普短视频《科学还是谣言？雷雨天，到底不能哪样儿？》，提醒公众雷雨天注意防灾避险，近 5000 人次观看。

三、经验启示

一是跟进式服务有力有序。强降雨集中在 18 日 20 时至 19 日 00 时，提供逐小时滚动最新降雨实况和未来降雨预报，通过微信群将最新气象信息同步上传市领导防汛调度群、市委市政府办公室、市防汛群、市气象局监测联防群等，避免以前降雨时众多内外单位不停打电话询问降雨实况和预报的情况。密切跟踪蓟州区山洪沟水位变化，18 日 21 时许关东河下游王家坎水位达到 1.56 米，存在山洪风险，值班人员立即通过预警发布系统向可能受影响村的村干部发布短信提示，提醒注意规避风险。

二是部门联动成效突出。市、区两级防汛部门根据滚动气象服务信息提前部署、果断行动。8 月 18 日早晨，国网天津市电力公司提前准备 670 辆供电保障车辆，出动保障人员 556 人次，开展设备特巡和故障抢修，重点对 "23＋16" 易积水片及工业园区内供电设备设施进行检查，确保电网设备运行正常。18 日夜间，水务、交通、公安等部门针对重点地段采取断交、封闭、开泵、排水等管控措施，及时消除内涝隐患，19 日凌晨中心城区地道全部退水。各区各部门各单位超前部署、精心准备，全市出动 1 万余人次的检查组持续开展巡查排险，提前转移群众 1127 人。蓟州区严防死守山区水库、塘坝、山洪沟、地质灾害隐患点位，关闭景区 22 个，全力确保人民群众生命安全，没有出现人员伤亡现象。

三是城市轨道和地下空间等关键点位服务成效显著。通过天津电视台各频道及轨道集团 PIS 屏滚动、加密发布降雨预报和预警信息，覆盖约 420 万受众。降雨期间，部分路段出现不同程度的积水，市气象局利用积水监测系统密切跟踪监测积水深度，及时向交通、城管等部门发布内涝风险提示，其中，北辰区南仓铁道桥下沉地道 18 日 22 时起 1 小时涨水 0.6 米，19 日 03 时许积水达到约 1.45 米，当地管理部门及时封闭了地道，有效避免了积水亡人现象，并积极组织排水，地道于 19 日上午恢复通车。

迎战"8·18"大暴雨 坚守防灾减灾第一道防线

河北省秦皇岛市气象局

作者：赵铭 李飓 刘贞

2022年8月18—19日，秦皇岛地区出现2022年最强降雨天气过程。针对此次强天气过程，秦皇岛市气象部门积极践行"人民至上、生命至上"理念，递进式预报预警直达各级党政领导和部门负责人，伴随式决策服务、普惠式公众服务，助力政府及有关部门和人民群众立体了解灾害影响，有效确保灾害性天气迅速反应、科学防御，切实筑牢防灾减灾第一道防线，为提升全民防范风险意识、最大程度减少灾害损失提供了有力保障。

一、基本情况

（一）天气实况及特点

8月18日06时—19日03时，秦皇岛出现强降雨天气过程（图1）。全市平均降雨量为148.2毫米，最大雨量和最大小时雨强均出现在卢龙团店，分别为334.1毫米、81.4毫米/小时。共有163个站点超过50毫米（暴雨），128个站点超过100毫米（大暴雨），1个站点超过250毫米（特大暴雨）。全市共有24个站出现大风天气，极大风出现在昌黎葡萄沟，达19.7米/秒（8级）。

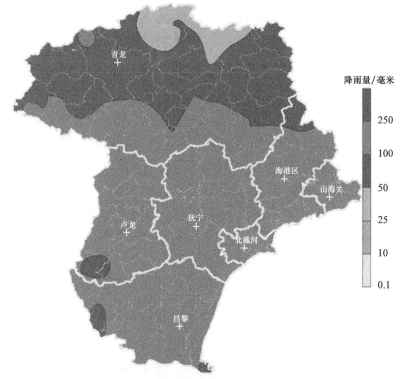

图1 秦皇岛市8月18日06:00—19日02:50过程降雨量

（二）灾情影响情况

据统计，本次降雨天气过程使得全市各县（区）超过 40 个乡镇受灾，农作物成灾面积约 6345 公顷，直接经济损失约 4932 万元。暴雨引发城市内涝导致大量车辆被淹（图 2），全市气象部门为民众开具保险理赔证明 103 份。

图 2　秦皇岛市某小区地下车库受淹情况

（三）总体服务情况

此次暴雨过程秦皇岛市气象局预报精准、服务及时，"131631"① 递进式气象预报预警服务机制在汛期、暑期气象服务工作中发挥重要作用。以预警为先导的应急联动机制推动了气象防灾减灾"发令枪"和"消息树"的作用切实发挥，伴随式决策服务、普惠式公众服务为政府有关部门及人民群众提前部署、科学防御提供了有力支撑。

二、监测预报预警情况

针对此次汛期最强降雨天气过程，秦皇岛市气象局凝练出"131631"预报预警服务机制，为灾害防御赢得宝贵时间。8 月 11 日预报中提前一周预报 18 日开始有一次降水天气过程。8 月 15 日一周预报中提前 3 天再次提醒 18—19 日可能发生强降雨天气。16 日、17 日则连续发布 2 期《重要天气报告》，及时更新明确降雨量级、落区和强降雨时段，及时报送市委市政府及市防汛办等相关部门，并通过电视台全频道滚动字幕、户外广告大屏、全市融媒体矩阵发布重要天气预报信息。8 月 17 日提前 1 天对雨量、降雨落区、强降雨时段进行精细化确定，17 日 16 时再次发布《重要天气报告续报》。市气象灾害防御指挥部办公室起草发布《气象灾害风险预警服务快报》和相关防御通知。18 日提前超过 6 小时开始先后发布灾害性天气预警信号及地质灾害、山洪、城市内涝等气象风险等级预报。强降雨开始前，提前 3 小时开始加密发布气象信息，逐 1 小时发布实况雨情和预报，不断滚动更

---

① "131631"，按数字顺序分别表示为：每周五发布 1 篇《未来一周气象风险提示》、提前 3 天发布《重要天气报告》或《天气报告》、提前 1 天发布《重要天气预警报告》或《天气报告》、提前 6 小时发布《6 小时短时预报》、提前 3 小时发布《3 小时短时预报》、提前 1 小时发布《1 小时临近预报》。

新发布时刻到降雨结束时刻的雨量预报信息。过程中全市气象部门主动开展乡镇灾害"叫应"152 人次，平均提前量超过 1 小时。

三、气象服务情况

（一）高度重视，切实落实防灾减灾工作职责

一是尽早部署，明确任务。市气象局 15 日上午召开汛期气象服务领导小组工作会议，对此次过程防汛、应急工作进行安排部署。17 日，印发《秦皇岛市气象灾害防御指挥部办公室关于做好 18 日强降水天气防范应对工作的通知》（图 3），要求全市各县（区）各部门紧盯气象预报预警，按照职责迅速开展联动工作。

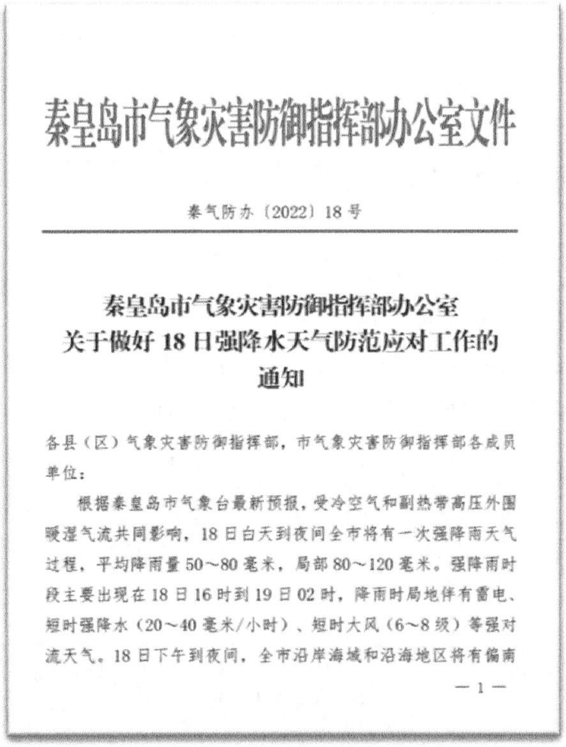
秦皇岛市气象灾害防御指挥部办公室文件

秦气防办〔2022〕18 号

秦皇岛市气象灾害防御指挥部办公室
关于做好 18 日强降水天气防范应对工作的
通知

各县（区）气象灾害防御指挥部，市气象灾害防御指挥部各成员单位：

根据秦皇岛市气象台最新预报，受冷空气和副热带高压外围暖湿气流共同影响，18 日白天到夜间全市将有一次强降雨天气过程，平均降雨量 50～80 毫米，局部 80～120 毫米。强降雨时段主要出现在 18 日 16 时到 19 日 02 时，降雨时局地伴有雷电、短时强降水（20～40 毫米/小时）、短时大风（6～8 级）等强对流天气。18 日下午到夜间，全市沿岸海域和沿海地区将有偏南

— 1 —

图 3　秦皇岛市气象灾害防御指挥部印发防御通知文件

二是快速响应，时刻戒备。市气象灾害防御指挥部办公室及时发布《气象风险预警服务快报》，结合暴雨致灾危险性等级等气象灾害风险普查有关成果，明确提出本市山洪、地质灾害气象风险较高的范围。市气象局于 18 日 08 时 30 分启动气象灾害（暴雨）Ⅳ级应急响应，随后根据暴雨强度，动态提升应急响应等级。

（二）跟进服务，时刻把握防灾减灾决策需求

一是高位推动，追踪服务需求。15 日开始，市气象局局长居丽玲在政府工作群及时发送重要气象信息并进行提示解读，通过现场、电话、微信等方式及时向市委市政府主要领导汇报本次天气过程气象预报信息（图 4）。市委书记王曦、市长丁伟高度关注。18 日市长丁伟、常务副市长李杰刚、副市长郭建平分别组织召开调度会议，市气象局局长居丽玲就本次天气过程预报及影响分析进行专题汇报。

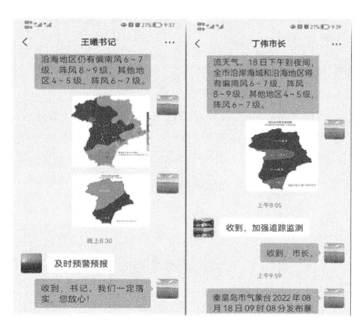

图 4　市气象局局长居丽玲向市委书记王曦、市长丁伟直接汇报天气情况

二是贴身参谋，助力科学调度。 18 日下午，居丽玲局长陪同丁伟市长、李杰刚常务副市长、郭建平副市长在市防汛办 24 小时值守调度，随时提供雨情实况、精细解读形势演变、及时通报预报预警、分析研判气象风险，为科学调度提供科学决策依据（图 5）。

图 5　丁伟市长、李杰刚常务副市长、郭建平副市长、居丽玲局长在市防汛办全程调度

三是平台支撑，提升服务效果。 秦皇岛市气象灾害防御决策支撑平台部署在市防汛办，结合气象数据与承灾体、隐患信息智能关联，为气象灾害风险监测和研判提供数据支撑，较好地展示了气象部门软实力（图 6）。

图 6　秦皇岛市气象局业务人员利用气象灾害防御支撑平台向郭建平副市长讲解天气情况

（三）普惠全面，构建高效预警信息发布体系

一是直播互动，加强科普宣传。利用抖音全程开展强降水网络互动直播（图7），邀请专家预报分析本次降水过程概况，参与晚间市县加密会商，与群众共同监视追踪暴雨发展过程，直播在线观看人数超过 19 万人。

图 7　市气象融媒体中心直播雨情情况

全程互动体验式的气象科普通俗易懂，影响广泛，能够及时回应群众关心问题，互动过程中的气象科普更易于群众理解，有效弥补公共短临气象服务的空白，取得了极好的效果。

二是重大信息，全网发布。本次强降雨天气是秦皇岛入汛以来最强降雨天气，根据天气演变，18 日下午，经市政府办公室审批同意后，于 23 时 40 分启动暴雨预警信息全网发布流程，对三大运营商全部在网用户发布暴雨红色预警信号，提示做好防范。

三是全媒联动，普惠高效。降雨过程前后市气象融媒体中心共制作视频节目 35 期，图文 33 篇，累计阅读量 38.7 万人次；与市委宣传部合作在户外公益广告屏上播发预报预警信息（图8）2 次，24 小时不间断在有线电视、IPTV 进行全频段飞播预警字幕（图9），"秦皇岛发布""秦皇岛晚报""有料秦皇岛"等各大新媒体账号对预报预警信息进行转发。

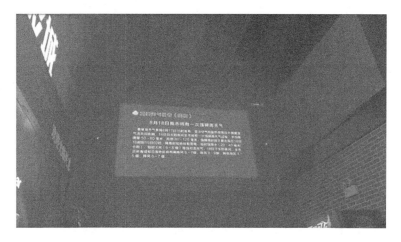

图 8　市委宣传部协调户外公益广告屏播发重要天气报告

图 9　全频段电视节目飞播预警字幕

四、气象防灾减灾效益

（一）预警为先导的部门应急联动机制快速有效

市气象台 18 日 09 时 00 分发布暴雨蓝色预警后，市气象灾害防御指挥部 18 日 09 时 30 分启动暴雨Ⅳ级应急响应。

18 时 59 分暴雨预警升级为黄色后，市防汛抗旱指挥部于 19 时 20 分启动防汛Ⅳ级应急响应。

21 时 43 分暴雨预警升级为橙色后，市气象灾害防御指挥部 22 时 00 分提升到暴雨Ⅱ级应急响应。

23 时 40 分暴雨预警升级为红色后，市防汛抗旱指挥部于 19 日 00 时 30 分防汛应急响应升级为Ⅲ级。

全市共有 7 个县（区）启动了Ⅳ级防汛应急响应，1 个县区启动了Ⅲ级防汛应急响应。

市应急局、市水务局、市资源规划局迅速启动 24 小时值班值守，对全市水库、重点河道水位、地质灾害隐患点进行严密监控（图 10）。根据水库入库流量及水位及时确定泄洪计划，调整泄洪流量，确保水库堤坝及下游行洪区域安全，2次下达洋河水库泄洪调度令，4次下达石河水库泄洪调度令。指导县区镇村开展临时避险安置工作，组织动员对受威胁隐患点附近的居民、住户进行紧急疏散转移。

图10　市资源规划局组织人员对地质灾害隐患点进行排查

市城管执法局充分应用各项防汛资源，收集汇总易积水点监控探头信息，实时反馈；防汛指挥车不间断在城区各个主次干道及易积水点位进行反复巡查，动态跟踪；现场防汛人员实施有针对性的处置，及时清理积水与井箅子周边杂物或实施机械强排作业，最大限度降低内涝险情（图11）。

图11　市城管执法局组织人员清理城市排水设施

市交通局全面落实公路防汛工作要求，迅速启动公路防汛应急预案，加强公路重要点位巡查、观测，发现险情，全力以赴、紧张有序地开展公路防汛抢险工作。共出动巡查、抢险人员 135 人次、机械设备 16 台次，清理塌方、淤积 2600 多立方米，积水路段设置警示标志 6 处，处置倒伏路树 25 棵。

秦皇岛海事局通过船舶交通安全管理与服务微信群及 VHF 甚高频广播对秦皇岛海域的船只进行预警信息播报，18 日 22 时 30 分，及时启动海域交通管制。

青龙县、卢龙县、昌黎县、抚宁区气象灾害防御指挥部也分别启动了本辖区重大气象灾害（暴雨）应急响应，各县（区）主要负责人均直接对本辖区气象灾害防御工作进行调度指挥。

（二）确保无重大险情，无人员伤亡

此次暴雨过程预报精准、服务及时，切实发挥了气象防灾减灾"发令枪"和"消息树"的作用，为政府及有关部门提前部署、科学防御提供了有力支撑，暴雨期间全市提前转移人口（图 12）共 705 人，涉及 31 个乡镇 79 个村 292 户，最大程度降低了灾害天气的不利影响，减少了人民群众生命财产损失，实现了重要水利工程和重要基础设施、矿山和尾矿库无一处发生重大险情，无一人因洪涝灾害伤亡。

（三）服务机制全面应用，获得认可

本次过程凝练总结出的"131631"预报预警服务机制，在当年全市暑期、汛期气象服务中得到较好应用，取得良好效果，获得领导认可。河北省委政法委书记董晓宇表扬气象局创新服务载体和科技支撑手段，建立"131631"预报预警服务机制，为暑期工作提供了精准的气象保障。河北省气象局张晶局长、张洪涛纪检组长、郭树军副局长对秦皇岛市气象局暑期气象服务工作情况进行批示表扬（图 13）。丁伟市长、郭建平副市长在多次会议上对本次过程及汛期气象服务工作给予高度评价。

图 12　北戴河区紧急转移受暴雨危害的群众　　　图 13　河北省气象局领导批示文件

无缝隙服务 多部门联动
铸就极端天气高质量气象服务保障

山西省吕梁市气象局

作者：卫徐刚 刘旭锋 张树德

2022 年 8 月 7 日 08 时至 12 日 08 时，山西省吕梁市出现大范围强降水天气过程，降水呈现暴雨频次高（5 天 4 次）、持续时间长（5 天）、雨强大（最大 63.6 毫米/小时）、累计雨量大（局地 269.7 毫米）、与前期降水落区重叠度高（吕梁市北中部）、次生灾害重（山洪、地质等灾害多发）等特征，尤其是中阳县白草村 8 月 10 日夜间至 11 日出现 12 小时 216.4 毫米的特大暴雨。

山西省委省政府高度重视，组织召开全省防汛调度视频会安排部署，吕梁市委市政府积极组织防范应对工作。市防汛抗旱指挥部、气象灾害应急指挥部均启动了应急响应。以联合会商、信息共享、预警信息发布、预警信息再传播、应急联动为核心内容的"五＋10"（联合会商、信息共享、预警信息发布、预警信息再传播、应急联动五大类 10 个子项）气象灾害监测预报预警联动机制在此轮强降水天气过程中发挥了重要作用。

吕梁市气象部门在山西省气象局的坚强领导和具体指导下，聚焦"准、细、快、实"，按照"早预报、勤订正"的预报理念、"无缝隙"的服务流程和"内响应、外联动"的工作机制，及时组织开展了以保障市委市政府决策为出发点，以满足人民群众实际需求为落脚点，以省市县气象部门上下协同、各成员单位左右联动、齐抓共管为着力点的重大气象灾害应对防范工作，为受灾人员及时撤离、应急物资调配转运、救灾现场指挥调度及灾后重建提供了强有力的服务保障，极大减轻了因暴雨及其次生灾害造成的人民生命财产损失，得到市委市政府高度肯定和广大人民群众一致认可。

一、天气及服务基本情况

2022 年 8 月 7 日 08 时至 12 日 08 时，吕梁市出现 4 次大范围强降水天气过程，分别在 7 日 20 时—8 日 08 时，8 日 20 时—9 日 15 时，9 日 17 时—10 日 12 时，10 日 17 时—11 日 14 时。全市 243 个监测站中有 229 个站出现降雨，最大降水量为 269.7 毫米，出现在中阳县白草村；其中，累计降水量≥250 毫米的有 2 个站、100.0～249.9 毫米的有 95 个站、50.0～99.9 毫米的有 82 个站。强降水主要集中在吕梁市北中部的兴县、岚县、临县、方山县、中阳县、离石区。

此次降雨过程中，积极推进重大气象灾害"21631"① 递进式气象服务模式，通过提前

---

① 21631，是指提前 2 天预测重大过程、研判综合风险，提前 1 天预报气象灾害落区、重点影响时段，提前 6 小时进入临灾精细化状态、触发三级防线，提前 3 小时进入临灾精细化跟踪服务、部门联动响应，提前 1 小时预报精细落区、精准对点服务。

预判天气过程、滚动更新预报预警、开展临灾叫应等，形成上下协同、左右联动、精细服务的有利局面，充分体现了气象部门全面融入政府指挥体系、为防灾减灾提供决策依据的重要作用。

二、主要做法和经验

（一）聚焦"预报准"，做到"早预报、勤订正"

吕梁市气象部门不断夯实监测、预报、预警等气象立身之基，抓紧"精准预报"龙头。在此次极端天气过程中，坚持重要天气过程预报要尽早，过程预报要及时订正、更新发布的"早预报、勤订正"的预报理念，加强全过程递进式预报预警服务，不断提升预报准确率。

1. 气候预测，早警示。 7 月 27 日，根据山西省气象局 8 月份气候预测，作出 8 月份吕梁市降水量偏多 2～5 成，并与 7 月份降水区域范围高度重叠的预判，建议市委市政府及相关部门，做好主汛期（7 月下旬至 8 月上旬）因强降水天气引发的中小河流洪水、山洪、地质灾害、城乡渍涝等次生灾害的防范。

2. 精密观测，保数据。 根据前期气候预测，8 月初全市气象部门开展了一次观测设备大维护活动；信息和技术保障中心加密监控观测数据传输情况，及时发现并处理疑误数据；同时，密切关注雷达运行情况，第一时间处理设备问题。市县一体，紧密合作，确保观测设备高效运行，保证了各类数据有效传输。全市国家级地面气象观测站监测数据传输率达 99.83%，业务可用率达 99.98%，吕梁新一代天气雷达监测数据传输率达 99.44%。

3. 精准预报，勤订正。 8 月 3 日（提前 4 天）一周天气预报中指出将有强降水天气，需加强防范山洪、地质等次生灾害；8 月 4 日制作发布了此次天气过程的第 1 份《重要气象信息》，指出 8 月 5—10 日本市多对流和降水天气，需防范局地强降水及雷暴大风引发的次生灾害；从 8 月 5 日起，气象台、服务中心、技术保障中心、各县级气象部门等积极参加全国、全省会商，密切关注榆林、忻州等下游天气情况，并与省局及相关气象部门及时开展联合会商、分析研判，及时订正预报产品，开展递进式服务。期间于 8 月 8 日、9 日、10 日发布 3 期订正《重要气象信息》，不间断地订正发布了 7 期《短临预报》，有效提升了此次过程预报准确率。

4. 及时预警，快发布。 8 月 8—12 日，市县相继发布暴雨预警信号 20 余次；与吕梁市规划和自然资源局联合制作发布地质灾害气象风险预警 5 期，与吕梁市水利局联合制作发布山洪灾害气象风险预警 4 期。并通过国家突发事件预警信息发布系统、防灾减灾工作微信群组、吕梁气象微博、微信公众号等渠道快速发布，确保了预警信号发得出、传得快、有实效。

（二）聚焦"服务细"，做好"全方位、勇担当"

吕梁市气象部门不断完善从中期天气预报（7 天）开始，到天气过程结束，期间按照各服务产品规范定时或不定时制作发布的无缝隙服务流程，在决策服务、行业服务、公众服务及应急救灾等方面精益求精，深度挖掘气象数据可用性，提升气象服务专业性、准确性、精细度，将气象融入各行各业，发挥气象防灾减灾第一道防线作用。

1. 决策服务密集高效。 此次过程中，全市气象部门严格 24 小时值班值守，严密监视天气变化情况，根据最新天气资料对降水落区及预报及时订正，每隔 3 小时发布一次天气实况信息及短临预报，强降水期间 1 小时发布一次雨情快报，共发布《气象信息快报》15期，天气预报提醒 11 期，为市委市政府防范各类暴雨风险隐患等提供了强有力的气象支撑。

2. 行业服务细致入微。精细服务保障了交通、航空、文旅等 19 个省市级重大工程、项目及行业单位，尤其是保障了省级 209 国道改线工程和市级长输管线供热等重点工程的顺利进行。从 8 月 6 日开始，逐 3 小时给工程项目部提供定点气象服务，根据需求不断调整预报产品，多次在强降水来临前 1 小时建议紧急撤离施工人员及便携设备，对固定设备进行紧急避雨处理，最大程度地保证了工程进度，最大限度地减轻了工程损失。

3. 公众服务权威快捷。积极通过市电视台融媒体中心、微博、微信公众号不间断发布短临预报等气象信息累计 18 次、各类预警信号 10 余次，转发科普类文章等 7 篇，总阅读量达 6.5 万人次。服务内容获得广大市民的认可。

4. 应急服务冲锋在前。8 月 11 日中阳县出现严重洪涝灾害，市气象局紧急派出服务组和专家组赶赴现场开展为期半个月的现场应急服务，并开展逐 3 小时滚动预报服务，提供指导预报 50 余期，为救灾工作提供了科学支撑。尤其在 8 月 18 日强降水调度会上，气象专家果敢预判、准确预报，作出可能出现大到暴雨的预报，现场指挥部紧急撤回救灾人员及物资，有效避免了人民生命财产受损。

（三）聚焦"联动快"，做到"内响应、外联动"

吕梁市气象局作为市气象灾害应急指挥部办公室，加强与各相关部门、各指挥部的合作交流、应急联动，积极探索建立气象部门启动应急响应后气象水文、应急、规划自然等部门集中办公、数据联动、多方共谋的"内响应、外联动"工作机制，持续凝聚各部门合力，做好防灾救灾服务保障。

1. 及时启动叫应服务。降水过程开始后，严密监视天气，根据《灾害性天气叫应服务标准和流程》要求，于 8 月 8 日 08 时 30 分、9 日 21 时 10 分、11 日 06 时 20 分启动 3次叫应服务，及时叫应了分管防汛的副市长以及应急、水利等相关部门负责人；同时针对降雨较大的县，均及时通过电话叫应政府分管领导和应急、水利等部门负责人。

2. 内响应、外联动，深度融合各部门职责。通过"内响应、外联动"工作机制，充分将气象、应急、规划自然、水利等部门职责和防汛抗旱指挥部、气象灾害应急指挥部、地质灾害应急指挥部等深度融合，大幅提升了各部门应急联动能力。根据预报预警信息，市政府召开 2 次全市防汛调度会议，市水利局组织召开全市防汛电视电话会议。8 月 8 日16 时 20 分启动气象部门内部重大气象灾害（暴雨）Ⅳ级应急响应，8 月 9 日 08 时 30 分，变更为Ⅲ级应急响应。根据气象部门预报预警，市防汛抗旱指挥部 8 月 8 日 18 时启动了防汛Ⅳ级应急响应，8 月 8 日 19 时市气象灾害应急指挥部启动了暴雨Ⅳ级应急响应，岚县、方山等县气象灾害应急指挥部即刻启动暴雨Ⅳ级应急响应。

（四）聚焦"效益实"，做到"践初心、善作为"

吕梁市气象部门在降水过程中、过程后，及时开展复盘总结，不断从实战中分析效益、凝练经验、吸取教训、提升能力，以实干实绩回馈党和人民群众的殷殷期盼，用精细的气象服务保障吕梁市安全发展，保障全市人民对美好生活的需求，最大程度减轻了人民生命和财产损失，得到了市委市政府和广大市民的一致好评。

1. 市级领导密集批示，高度肯定。在此次过程中，8 月 11 日市长 2 次在市气象局报送的气象信息上作出批示，之后的 8 月 16 日、8 月 22 日等多次天气过程中，市长均作出批示，要求做好气象监测预报预警服务工作。同时，此次过程之后，市县分管领导均在气象部门组织召开防汛调度会上，充分肯定"内响应、外联动"工作机制。

11 月 8 日，市政府常务副市长专题听取气象工作汇报，高度肯定汛期气象服务保障工作，尤其对"早预报、勤订正"的预报理念、"无缝隙"的服务流程和"内响应、外联动"的工作机制高度肯定，特别指出在 8 月 7—12 日的天气过程中，气象部门在前期预报、中期服务和后期应急救灾工作中贡献突出，要求气象部门继续发扬吕梁精神，持续筑牢气象防灾减灾第一道防线。

2. 高效制度机制不断完善，效益充分发挥。重大天气过程"无缝隙"服务流程、"早预报、勤订正"预报理念、"内响应、外联动"工作机制、全过程递进式预报预警服务模式、"上下协同、左右联动、密集服务"的工作方式等高效的工作制度或机制不断完善和巩固，效益充分发挥，为持续筑牢气象防灾减灾第一道防线提供了坚强的保障。

3. 气象灾害应急指挥部牵头抓总，职能有效体现。为提升气象灾害应急指挥部的组织、协调、指导、督促能力，不断完善"党委领导、政府主导、部门联动、社会参与"的气象防灾减灾格局。2022 年开展了"提升气象灾害应急指挥部职能"的专项工作，通过规范气象灾害应急指挥部工作运行机制、落实各级指挥部和各成员单位防灾减灾责任等各方面工作，制定印发了《气象灾害监测预报预警联动工作机制》《建立重大灾害性天气"叫应服务"制度》及各部门应急联动工作机制等制度文件 8 项，推动了"政府主导"，加强了指挥部牵头抓总职能，切实提升防灾减灾能力。

在此次天气过程中，气象灾害应急指挥部办公室组织协调各成员单位按照职责落实责任，同时，对"内响应、外联动"工作机制的有效建立起到了积极作用，也成为助力吕梁市气象部门发挥气象防灾减灾第一道防线作用的一个有力组织机构。

4. 齐心协力，共同应对。坚持以"党建强则业务精，业务强则党建实"为工作导向，发挥党建工作引领力、向心力、凝聚力、传导力，在主汛期党支部组织召开了 2 次以"防灾减灾"为主题的党日活动。同时工会组织对一线值班值守人员进行慰问，激发干部职工长期坚守、长线作战的工作激情。推动"党建＋业务"提质增效双促进，深化党建与业务深度融合，充分发挥党支部战斗堡垒和党员先锋模范作用。

预警叫应先导　部门闻"警"联动　筑牢防线守护民生福祉

——2022 年 6 月 23 日内蒙古呼伦贝尔市莫旗突发暴雨预报服务案例

内蒙古自治区呼伦贝尔市气象局

作者：王洪丽　杨雪峰　杜金玲

摘要：2022 年 6 月 23 日 12—17 时内蒙古呼伦贝尔市莫力达瓦达斡尔族自治旗（以下简称莫旗）部分乡镇突发暴雨，造成局地严重洪涝灾害，自治区、市、旗（市）三级气象部门按照"跟进式预报＋靶向式预警＋递进式服务"气象服务模式，在前期预报的基础上，加密跟踪监测预警，及时启动叫应服务，发布灾害预警，政府及相关部门闻"警"联动，迅速开展防汛救灾工作，成功转移受灾群众 40 余人，充分发挥了气象预警信号的先导性作用，全力守住了气象防灾减灾第一道防线。

一、引言

受东北冷涡影响，2022 年 6 月 23 日 12—17 时内蒙古呼伦贝尔市东部地区出现一次以短时强降水为主的暴雨天气过程，降水中心位于本市莫旗境内西瓦尔图镇、阿尔拉镇、坤密尔堤办事处、后福民村，其中坤密尔堤办事处新农村累计降水量达 133.6 毫米，最大雨强 90.8 毫米/时（12—13 时），突破了呼伦贝尔市有气象记录以来小时雨强历史极值。强降水集中在 12—14 时，呈现出局地性强、持续时间短、小时雨强大、突发性强等特点（图 1）。

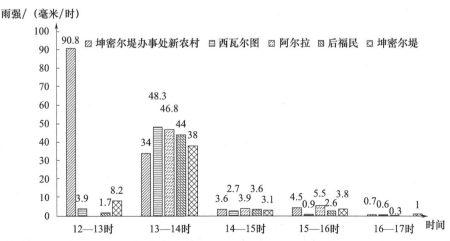

图 1　莫旗 6 月 23 日 12—17 时暴雨站点逐小时雨强

呼伦贝尔市气象局与莫旗气象局从 23 日 11 时起严密监视雷达回波演变，提前制作发布临近预报、雷电预警信号。12 时 35 分根据分钟降水实况预判降水持续且极端性与突发性强，市气象台立即启动重大气象灾害"叫应"机制，向党政领导及防汛部门汇报莫旗雨情及预报信息，提请加强防范，并第一时间发布暴雨红色预警信号，与水利部门联合发布山洪橙色风险预警产品，动态向防汛部门通报雨情及降水趋势。市、旗两级防汛部门根据气象预警叫应信息迅速联动开展防汛调度工作，成功转移受困群众 40 余人，充分发挥了气象预警先导性作用，防灾减灾效果显著。

二、监测预报预警情况

内蒙古自治区气象局认真落实中国气象局关于强对流天气监测预报预警服务的相关业务规定，健全完善三级气象部门会商研判、互动反馈、上下联动的工作机制，不断强化短临预报预警和对下技术支撑。呼伦贝尔市气象局和莫旗气象局按照灾害性天气"跟进式预报＋靶向式预警＋递进式服务"服务模式，推动当地各级政府建立健全强对流天气应急联动响应机制。各级气象部门的精准预报，当地政府及有关部门的高效联动，成功应对了 6 月 23 日莫旗突发暴雨。

（一）强化三级会商研判，做好天气预报"提前量"

6 月 21 日，在全区天气会商中，自治区气象台针对 6 月 23 日天气过程召开专题会议进行研判，在订正检验上级指导产品、融合本地预报指标的基础上，得出呼伦贝尔市东部强对流潜势较高结论，应予以重点关注。呼伦贝尔市气象台在中央气象台模式产品和自治区气象台会商的指导下，充分研判近期各级数值模式的检验结果和预报性能，指导东部旗（市）气象台要加强监测，须重点防范局地强对流天气发生。同时，向呼伦贝尔市防汛抗旱指挥部发送了强对流天气风险提示，建议指挥部研判组织召开防汛会商。

（二）密切监视天气变化，打好灾害防御"主动仗"

发布一周天气预报，勾勒过程"轮廓"。6 月 20 日，呼伦贝尔市气象台在制作的一周预报服务产品中，提前预报出呼伦贝尔市农区（含莫旗）将有小雨、局部中雨。

发布逐日天气预报，描出落区"眉目"。6 月 23 日 08 时，呼伦贝尔市气象台在制作的 24 小时天气预报服务产品中，精准预报出呼伦贝尔市农区北部（指莫旗）将有中雨。

发布临近天气预报，定好局部"细节"。6 月 23 日 11 时，呼伦贝尔市气象台通过分析最新卫星云图和天气雷达回波监测资料，监测到莫旗一带已有对流回波生成，且回波呈发展趋势，但此时区域站未出现降水。市气象台研判未来 2 小时将产生降水，立即制作发布了"临近天气预报"，电话叫应并指导莫旗气象局（图 2）。

图 2　莫旗气象局业务人员会商研判天气和预报服务工作场景

启动"叫应"机制，发布气象灾害预警信号，着好关键"颜色"。6月23日11时29分，呼伦贝尔市气象台根据雷达回波形状及强度预判东部地区将发生强对流天气，制作发布"雷电黄色预警信号"，此时莫旗境内仅个别区域站出现3毫米以下降水。12时35分，坤密尔堤办事处新农村站降水量多达40毫米，呼伦贝尔市气象台根据雷达回波发展趋势，预判降水持续且可能极端性强，立即启动重大气象灾害"叫应"机制。依照叫应要求，值班预报员依次"叫应"了莫旗气象台、应急值班员、台长、局领导及市水利局、市应急管理局；呼伦贝尔市气象局党组书记、局长刘正会第一时间叫应呼伦贝尔市人民政府副市长梁劲松，并详细汇报降水实况及预报情况。与此同时，呼伦贝尔市气象台制作"暴雨红色预警信号"，13时04分，通过国家突发公共事件预警信息发布系统（简称"国突系统"）、微信群、短信等方式向公众发布。13时20分，市气象局与市水利局联合发布"山洪橙色风险预警"。

莫旗气象局跟踪预警叫应，精细服务"最后一公里"。莫旗气象局从23日11时30分起跟踪监测强降水，第一时间"叫应"旗应急、水利部门和西瓦尔图镇党委书记、旗长、分管副旗长，实时通报雨情信息及降水趋势。13时07分，发布"暴雨红色预警信号"，并与旗水利局联合发布"山洪橙色风险预警"，与自然资源局联合发布"地质灾害橙色风险预警"；13时10分，莫旗气象局启动气象服务Ⅲ级应急响应。

过程后及时报送气象信息专报，发挥气象参谋作用。与市水利局联合制作发布《气象信息专报》，向党政领导汇报突发暴雨过程的雨情概述、影响及未来3天预报情况。

三、气象服务情况

（一）通过多手段发布，实现预警信息全覆盖

一是呼伦贝尔市气象局、莫旗气象局通过新媒体、国家突发事件预警信息发布系统、微信群（图3）、短信等多渠道发布气象预警信息，接收多达10万余人次。二是强化实况监测，每小时向防汛部门通报雨情信息共10次。三是通过微信公众号、"气象管理"与"应急联防"等多个微信工作群、网站等多渠道向相关单位及社会公众发布预警信息。

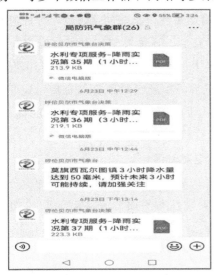 

图3　市气象台为水利服务群提供降雨预报预警服务

（二）部门联动迅速，形成防汛合力

呼伦贝尔市气象局与市应急管理局、市水利局、市自然资源局、市水文局等部门建立的汛情会商、信息共享等联动工作机制，在防汛服务中发挥了关键作用。此次突发暴雨，市水利局接到市气象台强降雨电话"叫应"后，第一时间调度莫旗水利局赶赴现场开展救灾防汛工作，并及时发布《关于做好短时强降雨防范工作的紧急通知》（图 4）。

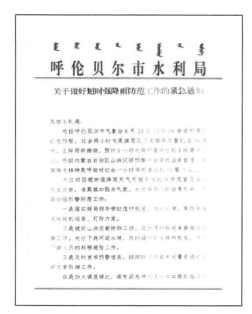

图 4　市水利局《关于做好短时强降雨防范工作紧急通知》

四、气象防灾减灾效益

（一）气象服务引起市领导及防汛部门高度重视，气象话语权进一步提升

6 月 23 日，呼伦贝尔市委书记高润喜在市气象局、市水利局联合发布的《山洪气象风险预警》产品上作出批示：请莫旗旗委、政府高度重视，提前加强防范，做好应对预案和应急防险处置工作，维护好人民群众生命财产安全。呼伦贝尔市人民政府市长及永乾在呼伦贝尔市委办公室《要情快报（第 74 期）》上针对此次强降雨天气致灾情况作出批示（图 5）。呼伦贝尔市水利局、应急管理局等防汛部门接到气象预警信息后迅速联动，第一时间开展防汛调度，莫旗旗领导及相关责任人立即赶赴灾情现场开展救灾工作。预警信息的"指挥棒""发令枪"作用显著，气象部门话语权得到进一步提升。

（二）优化预警叫应流程，为防汛救灾争取应对时间

本次突发暴雨过程，采用先启动电话"叫应"机制、再发布预警信息的业务流程，电话"叫应"比通过国家突发事件预警信息发布系统发布的预警信息提前了 29 分钟，最大限度为防汛调度争取时间。

（三）决策部门闻"警"而动，人民生命安全得到保障

各级党政部门坚持"人民至上、生命至上"服务理念，充分信赖气象预警信息"消息树"，以此为"指挥棒"，闻"警"而动，形成合力，有力有序部署防汛救灾工作。呼伦贝尔市人民政府市长及永乾部署各部门做好强降水抢险救灾、转移避险等工作；莫旗政府及时启动防汛抗旱Ⅲ级应急响应（图6），旗委副书记、旗长孟达英带队深入防汛一线，现场指挥抢险避灾工作，组织村委会、抢险队员抢通损毁道路；西瓦尔图镇党委书记杨玉忠带队奔赴新农村查看水情，设立警示牌47处，对地处低洼、房屋进水百姓进行转移安置，成功转移安置群众15户40余人。由于预警"叫应"及时，各级防汛部门接到预警信息后迅速联动转移安置，虽然暴雨造成部分农田受灾、基础设施损失共计965.72万元的经济损失，但未造成人员伤亡。

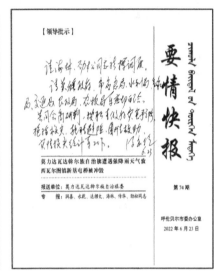

图5　市委书记高润喜在《山洪气象风险预警》产品签批（左）、市长及永乾在《要情快报》签批（右）

图6　莫旗党政部门调度防灾减灾（左）、莫旗政府启动防汛应急预案（右）

（四）万名粉丝参与互动，新闻媒体宣传报道，气象影响力进一步提升

6月23日，呼伦贝尔市气象局通过新媒体、"国突系统"、微信群、短信等多渠道发布气象预警信息，接收多达10万余人次，其中1万多名粉丝在"呼伦贝尔气象"微信公众号留言互动，关注暴雨预警信息。6月25日，"正北方网"以《小时雨强突破历史极值，莫旗大暴雨中紧急转移40名群众》为题报道了此次暴雨预报服务过程。6月26日，《呼伦贝尔日报》以《我市6月中旬以来水热匹配较好利于农作物和牧草生长发育 部分地区出现强降雨天气》为题，详细阐述了此次降水过程的雨情、预报预警、部门联动以及市防汛办调度情况（图7）。新闻媒体宣传报道进一步扩大了气象部门的影响力。

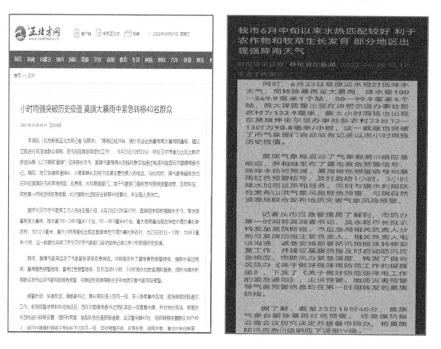

图7 "正北方网"《呼伦贝尔新闻》刊登此次暴雨预报服务

五、服务经验与启示

（一）精密监测是做好气象防灾减灾的基础

近年来，呼伦贝尔市气象局认真落实习近平总书记对气象工作的重要指示精神，根据内蒙古气象局气象现代化和高质量发展的总体工作部署，大力推进基础业务提升工程，在综合观测方面，以推进社会气象观测为抓手，由水利局、应急局、呼伦湖治理局和呼伦贝尔农垦集团建设气象观测站374个，全市气象站网密度增加1倍。同时，依据气象部门的标准，进一步规范全市气象观测、运行、保障，确保社会气象观测数据的规范、高效。

（二）精准预报是做好气象防灾减灾的核心

呼伦贝尔市气象部门从技术研究与制度建设两方面强化组织管理，不断为提升精准预报能力夯实基础。在技术研究方面，组建东北冷涡监测预报预警创新团队，针对2010—2021年影响呼伦贝尔120个东北冷涡产生的50个暴雨与167个强对流天气过程，开展暴雨与强对流天气预报技术研究，强对流预警提前量达到50分钟左右，提升了强对流天气准确判断能力。在制度建设方面，2021年以来重新制定/修订了《关于开展气象灾害分区域分乡镇预警发布试点工作的通知》《重大天气气候事件复盘总结工作制度》《灾害性天气监测预警业务流程》《气象业务工作留痕基本要求》《参加周三CMA模式会商制度》等几十项预报类文件，为预报工作高质量发展提供坚实制度保障。

（三）精细服务是做好防灾减灾工作的根本

呼伦贝尔市气象台认真学习借鉴兄弟单位气象服务经验和先进成果，结合当地实际形成了"跟进式预报＋靶向式预警＋递进式服务"气象服务模式，即应对重大灾害性天气过程时在预报时间上逐步推进、预警空间上不断精准、防汛措施上更具针对性的服务模式。提前一周预报重大天气过程大概范围、强度，提示应急、水利等防汛相关部门关注；提前2～3天针对重大天气过程开展区、市、旗三级气象部门联合天气会商，向决策部门呈送《重要气象报告》；提前1天建议防汛指挥部会商研判，及时向各级防汛责任人发布相关预报预警信息；提前6～12小时发布短临预报和精准到乡、镇（苏木）的气象预警信号；提前3～6小时根据天气系统和降水实况情况，发布精准到乡村的强降雨高级别预警信号，适时启动"叫应"机制；提前1～3小时根据强降水实况即时开展临灾预警服务，"叫应"各级防汛相关责任人；过程结束后一周内完成天气过程预报服务复盘，及时总结、完善服务模式。

（四）以气象灾害预警为先导的应急联动机制是做好防灾减灾工作的关键

"以气象预警为先导"在呼伦贝尔防灾减灾委员会相关成员单位达成共识，特别是呼伦贝尔地区在经历了2021年"莫旗7·18暴雨"水库垮坝人员零伤亡事件后，各级党政部门对气象预警更加重视。2022年《呼伦贝尔市突发事件总体应急预案》修订时，明确各专项应急预案要与气象灾害应急预案形成有效衔接，"预警先导、政府主导、部门联动、社会参与"的呼伦贝尔地区防灾减灾机制正在健全完善，防灾减灾救灾合力增强；农垦、水利、呼伦湖管理局等部门主动与气象部门签订合作协议，在站网规划、数据共享、科研合作等方向寻求技术支撑，气象在各部门防灾减灾中参与度与话语权不断提升，有效提升了影响力。

突破常规　高效保障绕阳河溃口抢险

1. 辽宁省气象局应急与减灾处；2. 沈阳区域气候中心

作者：于琳琳[1]　李倩[2]　薄兆海[1]

引言

2022年6—7月辽宁省出现13轮暴雨，绕阳河流域降水量比常年同期偏多8成，7月28—30日辽宁出现当年入汛以来持续时间最长、强度最大的一次区域性暴雨，受持续强降水影响，绕阳河发生有水文记录以来的最大洪水，8月1日绕阳河左岸盘锦曙四联段出现溃口险情。辽宁省气象部门深入贯彻落实习近平总书记关于防汛救灾工作和关于气象工作的重要指示精神，落实国务院领导同志批示精神，在中国气象局、辽宁省委省政府的组织领导下，迅速响应、积极服务，创新工作方式，为绕阳河溃口封堵抢险提供了有力的气象保障。

一、基本情况

2022年6—7月东北冷涡活跃，辽宁省出现13轮暴雨天气过程，降水量比常年偏多7成（图1～图3），超常年夏季降水总量，为近30年同期最多、1951年以来第二多，绕阳河流域降水量比常年同期偏多8成。其中7月28—30日出现辽宁当年入汛以来持续时间最长、强度最大的一次区域性暴雨。受持续强降水天气影响，绕阳河发生有水文记录以来的最大洪水，8月1日06时绕阳河左岸盘锦曙四联段出现宽20米的溃口（图4），大量工业民用建筑、农田和辽河油田采油设施被淹，形势严峻。经全力抢险，8月6日18时20分溃口河堤成功合龙，8月26日退水排涝工作基本完成。

二、监测预报预警情况

（一）围绕"监测精密"开展多维立体监测

发挥天气雷达、卫星、自动气象站等监测设备作用，多维立体监测绕阳河流域降水情况和水体变化。落实省部合作协议，中国气象局"补短板"工程和省政府气象灾害监测预警能力提升工程在盘锦地区及绕阳河流域新（改）建的24套气象观测站提升了监测精密程度。利用"天镜·辽宁"和"天擎·辽宁"及新一代天气雷达ROSE等业务平台，随时随地监视溃口现场及周边天气。依托多源卫星遥感针对流域、水体、河道开展跟踪监测，为抢险队伍"装上"俯视大地水情的"千里眼"，每5分钟提供一次流经盘锦市的河流流域市县、乡镇的实时雨量。在国家卫星气象中心和中国资源卫星应用中心的支持下，申请卫星调转拍摄盘锦地区，利用多源多时段卫星遥感数据监测绕阳河水体及淹没区变化，及时向省、市政府提供专题分析报告。

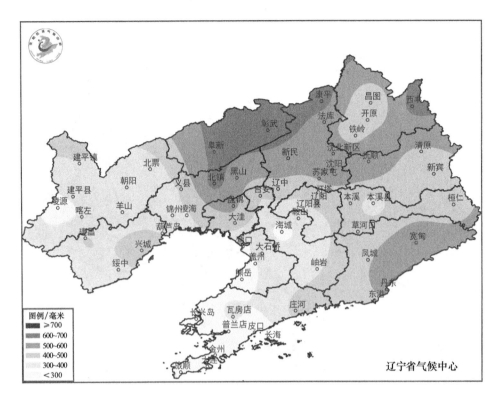

图1　2022年6—7月辽宁省降水量分布

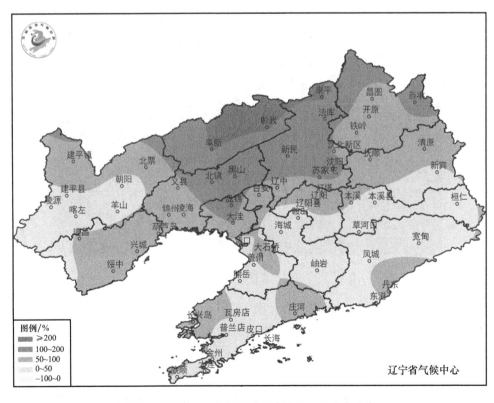

图2　2022年6—7月辽宁省降水距平百分率分布

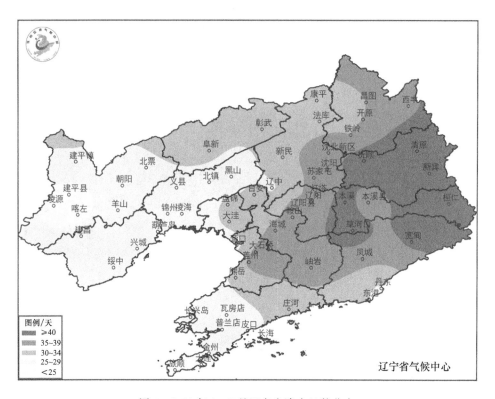

图 3　2022 年 6—7 月辽宁省降水日数分布

图 4　绕阳河左岸盘锦曙四联段溃口现场图

（二）围绕"预报精准"充分应用新技术

发挥东北冷涡研究开放重点实验室作用，推进东北冷涡科研业务能力提升攻关团队建设，建立东北冷涡监测预报业务，有效提升预测预报预警准确率。5 月准确预测 6 月东北冷涡活跃、7 月西太副高阶段性偏北，辽宁降水偏多趋势。辽宁省、盘锦市气象部门应用多源实况监测信息，智能网格预报产品，多模式数值预报和集合预报对比分析应用，为抗洪抢险提供了定点定时定量的精细气象服务产品。针对 8 月 4 日和 7 日的两次强降雨过程，应用智能网格降雨量预报开发流域、水库面雨量、精细化降水量预报和图形产品，做精做细流域气象服务。与水利部门合作开展了水库坝址以上流域面雨量预报专项服务，每 4 小时滚动更新重大天气过程面雨量预报产品，为水利调度和水资源节约利用提供保障。依托智能网格预报平台，实现了省、市、县各级气象部门流域内气象预报要素和预报服务产品的资源共享，加强沟通配合形成合力。在应急服务过程中，加大气象灾害综合风险普查成果运用，将地形、承灾体信息实时融入现场指挥平台，提高风险转移决策支撑能力，得到盘锦市委市政府的高度评价。

（三）围绕"服务精细"不断调整服务策略

根据服务需求、优化服务产品，制作发布的气象信息专报由 5 项内容增加到 10 项。针对抢险保障需求，首次开展流域气候监测滚动服务，开展流域降水历史统计和流域气候实况监测专题分析。首次逐日滚动发布流域气候概况分析。首次将基于智能网格预报产品的流域、水库等面雨量和降雨量精细化预报产品应用到决策气象服务产品中。每 4 小时滚动更新的气象服务专报及流域面雨量预报、未来 10 天降水预报迅速发送至省、市防汛抗旱指挥部及水利、武警、消防等部门。从 8 月 1 日起到 8 月 6 日 18 时 20 分的溃口 108 小时内，省、市气象台每天 3 次会商，每 4 小时报送一次专报，随时报送气象服务信息，共发布了 169 期服务产品，平均每小时 1.6 份。在应急保障 26 天内，发布 363 期服务产品，平均每天 14 期。

三、气象服务情况

（一）应急联动，快速响应

辽宁省气象局不断完善应急气象保障机制，形成了 1＋24 的应急保障预案体系。险情发生后，省气象局立即发布进入绕阳河流域防汛抗洪抢险气象服务特别工作状态的命令，调度全省气象部门的人力、装备等资源，采取超常规措施做好应急保障。盘锦市气象局启动Ⅰ级应急响应，第一时间保障服务；王邦中局长参加省防指专题会议提出精细化气象决策建议，与盘锦市长现场对接气象保障工作，多次连线盘锦市气象局；省气象局多位局领导先后指导应急气象保障。

（二）组建专班，强化支撑

李乐成省长指出："数据完整准确是科学指挥的前提，要动态掌握气象、水文等相关数据。"省气象局组织抽调不同岗位技术骨干成立绕阳河溃口应急气象服务专班，派专家组到盘锦现场指导参与气象保障。制发《盘锦市红旗水库气象服务专报》《未来 10 天降雨和辽河流域面雨量专报》等，省气象局领导高频次向省领导报告气象信息，滚动向水利厅、武警辽宁省总队、辽宁消防救援总队发送抢险救灾气象服务专报，为加快险情处置提供重要保障。

（三）兵分两路，高效保障

溃口现场情况复杂，形势瞬息万变，人、物、环境等多重因素聚集，涉及监测、预报、服务各项气象业务，需要有综合能力强、指挥协调水平高、临场应变快、工作经验丰富的人员队伍，为此组建了现场保障和后方支撑团队。组织盘锦市气象局"兵"分两路，前方负责现场保障，参加指挥部工作会议、传达部署、收集需求，后方省、市联合负责制发预报预警、决策服务专报，两组人员通力配合，建起绕阳河溃口气象保障服务高架桥。

（四）多方联动，协同攻坚

中央气象台多次点对点指导支持，针对绕阳河流域的面雨量预报、绕阳河下游红旗水库的精细化天气预报立刻发出。国家卫星气象中心指导开展绕阳河左岸曙四联段水体变化卫星遥感监测分析。省气象台、盘锦市气象台每日增加 3 次电话会商。派出省级预报预警专家组到盘锦市气象台，实地指导预报预警、决策服务等工作。

（五）部门合作，形成合力

应急保障现场，盘锦市气象局主动与盘锦市水文局沟通，数据实时共享、产品内容融合，双方共同制发《盘锦气象水文信息专报》，专报内容包括天气监测、水文监测、精细化气象预报、面雨量预报、洪水预报、天文潮预报和决策建议，为现场指挥决策领导提供了一体化服务产品。

（六）上下配合，科普宣传

在溃口抢险关键节点及时发送宣传通稿，连续 2 天在《中国气象报》头版刊发《绕阳河溃口封堵攻坚战，有支气象尖兵》《聚焦辽宁绕阳河溃口封堵气象保障——流域联动 救援精准择天时》。联合中央气象台、中国气象局气象宣传与科普中心召开面向中央级媒体的线上媒体通气会。组织专家解读天气气候情况，接受新华社等多家中央媒体采访，多个主流媒体刊发摘引。

四、气象防灾减灾效益

（一）保障服务收获丰硕

一是应急保障快速响应锤炼了气象职工意志。汛情险情就是命令，辽宁省气象部门牢记服务国家、服务人民，以扎实行动筑牢气象防灾减灾第一道防线。盘锦市气象局党组书记和党组成员全体冲锋一线，全局党员干部职工全天 24 小时坚守岗位，以实际行动践行"人民至上、生命至上"理念。

二是精准对接服务需求有效提升科技创新成果应用。省、市气象部门应用多源实况监测信息，智能网格预报产品，多模式数值预报和集合预报对比分析应用，为抗洪抢险提供了定点定时定量的精细气象服务产品，制发全省大、中、小流域及水库的降雨量和面雨量精细化预报图形产品，充分发挥了气象部门科技支撑保障作用，获得了各方高度评价。

三是以实战出实效有效完善应急气象保障机制。省、市气象局创新工作方式，研发专项保障服务产品。前方有保障小组，后方有省、市一体化支撑小组、专班，依托国家级技术支撑，形成需求收集、产品制作、技术支持、分级服务的高效高质量保障模式，为现场保障积累了经验。根据溃口抢险气象保障经验，组建了辽宁省气象局应急气象保障队伍，建立常态化应急保障机动队。

（二）服务成效获各方肯定

省气象局紧跟政府防灾减灾组织特点，建立了短期预报、气象预警、短临预报、预警信号、实况通报的渐进式决策服务模式。在本次溃口抢险气象保障工作中，辽宁省气象局、盘锦市气象局牢牢抓住决策服务这个核心关键，分级服务精准预报降雨变化，精细提供雨情实况，为溃口合龙和后期排水提供有力支撑，为领导决策做好参谋助手。根据分析预报 8 月 7 日盘锦地区有强降雨，气象部门果断建议抓住强降雨来临前的空档期抓紧施工，5 日 02 时 30 分，第一车石料倒入绕阳河溃口处，经过全力奋战于 6 日 18 时 20 分成功合龙。气象服务工作获得了辽宁省、盘锦市政府和中国气象局领导肯定。

多措并举抗农田渍涝　全力以赴保秋粮丰收

吉林省气象局

作者：王美玉　王冬妮　郭维

2022年汛期，吉林省降水集中期早，过程频繁且总雨量大，造成多地发生不同程度农田渍涝。吉林省气象局认真贯彻落实习近平总书记关于粮食安全重要论述和气象工作重要指示精神，采取多项有效措施服务抗涝减灾，为全省粮食再创丰收提供了优质保障。

一、汛期多轮强降雨，造成罕见农田渍涝

2022年6月4—6日，吉林省出现入汛以来首场明显降水过程，较常年提前14天进入雨季。之后降水过程不断且间隔时间短，6—7月先后出现6轮强降水过程，特别是6月全省平均降水量达200.1毫米，较常年多108.4%，突破历史同期纪录（图1）。雨日多、雨量大、日照少、蒸发量小，导致全省多地土壤饱和，出现不同程度的农田渍涝。据农业部门不完全统计，截至8月1日，全省因农田内涝导致玉米、水稻等农作物受灾257.9万亩[①]，成灾108.72万亩，受灾农田主要集中在中部和南部地区，占全省受灾总面积的80%以上。

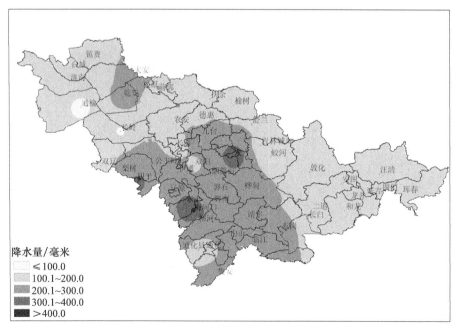

图1　吉林省2022年6月降水量空间分布

---

① 　1亩≈666.67平方米，下同。

二、多措并举有效服务，保障抗涝减灾

2022年吉林省粮食生产面临的形势异常严峻，备春耕期严重疫情对春耕春播工作带来一定影响。5月份出现阶段性干旱，入汛以来低温多雨，总的农业气象条件偏差。错综复杂的国际形势给国家粮食安全带来巨大考验。吉林省气象局强化责任担当，将保障粮食安全气象服务作为工作的重中之重，面对汛期罕见的农田渍涝灾害，采取一系列有效措施，扎实发挥好气象在农业防灾抗灾减灾中的基础性作用。

（一）多手段监测，及时掌握土壤墒情动态

在充分利用自动土壤水分监测设备的基础上，组织吉林省气象科学研究所等业务单位加强科研成果引进和本地化开发应用。基于国家气象信息中心CLDAS多源融合土壤湿度产品，实现了全省10厘米、20厘米农田土壤相对湿度逐日滚动监测，提高了土壤湿度监测的时空精细化程度；引进中国气象科学研究院中国农业气象模式（CAMM 2.0）——玉米模型，逐日模拟实际降水状态下以及水分适宜状态下玉米生长状况，实现对渍涝灾害的监测（图2）。依托自动土壤水分观测站、人工取土、多源融合等多种监测手段，实现了逐日土壤墒情的滚动监测。精密的土壤水分监测信息为政府及农业部门掌握过饱和土壤分布、精准调度和采取措施提供了科学依据。

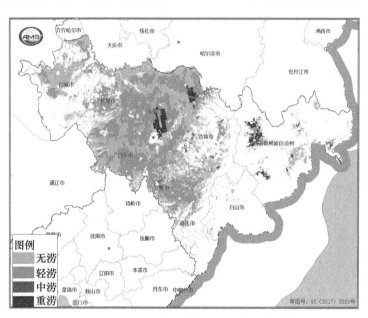

图2　基于玉米模型的渍涝监测产品

（二）多尺度预报，主动争取抗渍涝提前量

5月底发布了汛期气候预测，准确预测了汛期降水总体偏多的情况，并对可能造成的洪涝、渍涝等灾害作出防御提示。进入汛期降水过程开始频繁，每次降水来临前，吉林省气象局均提前以《气象信息》或《重要气象报告》形式上报省政府及相关部门，并反复提示可能造成的农田渍涝。预报和风险提示引起省政府的高度关注，省政府下发了《关于抓好农田排涝工作的紧急通知》，明确要求各级农业农村部门要加强与气象、水利等部门会商，及时发布气象灾害信息。省政府多次召开抗渍涝专题会议，省气象局均第一个发言汇报，分析农业气象条件、预报未来降水、提出渍涝风险及防范建议等，为政府及相关部门决策提供了有力参考。省气象科学研究所为农业农村、水利等部门滚动提供墒情、预报等专题农业气象服务信息30余次。长、中、短期的多尺度、滚动式、递进式的预报服务为各地提前采取抗灾措施赢得了宝贵时间。

（三）多渠道预警，广泛向广大农村传递信息

7 月 27 日，在面临即将到来的新一轮强降水前，省气象局综合分析了前期降水的叠加影响和土壤墒情的情况，按照中国气象局《关于做好农业气象灾害风险预警工作的通知》要求，联合农业农村部门首次发布了吉林省农田渍涝气象灾害风险预警（图 3），划分了农田渍涝高风险、较高风险区域。为落实韩俊省长关于"把气象信息送到农民手中"的要求，省气象局通过内外合作，充分借助社会资源，通过吉林卫视、"吉林气象"官方微信、微博等手段向社会推送风险预警信息，同时通过"吉事办"通知专栏、"吉林发布"、东亚经贸新闻、吉林预警发布等多个官方主流媒体渠道向社会广泛传播。农业农村部门利用"易农宝"、12316 热线等方式向广大农民传播预警信息，实现了渍涝风险预警向广大农民的全网覆盖。

图 3　2022 年 7 月 27 日首次发布农田渍涝气象灾害风险预警

（四）多部门合作，形成抗涝夺丰收合力

与省农业农村厅、省水利厅加强信息共享和会商，实现雨情、农情、灾情等信息的共享，不定时会商，综合分析研判渍涝形势和抗灾措施。与中国农业大学、东北师范大学、吉林农业大学、省农科院等高校、院所密切沟通，搭建技术交流平台，在农情调查、灾害研判、指标建立、服务指导等方面充分发挥了技术支撑作用。与应急管理、通信、政数等部门联合畅通预警信息传播渠道，建立完善了农业气象灾害预警信息传播的"绿色通道"。此外，部门内部强化上下沟通，争取国家气象中心、国家气象信息中心等单位的技术支持，对下加强业务和服务指导。内外合作形成了强大的抗灾夺丰收的服务合力。

（五）多方面支撑，保障气象服务顺利开展

一是组织保障有力。省气象局多次召开专题会议进行部署，印发了《2022 年全面推进乡村振兴气象服务能力提升工作方案》等，组建了工作专班，采取"领导＋专家"模式，确保农业气象服务优质高效。二是技术支撑有力。充分发挥各类重点项目建设成果，完善了农业气象监测站网，建立了一体化农业气象业务服务平台，将智能网格预报、网格实况等新产品充分运用到农业气象业务中，大大提升了农业气象业务和服务水平。三是专家指导有力。年初组建的农业气象服务专家组，在抗渍涝服务中，结合吉林实际，总结凝练出农田渍涝农业气象灾害风险预警指标，渍涝关键期深入田间地头，开展农业气象灾害调查，分析研判渍涝灾害发生区域、程度以及未来发展趋势，并对抗灾措施给予指导。

三、服务成效显著，保障粮食再夺丰收

（一）气象服务准确及时，抗渍涝措施到位

通过气象部门的及时有效服务，省政府组织农业农村厅等部门，组建工作组赶赴渍涝风险较大的区域，对农田内涝和抗灾情况进行现场调查（图4），并派出9个技术包保指导组，深入各地指导农田排涝。同时协调财政部门安排救灾资金2892万元用于抗灾救灾。农业合作社、种粮大户等也积极行动，采取挖排水渠、机械强排等措施，尽最大努力减轻灾害损失。据农安县宗鑫农作物种植专业合作社负责人刘宗鑫介绍，今年他承包的部分玉米田虽然遭遇了渍涝灾害，但由于接到预警后及时排涝，基本没有受到太大影响，今年玉米又实现了大丰收。

图4　农业气象专家赴农安县宗鑫农作物种植专业合作社开展实地调查和指导

（二）气象服务务实高效，政府领导充分肯定

8月3日，省委副书记刘伟一行到省气象局调研指导工作时指出，气象部门预报准确、服务到位、务实高效，尤其在今年降水集中期提前、过程频繁、总量较大、极端天气明显增多的汛期，气象部门及时提供准确预报预警信息，为政府防汛抗灾决策和各部门防灾减灾工作提供了科学可靠的支撑，发挥了重要作用。11月18日，韩福春副省长在省气象局报送的《关于2022年农业生产气象服务工作情况的报告》上批示指出，面对今年异常严峻复杂的气象形势，全省气象部门创新应急联动"叫应"机制和应急保障机制，强化监测预报预警，有效开展人工增雨作业，充分发挥了防灾减灾第一道防线作用，为全省农业丰产丰收做出了重要贡献。

（三）气象服务贡献重要，保障粮食再夺丰收

根据国家统计局发布数据显示，2022年吉林省粮食总产量达816.16亿斤（注：1斤＝0.5千克），比上年增加8.32亿斤，再创新高，稳居全国第5位。夺取粮食丰收，成果来之不易。省农业农村厅种植业管理处处长王永煜表示，在今年这样的特殊年景下，本省是东北三省中唯一实现粮食增产的省份。在这其中，气象服务保障功不可没，在农业抗灾夺丰收中发挥了不可替代的重要作用。

"递进式"服务流程见成效

——黑龙江省 2022 年 8 月 4—5 日风雨过程气象服务案例

黑龙江省气象台

作者：刘松涛　谢玉静　张礼宝　张桂华

2022 年 8 月 4—5 日，黑龙江出现 2022 年入汛以来最大的一次暴雨天气过程，降水过程中伴有较强对流天气，累计雨量大，局地性强，次生灾害风险高，精准落区预报难度大。全省气象部门认真贯彻习近平总书记关于防汛救灾和气象工作重要指示精神，落实中国气象局和黑龙江省委、省政府工作部署，黑龙江省气象台依据《重大气象灾害性天气工作规范》，创新实施重大天气过程递进式服务工作方案，制定并开展"叫应服务"，最大限度减轻人员伤亡和灾害损失。

一、基本情况

8 月 4—5 日降水过程为 2022 年入汛后黑龙江最大的一次降水过程，全省大部出现了大雨，局部地区暴雨，降水过程中伴有较强对流天气，局地性强。大兴安岭东部、大庆南部、绥化南部、哈尔滨北部、佳木斯西部、双鸭山西部局部地区出现了大暴雨。过程累积降水 734 个站点超过 50 毫米，76 个站点超过 100 毫米，最大为塔河县开库康村（考核站）235.5 毫米（图 1）。兰西、肇源、呼兰多站小时雨强 60 毫米以上，最大为 89 毫米，3 小时雨量多站超过 100 毫米，最大为兰西县考核站 121.7 毫米。

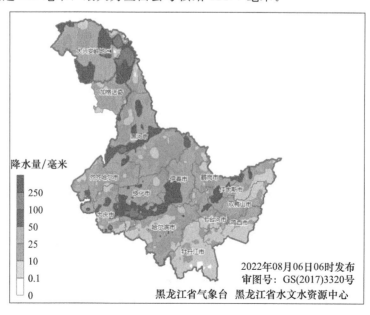

图 1　黑龙江省 2022 年 8 月 4 日 14 时至 6 日 06 时降水实况

降水同时伴有大风，黑龙江省中部、北部部分地区出现了8～10级的极大风。黑河、伊春、佳木斯、双鸭山、七台河、鸡西、牡丹江等地部分地区出现8级阵风，黑河、双鸭山等地部分地区出现9级阵风，牡丹江局地出现10级阵风，最大风速为牡丹江东安区25.8米/秒（10级）（图2）。

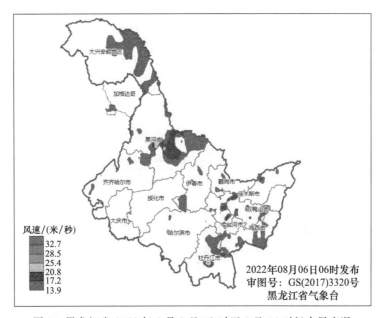

图2 黑龙江省2022年8月5日08时至6日06时极大风实况

据上报，本次降水过程齐齐哈尔、大庆、绥化、哈尔滨部分县区多个乡镇出现暴雨洪涝灾害（图3），农作物成灾面积约3335公顷，部分树木折断、房屋倒塌，转移人口718人，直接经济损失约2140万元。

图3 齐齐哈尔地区灾情照片

二、监测预报预警情况

（一）提前预报，递进服务，力求预报提前量和精准度

提前 8 天开始提示此次降水过程。省气象台 7 月 27 日报送重大气象信息专报预报：8 月 4—6 日全省自西向东将有一次明显降水过程，西部地区有中到大雨，部分地区有大到暴雨，其他地区有小到中雨。8 月 3 日继续呈报重大气象信息专报：4—5 日本省中西部地区有强降雨，累计雨量大，局地性强，发生次生灾害风险较高；主要降水时段为 4 日下午到 5 日白天，中西部地区雨量较大。8 月 4 日呈报气象信息：主要降水时段为 4 日傍晚到 5 日白天，中西部地区雨量较大；本次降水过程对流天气强度大，西部地区最大雨强可达 60～80 毫米；4 日夜间中西部地区有雷暴大风天气，阵风风力 8～10 级，个别地方可能超过 11 级。随时间推进，逐步精准降水时段、精准量级、精准落区、精准服务重点。

（二）精准监测，滚动预警，力求预警的准确性和时效性

8 月 4 日 11 时，省气象灾害应急指挥部启动重大气象灾害（暴雨、大风）Ⅳ 级应急响应。根据应急响应要求，17 时省气象台开始逐 3 小时滚动加密观测，并制作发布逐 3 小时或逐 6 小时精细化定量降水预报。20 时开始滚动加密观测，滚动发布逐 1 小时雨量实况。

根据预报与实况监测连续滚动发布预警信息，并开通"绿色通道"，全网覆盖预警信息。此次过程省气象台累计发布暴雨红色预警信号 6 期，暴雨橙色预警信号 6 期，雷雨大风黄色预警信号指导预报 3 期，雷雨大风黄色预警信号指导预报 4 期，暴雨黄色预警信号指导预报 1 期；电话指导地市 21 次。联合其他部门发布地质灾害黄色预警 1 期，山洪灾害黄色预警 1 期，中小河流洪水橙色预警 1 期。

三、气象服务情况

（一）切实实施重大天气过程递进式服务方案

黑龙江省气象台修订《重大气象灾害性天气工作规范》，以递进式、精细化、智能化预报服务为准则，筑牢龙江气象防灾减灾第一道防线，不断探索气象防灾减灾工作的新实践，构建了递进式气象灾害监测预警服务流程——"双周决灾指密笈"。针对本次过程，7 月 27 日开始在双周预报中密切关注，提前 8 天向省委、省政府呈报重大气象信息专报，提前 1～3 天向公众和决策部门发布灾害性天气预报、精细化预报落区与时间，提出天气影响和防御指南，提前 24 小时指导市县级发布灾害性天气预报，细化到灾种、级别和落区。临近阶段加密监测，逐小时发布监测实况并滚动发布气象灾害预警信号。值班过程中及时复盘，总结经验，逐小时订正预报结论。从重要天气研判开始，到重大气象信息提醒，到省、市、县气象部门三级联动进行灾害预警信号发布，再到乡镇临灾警报叫应，气象部门主动叫应，精准的递进式气象预警服务为各级政府决策提供重要支撑，充分发挥了防灾减灾第一道防线的作用。

（二）完善气象应急联动机制，制定并开展"叫应服务"

制定"叫应服务"要求，深化与防汛责任部门全天候会商联动和叫应机制。针对不同灾害性天气和预警信号，叫应对象不同，叫应方式不同。在部门内部，对于蓝、黄预警信号指导预报，短临微信群发布、"@"当地叫应；橙、红指导预报，在电话叫应的同时，短临微

信群"@"当地叫应。对于政府及外部门，灾害性天气预报和预警信号，电话叫应省政府值班室和省应急厅指挥中心，同时在黑龙江气象信息共享群"@"叫应各相关部门，省政府值班群由省政府值班员"@"当地叫应。确保每一份预报、实况信息及预警落地即有回响，叫应到位。各部门的防灾减灾调度信息第一时间回馈到预报部门，紧密联系，密切服务。

（三）联合服务，打好防灾减灾"协同战"

以预报精准、预警及时为首要理念，对灾害性天气尽量早研判、早预报、早预警。与国家气象中心、应急管理等相关职能部门以及地市气象台紧密沟通，保持联动。与多部门联合发布中小河流洪水橙色和黄色、山洪黄色、地质灾害黄色气象风险预警信号。4 日 16 时，与省消防总队开展强降水过程专题会商，预测逐 3 小时降水落区和强度。

通过会商系统、气政通、微信群、电话等多种方式进行信息共享，第一时间发布预报预警，对省自然资源厅、交通厅、水利厅、省森防总队等相关部门进行主动叫应。预报预警服务产品通过微信、电子邮箱、短信、媒体、"国突系统"、公众号等平台及时对外发布。

四、工作亮点

递进式服务流程成效凸显。递进式气象灾害监测预警服务，不仅表现在时间上的递进，更表现在降水量级、落区的精准，做到"早、准、快、动"四字原则，早提醒、预报准、预警快、重联动。政府及相关部门根据递进式气象预警服务流程及实时滚动订正的决策服务和预报预警信息，采取对应的防范应对措施。暴雨橙色、红色预警信号发布提前量在 1 小时以上，并且精准到县、乡镇，递进式服务模式成效明显。在这种预警服务流程下，部门间的联动机制更顺畅，省、市、县三级合作更加规范，也能在一定程度上弥补预报偏差，进一步提升气象服务精细化水平，为应对灾害性天气积累了经验，为人民生命财产安全撑起气象"保护伞"。

有力保障人民群众生命安全，受到党委、政府的高度重视并给予肯定。省长胡昌升在省气象局 8 月 3 日呈报的重大气象信息专报中批示："水利部门要迅速落实克强总理的重要批示要求，组织开展巡河、巡堤、巡坝，排查隐患并及时整改到位，及时调度雨情汛情；应急部门要做实做细防灾减灾救灾预案和应急处置工作，做好险工险段监测和抢险物资储备；气象部门加强预报预警；各级政府推动防汛各项工作落实到位，确保人民群众生命财产安全。"此次过程领导高度重视，靠前指挥，局长潘进军亲临预报一线，与预报员共同值守，确保预报预警服务工作到位，严防疏漏，助力科学调度（图4）。

图 4　工作照片

气象部门及时有效的预警发布，减少了受灾地的人员伤亡，减少了经济损失。根据预警信息，省政府应急办及时对相关市县开展调度和指挥，各部门第一时间展开救援及群众转移工作。及时的预警信息发布得到省、市、县领导的肯定并提出表扬。

五、服务经验

第一，**预报是基础，没有精准的预报就没有服务**。本着防灾减灾为根本目的的原则，省气象台依据递进式气象灾害监测预警服务流程，提前预报，及时预警，精准服务，做到"有备无患"。尽可能提前关注，尽可能提早预报，适时提前发布预警信号，及时复盘，总结经验，逐时订正预报结论。

第二，**递进是重点，双周报趋势，临近准落区**。递进式跟进，提升效果，确保无重大险情，无人员伤亡。双周开始密切关注天气趋势，及时发布决策服务材料与公众预报，临近阶段利用分钟级的降水实况与雷达回波外推技术，1 小时滚动更新实况信息与未来预报，通过"滚动更新实况监测信息＋滚动发布暴雨预警信号＋叫应服务"不断强化服务，相关部门通过研判预警信息及后期降水叠加的影响，兰西县紧急转移群众 718 人，做到人员零伤亡。

第三，**联动是关键，再精准的预报也需要使用**。时刻把握防灾减灾决策需求，多部门应急联动与叫应服务，使气象部门及时得到反馈的调度信息，第一时间掌握前沿灾情信息，指明服务方向及服务重点对象，从而使气象服务有目标、不盲目。另外，遇到致灾性高、影响大的天气，灵活服务，不拘泥于预警信号发布标准。如此次过程中，大兴安岭塔河和呼玛部分乡镇累计雨量超过 200 毫米，具有历史极端性，虽然达不到 3 小时累计降水 100 毫米的标准，但降水持续时间较长，累计雨量大，小时雨强较大，因此发布了红色预警信号。

以"精细频快"的预报服务
筑牢超大城市防灾减灾的第一道防线

上海市气象局
作者：赵渊明　尹红萍　朱洁华

引言

2022 年 8 月 6 日上海大部地区出现强对流天气，并伴有短时强降水、8～10 级雷雨大风和冰雹。此次过程具有对流发展快、降水强度大、雷雨大风强、局地冰雹尺寸大等特点。针对此次强对流天气过程，上海气象部门早研判、早行动，提前报送决策服务材料，及时发布预报、预警，加强部门应急联动，针对不同服务对象开展多样化服务，以递进式的气象服务助力超大城市精细化管理，确保全市防疫工作和城市面基本稳定，充分发挥了气象防灾减灾第一道防线作用，服务效果显著。

一、基本情况

受短波槽影响，8 月 6 日上午起上海大部分地区出现雷阵雨天气，同时伴有雷雨大风和冰雹。08—15 时极大风及降雨量实况如图 1 所示。

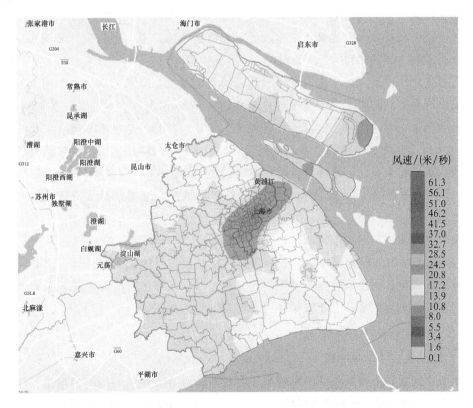

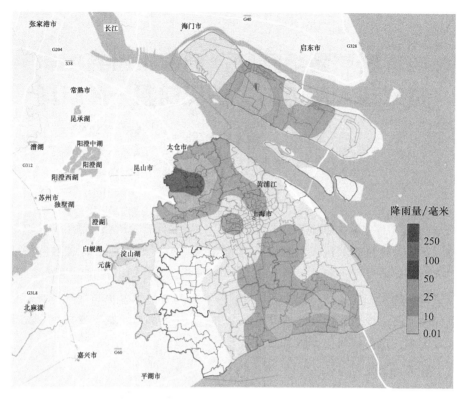

图 1　8 月 6 日 08—15 时极大风（上）及降雨量（下）实况

对流发展快。10 时 30 分前后，脉冲风暴在浦东中南部开始发展，12 时前后，阵风锋向西传播过程中又有多个对流单体快速发展，在市区北部、宝山、嘉定、崇明等地造成短时强降水、雷暴大风和冰雹。

降水强度大。由于引导气流微弱，对流云团移动缓慢，降水效率高，东南部和北部的部分街镇出现暴雨，其中嘉定马陆镇过程雨量达到 97.5 毫米（小时最大雨强 92.5 毫米）。

雷雨大风强。对流形成下击暴流和阵风锋，宝山、嘉定、崇明和浦东的局地出现 8～10 级雷雨大风，其中浦东宣桥镇阵风达到 10 级（26.7 米/秒）。

局地冰雹尺寸大。北部地区对流发展旺盛、雷达持续显示"VIL 季节性大值""三体散射长钉"等大冰雹特征，宝山、嘉定、杨浦和虹口等地出现冰雹，最大直径达 4～5 厘米，在近年尚属罕见。

弱风切变环境的超级单体风暴。13 时 30 分前后，位于嘉定的对流单体进一步组织化，4.3°以上仰角出现中气旋特征并持续 3 个体扫，伴有反射率因子弱回波区，表现出明显的超级单体风暴特征。在弱风切变条件下产生脉冲风暴，进而由阵风锋改变近风暴环境垂直风切变，是后续对流风暴具有超级单体风暴特征的可能原因。

二、监测预报预警情况

（一）精准预报，不失先机

针对此次过程，上海气象部门早研判、早行动，打足气象灾害防御提前量。早在 8 月 1 日发布的《一周气象预报服务策划》中就提醒各单位注意 6 日午后对流影响。5 日上午上海中心气象台组织首席对次日强对流天气进行会商,特别针对冰雹发生的可能性进行深入商讨、研判;下午发布《重要气象信息市领导专报》,明确指出"6日受高空短波槽影响,本市有强对流天气过程,并伴有雷电、短时强降水、局地冰雹和8～10级雷雨大风;主要降水时段出现在6日午后到夜里,雨量分布不均,小时雨强30～50毫米",强对流发生时间、类型、强度预报与实况基本一致。

(二)及时预警,同步响应

6日上午气温上升较快,浦东地区气温达到37.6℃,10时以后浦东中南部积云迅速发展,云图上可见3个孤立单体,面积逐渐扩大,颜色趋于白亮,同时雷达高仰角产品显示脉冲风暴从对流层中部逐渐发展起来。10时25分上海海洋中心气象台(简称中心台)发布雷电黄色预警信号,10时47分发布暴雨蓝色和大风黄色预警信号,并启动暴雨Ⅳ级应急响应,12时25分更新暴雨蓝色预警信号为暴雨黄色预警信号,同时更新暴雨Ⅳ级应急响应为暴雨Ⅲ级应急响应,12时42分发布冰雹橙色预警信号。中心台及时研判对流云团发展演变趋势,指导各区做好分区预警,各区及时发布雷电、暴雨、大风、冰雹等预警信号39期,其中,浦东最早在11时发布冰雹橙色预警信号,嘉定13时39分更新为暴雨橙色预警信号(图2)。中心台发布公众气象预警信号5期、港口信号8期。

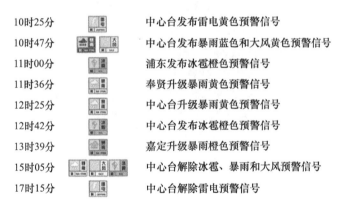

10时25分		中心台发布雷电黄色预警信号
10时47分		中心台发布暴雨蓝色和大风黄色预警信号
11时00分		浦东发布冰雹橙色预警信号
11时36分		奉贤升级暴雨黄色预警信号
12时25分		中心台升级暴雨黄色预警信号
12时42分		中心台发布冰雹橙色预警信号
13时39分		嘉定升级暴雨橙色预警信号
15时05分		中心台解除冰雹、暴雨和大风预警信号
17时15分		中心台解除雷电预警信号

图2 8月6日预警服务情况

三、气象服务情况

(一)前瞻性服务,提供决策依据

上海市气象局决策服务中心常态化发布《一周气象预报服务策划》,对未来一周本市天气概况、主要天气过程影响时段及可能出现的灾害性天气进行提示,提醒决策服务相关成员单位针对天气过程开展专项服务。《重要气象信息市领导专报》发布后,决策服务中心、气象服务中心和海洋台分别通过传真、短信、微信、微博等渠道对次日强对流天气开展配套决策服务、公众服务和专业服务。根据灾害性天气城市运行管理精细化决策服务重点部门的个性化服务需求,决策气象服务中心给出针对性的服务提示,重点提示强对流天气对卫生防疫、农业和交通运输的不利影响,同时提醒防汛部门应对可能出现的局部地区积水做好防涝、排涝准备。太湖流域气象中心向太湖流域管理局报送《太湖流域重要气象信息专报》，为太湖流域防汛提供了有效的决策依据。

（二）加密服务，助力精细化管理

上海气象部门精密监测，第一时间发布预警并启动应急响应，增加与郊区气象台电话会商频次，递进式地开展各项预报预警服务，发布风雨雹情通报 4 期、气象灾害预警服务快报 1 期，启动"暴雨预警跟踪"叫应服务，滚动发布最新实况信息和预报结论，与市委、市政府电话、微信沟通降雨实况、风雹情况及最新研判。积极做好网络舆情和灾情收集工作，应用"一网统管"平台成果，通过先知系统 110 实时报警信息查询（图3），对市民反映的涉气象警情进行监测，有利补充了灾情上报渠道。

图 3　8 月 6 日 110 报警气象灾情信息

（三）分类服务，适时科普释疑

海洋中心气象台以服务网、电话、微信等方式向海事、航运、宝武集团、上港集团等联动单位推送大风信号 2 期，保障长江口、上海港的客货航运和生产安全。气象服务中心通过微博、抖音号等方式发布博文 18 条、短视频 5 条，更新最新预报结论，发布防御指引，成为公众了解天气详情的权威信源；在微博上与网民就风雹情况开展互动，市民上传的冰雹图片为气象部门掌握小尺度灾害性天气灾情提供重要参考；"就地取材"，围绕实时热点对冰雹发生机制进行科普，获得较好的反响。

（四）属地服务，提前实战练兵

嘉定在此次过程中降水持续时间较长，多种气象灾害同时发生，给城市运行带来很大挑战。嘉定区气象局预案充分，善于平战转换，非汛期与区应急、防汛、交管等部门积极开展应急演练,为全区 400 余名气象信息员培训气象知识,他们在气象灾害监测、防御中可谓一支奇兵,是精细化网格治理中的一剂稳定剂。6 日中午,随着强对流云团的发展,嘉定区气象台多次与中心台电话会商研判对流系统演变趋势,及时发布和更新相关预警 6 期,值班局领导带班,提供"叫应服务"。针对三处下凹立交桥下积水提供跟进式气象服务,为防汛部门应急抢险提供重要支撑,确保将隐患消灭在萌芽状态。

四、气象防灾减灾效益

(一)部门联动,确保城市安全运行

建立"防汛直通车",确保防汛部门掌握第一手预报资讯,防汛部门根据气象预报在 5 日发布全市防汛工作提示,对各区防汛指挥部门、有关单位提出工作要求,6 日收到预警信息后同步启动应急响应;时值周末,部分区域集中开展社区全员核酸筛查,卫生防疫部门加强方舱医院、常态化核酸采样点等防疫设施的防风防雨防雹措施,全市防疫工作基本稳定;交通部门根据预案迅速联动,加强易积水路段应急处置力量配备;农业部门落实设施农业加固及对农田渍害的防范。由于此次过程预报准确、预警时效长、服务及时,未发生重大灾情,确保了城市运行安全和人民生命财产安全。

(二)科研支撑,研究型业务成果应用潜力凸显

在此次强对流天气过程中,超大城市强对流目标观测及决策支撑关键技术、组网 X 波段天气雷达协同自适应控制技术、基于双偏振雷达的致灾因子关键特征量提取技术、大数据和人工智能在模式产品客观释用技术等均发挥了重要作用。其中,雷达自适应控制于 10 时 45 分启动,利用环上海组网雷达(7 部)实现雷达数据融合和风暴识别,并指挥 3 部 X 波段雷达针对强天气进行自适应协同观测(图 4),最高时间分辨率提高至 30 秒,水平空间分辨率 75 米,为业务人员更快地掌握对流结构提供支持,为精细服务提供依据,为防灾减灾争取宝贵时间。暴雨蓝色预警信号、大风黄色预警信号和暴雨黄色预警信号的预警时效分别达到 73 分钟、11 分钟和 80 分钟;浦东地区冰雹预警时效为 10 分钟。新技术的纳入极大地提升了服务环节效率和针对性,将高影响天气预报服务变成"有准备之仗"。

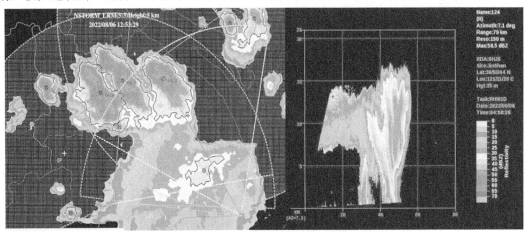

图 4 X 波段天气雷达观测示意图

五、经验与启示

强对流天气生消变化快、影响范围小、预报难度大，如何为不同用户提供靶向服务仍是一个难题。通过将气象先知系统纳入城市"一网统管"，气象因子正深度融入城市精细化治理；当城市脉搏感受到气象"温度"的同时，也对气象预报服务提出更高要求。

（一）注重复盘总结，凝练预报技术

2020 年以来，通过多次强对流天气复盘，业务人员对于弱强迫天气背景下强对流天气发生发展机制的认识不断深入；通过组织开展卫星、雷达产品专题培训，业务人员对新平台、新技术的运用更加熟练。"服务得好"其根本在于"预报得准"，只有不断加深对天气的理解，才能在预报服务时有底气、有信心。

（二）强化队伍建设，打造高素质团队

上海中心气象台针对 6 类高影响天气建立"专科门诊式"预报服务团队，以预报首席、服务首席、主任预报员和区局业务骨干为班底，通过专科"预诊"（天气展望）、"坐诊"（天气会商）、"回诊"（天气复盘）等方式全过程跟踪高影响天气，持续提升团队专业能力。

（三）完善服务机制，提供上海方案

全面建设气象灾害精细化动态风险预警服务体系，根据强对流天气特点，形成以气象台为起点、最小网格单位为终点的强对流天气动态防灾链，跟踪"灾前、临灾、灾中、灾后"关键时间节点，提前研判灾害风险，及时发布预报预警，打通防灾链各项环节，相关部门高效联动，建立"一灾一策""一过程一策"递进式动态预警服务模式。

提前关注　强化联动
抢"7·20"龙卷防御先机

江苏省气象台

作者：陈圣劼　顾荣直　王易

引言

2022 年 7 月 20 日，江苏一天出现 4 个龙卷，历史罕见，共造成 1 人死亡，43 人轻伤，直接经济损失约 7550.6 万元。江苏气象部门始终坚持"人民至上、生命至上"，及早研判，加密监测，平均提前 10～20 分钟成功预警其中 3 个龙卷，以实际行动贯彻落实好时任省委书记吴政隆同志关于"要防范做好强对流等极端天气的灾害影响"的批示精神。此次龙卷灾害的成功防御，离不开江苏强对流灾害性天气监测预警服务示范体系的强化建设，离不开气象、应急等多方部门的紧密联动、迅速联防。

一、基本情况

受地面气旋影响，7 月 20 日 05 时开始至夜里，江苏省自西向东出现大范围降雨，期间伴有短时强降水、8～10 级雷暴大风和局地龙卷等强对流天气。

局地龙卷发生在 20 日早晨和中午前后（图 1）。08 时 30 分左右，一个非超级单体龙卷袭击宿迁市沭阳县开发区赐富路，过程持续时间 2～3 分钟，轨迹长度约 1 千米。11 时30 分前后，沭阳县境内一普通对流单体风暴逐渐发展为超级单体风暴，12 时左右该单体风暴内的龙卷袭击连云港市灌云县小伊镇、同兴镇、龙苴镇及海州区板浦镇等 4 个乡镇 11个行政村。12 时 20 分左右，淮安市淮阴区淮高镇大兴庄也遭受龙卷袭击。12 时 50 分至13 时 10 分又一龙卷袭击盐城响水县小尖镇、运河镇、老舍中心社区、张集中心社区、六套中心社区一带的部分村居。经雷达反演分析和现场灾情调查，国、省两级气象专家共同确定沭阳县开发、淮阴区为 EF1 级龙卷，灌云县和海州区为 EF2 级龙卷，响水县为EF3 级龙卷。

图 1　江苏省 2022 年 7 月 20 日龙卷袭击地区受灾情况

二、提前关注，严密监测，准确预警

依托中国气象局预报与网络司全国龙卷监测预警业务试验，江苏研制了梅雨锋龙卷、台风龙卷概念模型，提炼了物理量指标，龙卷潜势预报技术取得重要进展。基于江苏强对流分类潜势预报，江苏省气象局提前 3 天（17 日）即开始关注此次强对流天气过程的极端性。18 日下午省气象台发布《重要天气报告》，提醒做好防范。19 日下午省气象台《天气公报》预报 20 日沿淮和淮北地区有大范围强对流天气，提前 24 小时明确提及局地有龙卷可能（图 2）。

图 2　江苏省气象台首席团队会商龙卷潜势

气象部门严密监测，国、省、市、县四级联动。20 日当天，省气象台在值班人员监测到对流回波开始发展加强、有多个时次出现中气旋和龙卷涡旋特征时，立即追踪，加密监测，与中央气象台开展会商，同时迅速与相关市、县气象局联防，指导发布或升级发布预警信号，明确提出"局部可能出现龙卷"。相关市、县气象局立即响应，平均提前 10～20 分钟发布预警信号，提醒防御龙卷（表 1）。

表 1　2022 年 7 月 20 日江苏 4 个龙卷预警情况

发生地点	发生时间	实况等级	最大风力	预警信号发布时间、提前量	省级指导、提前量
宿迁市沭阳县	08:30 左右	EF1	13 级	无	
连云港市海州区、灌云县	12:00 左右	EF2	15 级	11 时 49 分，雷暴大风橙色，提前 11 分钟	11 时 11 分，省气象台发布强对流天气预警，提及 EF0 以上龙卷； 11 时 41 分，指导连云港市气象局关注龙卷； 11 时 52 分，电话指导灌云县气象局发布雷暴大风预警信号，提及龙卷； 12 时 05 分，指导连云港市气象局升级预警信号。 提前约 49 分钟

续表

发生地点	发生时间	实况等级	最大风力	预警信号发布时间、提前量	省级指导、提前量
淮安市淮阴区	12:20左右	EF1	13级	12时07分，雷暴大风黄色，提前13分钟	11时11分，省气象台发布强对流天气预警，提及EF0以上龙卷； 12时13分，省气象台继续发布强对流天气预警，再次提醒出现EF0以上龙卷； 12时24分，指导淮安市气象局关注大风。 提前约69分钟
盐城市响水县	12:50—13:10	EF3	17级	12时21分，雷暴大风黄色，提前29分钟	12时13分，省气象台发布强对流天气预警，提及EF0以上龙卷； 12时30分，指导盐城市气象局发布预警并提及龙卷； 12时49分，指导盐城市气象局升级预警并提及龙卷。 提前约37分钟

三、紧密联动，迅速联防，精细服务

（一）多渠道滚动服务，为调度部署提供决策支撑

提前3天（17日），江苏省气象台即开始关注此次强对流天气过程的极端性，并在会商中提到出现局地龙卷的可能。18日下午省气象台正式发布《重要天气报告》，时任省委书记吴政隆同志作出批示要求各有关部门加强强对流灾害防御应对。通过与中央气象台加密会商分析，19日下午省气象台《天气公报》预报沿淮和淮北地区有大范围强对流天气，再次明确提及局地有龙卷可能，同时制作"强对流分级潜势预报"，并通过江苏决策气象微信公众号向应急、电力等行业部门进行专项发布；通过视频连线、微信群组会商等方式明确告知省应急厅最新预报结论。19日17时17分省气象台发布大风黄色预警信号，明确预警淮北和江淮之间北部有龙卷可能。19日18时省应急厅与省气象局联合发布《气象灾害应对工作提示单》，并附上带有龙卷可能发生区域的分类强对流潜势预报，要求做好龙卷等极端大风防御工作。

（二）多频次提前预警，为应急防御创造有利先机

近年来，基于苏北强对流高发地区S+X波段双偏振雷达网，江苏中气旋和龙卷涡旋特征的龙卷识别算法相关成果转化不断强化；依托中国气象局短临预报业务系统（SWAN3.0）、新一代天气雷达软件（ROSE）和江苏强对流综合报警追踪平台（SWATCH 2.0），龙卷的精细化结构监测信息不断被捕捉。

20日，省气象台值班人员严密监测对流回波发展演变，根据中气旋、龙卷涡旋特征（TVS）等雷达特征指标及龙卷发生和强度算法判识、龙卷移动路径外推等监测预报产品，滚动制作强对流天气预警产品17次，持续发布14条强天气快讯短信，不断调整缩小预警范围，精准预报连云港、淮安和盐城局地可能出现EF0级以上龙卷。

国、省、市、县四级气象部门加强联防，及时发布雷暴大风预警信号并提及龙卷。利用短信、微博、微信、网站、抖音、头条等多渠道快速向公众发布预警信息。连云港、淮

安和盐城预警信号提前时间分别达到 11 分钟、13 分钟和 29 分钟。

（三）多方位跟踪灾调，为抢险救灾提供服务保障

沭阳县开发区龙卷发生后，省气象局立即安排首席预报员带队奔赴一线进行应急气象保障，开展龙卷强度定级以及灾情现场调查工作，及时通报龙卷信息及影响情况。省气象台连续发布两期《天气快报》，向省委、省政府及相关部门报告龙卷、受灾影响及未来预报等信息。相关市县气象局第一时间加强领导、周密组织，赴现场开展龙卷灾情调查，联合公安、卫健、消防、电力、通信等多方部门全力投入灾后抢险工作。

四、体系健全，叫应高效，效益凸显

（一）示范体系建设，强对流预警能力不断提升

2017—2020 年，江苏气象部门依托中国气象局预报与网络司全国龙卷监测预警业务试验，应用苏北平原多波段雷达协同观测网，从潜势预报技术、临近预警技术、预警业务流程、灾情调查和个例库建设等多方面强化龙卷预报预警研究，研发了基于中气旋和龙卷涡旋特征的龙卷识别算法及多算法集成动态权重外推算法，建立了龙卷监测预警技术规范和高效扁平化工作流程，建成了江苏强对流综合报警追踪平台和典型龙卷个例库，在全国率先建成了省、市、县一体化龙卷预警业务体系。2021 年省政府办公厅印发《江苏强对流灾害性天气监测预警服务示范体系建设方案》，全省气象部门进一步聚焦综合观测、预报预警和信息发布能力提升，持续强化江苏强对流预报预警工作。

此次龙卷预报预警服务体现了在中国气象局大力组织推进下，江苏强对流灾害性天气监测预警服务示范体系建设工作中取得良好成效。强对流新型观测及预报预警技术在此次龙卷监测预警案例中得到充分应用：基于苏北平原多波段雷达协同观测网，快速捕获龙卷雷达特征；利用中气旋和龙卷涡旋特征的龙卷识别算法、多算法集成动态权重外推算法，逐 6 分钟滚动更新龙卷移动路径预报，成功预警盐城响水、淮安淮阴和连云港灌云 3 个龙卷。

（二）部门应急联动，气象灾害防御成效显现

提前研判： 江苏省气象台 18 日发布《重要天气报告》提出沿淮和淮北有强对流，时任省委书记吴政隆同志批示要求做好防御。19 日 15 时组织专家进行国、省会商并制作"强对流分级潜势预报"，对全省市、县气象部门进行指导，提醒高度关注 20 日的强对流落区及强度，明确提及龙卷。

高效联动： 19 日 16 时与省应急厅减灾处加密会商，并联合向省、市各级减灾委各成员单位发布《突发灾害性天气应急提示单》，明确江淮之间北部和淮北有发生龙卷的可能，要求加强预警提示发布，落实应急快速处置机制，严格落实临灾"叫应"机制，加强值班值守和应急准备。

快速响应： 19 日晚省应急厅领导根据应急提示单迅速进行了视频调度。盐城市响水县委领导班子在接到调度报告后，结合响水县气象局情况汇报，迅速按照《响水县气象灾害应急预案》《响水县自然灾害救助应急预案》有关工作职责，启动应急响应，并于 20 日早晨全体赴县气象局指挥部署防御，要求各镇区立即进入防御状态。20 日全省气象部门高度重视，严密监测，高频预警，及时通报。12 时 40 分响水县发生 EF3 级龙卷，由于防

御及时有效，未出现重大人员伤亡和影响，响水县气象局受到县委表扬。

持续保障：灾后，省气象台快速收集、整理龙卷特征，分析成因，总结经验，对防灾救灾信息需求做出快速响应。组织专家跟踪调查，现场指导灾后防御，尽最大努力减少人员伤亡和灾害损失。响水县气象局针对缺乏实测数据的受灾区域出具气象灾害分析报告，帮助受灾村民取得保险理赔。

气象服务为民解忧获村民赠送"精准观云测天，赤诚爱民情深"的感谢锦旗。

五、结语

龙卷天气尺度小、生命史短、局地性强、致灾性高，常具突发性，监测难度大，其预警服务工作极具挑战。通过对罕见"7·20"龙卷事件的服务总结分析，今后还需进一步做好以下工作。

1. 持续推进预警能力建设。完善龙卷案例库建设，加强预报预警经验积累，强化强对流新型观测、智能平台和预警技术的应用，增强龙卷短期潜势研判信心，提升龙卷短临监测"捕获"能力。

2. 及时整改流程薄弱环节。加强服务内容、方式、效益等复盘分析，注意查找不足，全方位优化服务，不断完善分级、分灾种的递进式服务流程，畅通高影响行业、高影响区域和重点服务部门的服务渠道，发展快速分析、实时跟踪、智能制作、主动推送的服务平台等。

3. 不断完善部门联动机制。加强与应急管理、交通运输、自然资源等相关部门的沟通联系，做好服务需求调研，建立快速有效的信息互通和会商机制，强化针对性服务。

4. 持续做好社会科普宣传。加强天气解读，开展滚动科普，助力增强公众龙卷灾害防范意识，提升应急避险、自救互救能力。

"碳"索气候资源价值转换新机制
开创生态气象服务融合新方向

1. 浙江省乐清市气象局；2. 浙江省温州市气象局

作者：章梦臻[1]　朱景[1]　姚健[1]　郑峰[2]　吴贤笃[2]

引言

根据"双碳减排，生态发展"发展要求，针对工农业转型发展的金融需求，发挥气象"趋利避害"保障作用推进生态文明建设，在上级及地方的政策支持下，建立了摸排数据库，研发了针对工农业的"2类"服务产品，通过跨行业联合、平行部门合作、垂直省市县联动"3条"路径进行生态技术应用和气候友好型企业认定标准开发，并联合保险业、金融业创新建立了"1套"放贷流程和"4级"梯次化优惠政策，形成了浙江省首个"气象＋信贷"绿色融合产品实施方案。该方案较传统商业贷款的申贷流程更为简便、利率优惠更有优势，同时推动提升银行"敢贷用贷"水平与贷后风险管理能力。"气候贷"试点工作第一笔放贷成功落地，打造了绿色低碳生产氛围，精准支持企业向气候友好型发展转变，为助企纾困、防灾减灾、"双碳"战略提供生态气象服务新方向。

一、基本情况概述

乐清市作为全国最大的电气产业基地，电气产品已涵盖输变电、工业控制电器、新能源和各种特殊用途电器等，形成了20余个专业细分行业，具有相当完善的产业体系。目前有两千余家规上企业及近3万家规下企业，近年来更是聚焦"两新两联"，工业企业借助发展数字经济核心产业、创新智能化技改、融合新能源产业链等进行转型增产，另外，小微企业多数存在贷款难、贷款慢、贷款贵等问题，因此，金融需求较强。而地方政府着力于打造绿色企业培育池和高品质特色生态农业市场，以"双碳"战略和"双强"行动为引领。乐清市气象局联合当地银保监部门以《温州市气候资源保护与利用条例》政策红利以及温州市作为中国气候宜居城市的自然资源红利为基础，以发挥乐清本地工农业产业优势为项目指南，创新构思经济红利转化的气象服务方式。通过实施差异化信贷优惠政策，开展气候友好型企业资质认证工作，研发推出全省首个"气候贷"金融产品，不仅满足企业贷款的稳定性需求，同时助企纾困以推动企业进行绿色低碳发展转型，自主提升防灾减灾能力，防范化解重大气象灾害对城市生产的负面影响，为乐清市建设全省首批产业低碳转型试点县提供强有力的金融支撑。

二、监测数据应用情况

(一) 气象灾害普查成果应用

根据1959年建站以来的历史动态气象灾害风险变化统计分析，考虑近10年数据变化偏差值，以乐清市多发的气象灾害历史普查数据为基础，选取与企业安全相关度较高的台风、暴雨、大风、雷电等气象灾种的普查成果，与本地地质灾害风险区划叠加，形成乐清市综合气候风险等级图，格点化数据支撑定位查询企业的综合气象风险等级。

（二）大气自净能力指数应用

为综合考虑区域空气流动速度、平均风速风向、地形地势、频闪系数、通风廊道等环境气象要素对区域内大气扩散能力和自净能力的评估，以判定表示区域大气对企业排放及聚集的污染物进行扩散净化的程度，即企业生产对大气气候友好的程度，根据现行的国家标准《大气自净能力等级》（GB/T 34299—2017）指数计算公式，得到乐清市大气自净能力区划图，支持格点化定位查询企业所处区域的大气自净能力指数，应用于该指标判定。

（三）气候监测可行性模型应用

基于《中华人民共和国气象法》《气象灾害防御条例》《气候可行性论证管理办法》等法律依据，对作为理论成果的《区域性气候可行性论证技术指南》进行应用，根据气象监测企业产品生长期内的气温、湿度、光照等数据要素，结合气象条件分析与产品气候品质模型评价，可对产品进行气候品质等级认证，或以极端气象灾害发生频率以及局地气候变化等气象勘测数据，结合地理位置、产业规划特点及不同的发展阶段开展区域气候可行性论证评估，从防灾减灾和资源利用两个角度对企业建设合理性和生产安全性的程度进行应用判定，作为企业建设发展的气候可行性保障指标。

三、"气候贷"实现路径

（一）"1套"放贷流程

形成1套串联银行与气象多方衡量的放贷流程（图1）。首先由企业向银行提出金融需求，银行将受理企业的气象地理等信息台账交由气象局，气象局通过各项指标的衡定，结合实地建设情况验证，出具气候友好型企业评分报告返回至银行，银行根据评分判定60分以下取消"气候贷"放贷资格，60分及以上由银行对照"气候贷"管理办法及企业规模实行一定程度的优惠放贷。

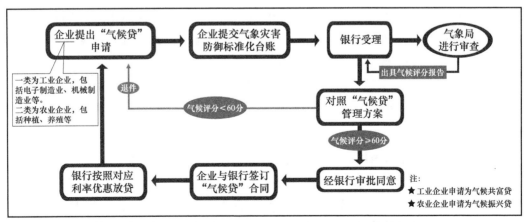

图1　乐清市"气候贷"产品办理流程图

（二）"2 类"服务产品

工业企业因极端天气影响的受损率更大，厂房建设可行性和灾害防御要素对于企业安全生产较为重要，且排放会对气候造成一定负面影响；而农业企业受气象灾害影响的种类更加广泛，因此气象信息传播接收速度及防御效率更重要，且农产品生产效益需产品品质及企业保障机制方面验证。因此将气象金融服务产品分为 2 类，即面向工业企业的"气候共富贷"和面向农业企业的"气候振兴贷"，满足助企、惠农 2 种需求，增强了方案的指向性，形成了首个成熟全面的"气象＋信贷"绿色融合产品实施方案。

（三）"3 个"联合行动

一是深度跨行业融合联动，深度融合气象与金融。由银保监部门牵头组建气象金融会商组，多次商讨研判指标的可行性，并选定工商银行、农商银行作为试点银行，分别针对工业、农业企业开展创新试点放贷工作，并且积极推动项目落地，联合开展扩大"气候贷"产品知晓率的工作。二是深入"横向"部门交集联动。乐清市委、市政府联合温州市银保监部门、温州市气象局大力支持该项目并将其纳入地方中心工作，在项目构思初期，在经信、应急等多个部门的配合下，联合开展对本地企业的前期摸排工作，形成乐清企业碳五色评级，建立外推模板。同时，发改、统计等多部门积极跟进该项目，提供对企业不同的碳效评估标准，参与指标实用性研究。三是深化"纵向"气象条线联动，达成气象省、市、县支撑帮扶。由省气候中心对"气候贷"研发进行技术指导，市级方面成立项目专班，积极推进一系列的"气候贷"指标细化工作，最后召开评审会，由省市专家对工作方案进行专家评审，明确创新方案的可行性。

（四）"4 级"优惠区间

试点银行征集多家有贷款需求企业信息，通过对标气候友好型企业试评分标准，组建外推模板，开展模拟评分，客观判断后，对照模板库企业实际情况合理调整判定指标，结合银行内部评估手段，形成 4 个等级的优惠区间，对标气候友好型企业评分档次，形成"气候贷"管理办法对标工作方案，实施差异化信贷优惠政策。

（五）"5 条"创新指标

从气象因素与企业性质的相关性出发，多角度创新定义工业及农业的气候友好型企业性质，各匹配 5 条判定指标。工业为自然受灾风险等级、大气自我净化能力等级、气象灾害防御能力、气候建设可行性论证标准、企业综合碳效能力等级（图 2）；农业为自然受灾风险等级、气象灾害防御能力、气候建设可行性论证标准、农产品品质认证等级、产品指数保险等级（图 3）。根据不同影响因素给予不同权重的分值，增强方案的差异化。

四、气象服务效益

（一）企业得惠

目前，温州卓森电气有限公司向乐清工行申请"气候贷"，气候友好型企业评分为 88分，顺利获批乐清市首笔"气候共富贷"，信用贷款额度为 200 万元；另一家民营企业气候友好型企业评分为 81 分，顺利获批乐清市首笔"气候振兴贷"，信用贷款额度为 55 万元。根据企业规模及评分结果，气候友好型企业评分越高，获得的贷款利率优惠越多，最终放贷两家所得优惠利率差异为 0.5%。

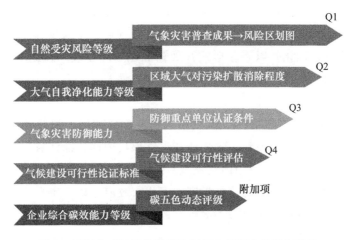

图 2 乐清市"气候共富贷"气候友好型企业判定指标

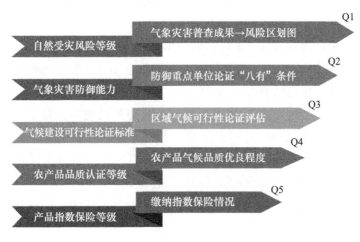

图 3 乐清市"气候振兴贷"气候友好型企业判定指标

首笔"气候贷"产品落地，解决了部分小型企业因规模问题无法申请贷款的问题，无抵押式放贷减轻了企业的金融压力，且"气候贷"较传统商业贷的申贷流程更为简便、利率优惠更有优势，切实给予了企业绿色发展、低碳转型的金融支撑；另外，作为具有历史延续性气象数据研究支撑的"气候贷"产品，满足企业贷款的稳定性需求。

（二）气象发挥

充分发挥气象"趋利避害"作用，一是通过金融方式推动了企业自主提升防灾减灾能力，进一步完善生产安全性，提高企业受损保障能力，实现高质量发展；二是推动了企业提升气候变化应对能力，结合气候可行性长远化考虑企业发展，提高企业的可持续发展意识及气候应变能力；三是推动了企业增加技改项目、新能源利用等方式，对大气资源利用转化有更深的认识，形成减排放产的良好发展趋势，实现低碳绿色发展。

（三）双赢融汇

通过深度融合气象与金融，该项目的落地推广深化了绿色低碳生产氛围，在企业中形成了良性竞争，将"双碳"战略贯彻落实到实际生产中，因此，得到多行业各级领导的高度认可；同时在一定程度上拉大了放贷业务在目前金融存放市场中的权重，促进了金融平衡发展，金融业对该产品的创新性及可行性表示充分肯定，将通过部门合作确定碳效评估标准，实现业务指标通用化，以平台形式开展智能化办理手续，在此基础上进一步合作，实行跨县域跨银行的业务推广，实现绿色生产双赢发展。

（四）推广传荟

《人民日报》人民号、浙江在线、温州市政府网、温州网、温州新闻客户端、乐清政府网、乐清发布、乐清改革、浙江天气、浙江省气象局内网、浙江省气象局外网、温州市气象局内网第一时间进行发布。《中国气象报》《科技金融时报》《温州日报》《乐清日报》等主流媒体争相进行报道。编写的信息报道被温州市政府、乐清市委市政府采用，得到温州市王振勇副市长批示肯定，乐清市委党校对改革进展高度关注。

五、经验与启示

1. 面对服务对象适配度，外推模板是保障项目市场的前提。在目前几近饱和的放贷市场，思考如何在多样化贷款产品中激发企业的"好奇心"，并赢得一定的关注度，首先要充分了解企业需求，深入摸排，做好前期的调研梳理工作，找准不同类别企业的金融痛点，在"贷不了""贷不上"到"可贷优贷"的转变上增添气象生态服务，在金融产品中创造优势亮点，形成一定的竞争力。

2. 面对跨界产品实操性，匹配测算是保障项目落地的根本。对于创新类项目，需要一定的试错和调整才能找到现实可行的方案，因此，本项目在温州市银保监分局的牵头下，投入多家银行的受信企业列表进行评定指标测算，扩大企业覆盖面，增加数据权威性，形成一套较为完整可行、受行业认可的评分标准。

3. 面对技术成果转化力，数字化是保障项目生命力的关键。目前基层气象部门在生态文明建设的探索上多倾向于业务的衍生品，对于此类金融气象融合服务产品不应该受限于县级区域，应用方面需要上级加强统筹规划和技术指导，明确发展方向，形成"特色发挥、聚点成面、推广可行"的生态气象服务格局。因此，通过上下联动合力，进一步开发在线数字化平台尤为重要，通过宣传、投用进行业务推广，节省人力物力的同时，保障项目持续应用改进。

递进式服务 靶向性预警
部门联动全力做好大城市气象保障服务

——2022年6月4日安徽省合肥市短时强降雨预报服务案例

安徽省合肥市气象局

作者：方茸 陈健 陈超

引言

2022年6月4日11—15时，安徽省合肥市蜀山区遭遇局地短时强降雨，市区17个站点（占市区面积30%）出现暴雨，2个站点出现大暴雨。最大累计降雨量137毫米，最大小时雨强58毫米，短时强降雨共造成市区6处道路短时积水（最深西园新村北门等3处20厘米），少数公交线路临时甩站。合肥市气象局针对此次过程开展"1＋31631"递进式服务模式，做到提前预报、靶向预警，加强与市应急管理、城市防洪、公安交警、城市管理等部门信息共享和工作联动，各部门履行相应职责，对积水路段实行交通管制，及时排除道路积水，全市范围未出现明显积涝和人员伤亡。

一、基本情况

2022年6月4日，恰逢端午假期，也处于高考前夕。11时起监测到合肥市区西边有对流单体生成，逐渐向东北方向移动，12—13时在蜀山区迅速发展，形成东北西南向的线性多单体风暴，最大小时雨强达58毫米，强降雨持续5个小时左右，15时以后明显减弱。其中蜀山区和一小学累计降雨量达137毫米，成为市区降雨量最大站点（图1）。此次短时强降雨主要特点是：生命史和可预报时效短，突发性和局地性强，小时雨强大，强降水落区正位于市中心人口稠密地带。

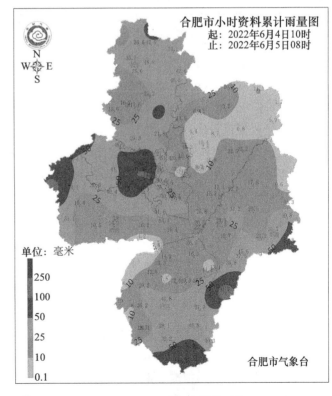

图1　6月4日合肥市累计雨量

汛前，合肥市气象局联合市防洪办更新了主汛期城区防内涝重点关注区域。主要是一环、二环、长江西路、金寨路、包河大道、方兴大道等快速路主干道，以及轨道交通站点、城区下穿桥等城市主干道，其中蜀山区长江西路沿线、青阳路沿线、绩溪路沿线作为市中心防范重点区域。

6 月 4 日短时强降雨造成城区 6 处道路短时积水，地点正处于防范重点区域——三里庵（西园新村北门积水 20 厘米、五里墩立交桥合作化路下穿长江西路积水 20 厘米（图 2）、长江西路与官亭路交口积水 15 厘米、青阳路与贵池路交口积水 20 厘米等），应急、排水、市政、城管等部门处置及时，累计出动巡查值守人员 1600 余人次，应急巡查车辆设备 400 余台次，未出现明显积涝和人员伤亡。

图 2　五里墩立交桥积水实况

二、服务情况

（一）聚焦"早"，开展递进预报

提前 1 周（5 月 30 日）初步判断，《气象信息专报》指出"6 月 2—4 日有雷阵雨，户外工作注意防暑防雷防雨"。提前 3 天（6 月 2 日）滚动跟进预报，《气象信息专报》明确"4 日中等阵雨或雷雨，累计降水量 20～40 毫米。防范雷雨大风、短时强降水、雷电等强对流天气对疫情防控、交通运输、户外设施的影响"。提前 1 天（6 月 3 日）预报灾害性天气落区、量级和影响时段，《决策气象服务短信》预报"4 日下午到夜里有中等雷阵雨，偏南风 3 级，雷雨时阵风 7 级。户外工作注意防雷雨大风和短时强降雨"。提前 6 小时（6 月 4 日早晨）进入临灾预警状态，重点监视上游六安地区强对流天气。提前 3 小时（6 月 4 日 08 时 20 分）发布分区预警和风险提示："我市西部肥西县、蜀山区午后有雷雨大风、短时强降水等强对流天气，请注意防范。"09 时 30 分与安徽省气象台视频联合会商当日天气。提前 1 小时（11 时 30 分）监测到肥西县桃花镇附近有对流单体生成，发布精细到乡镇街道预报："预计未来 3 小时内肥西县桃花镇，蜀山区三里庵、五里墩、井岗等乡镇街道将出现雷雨大风、短时强降水等强对流天气，最大小时雨强 30～50 毫米，注意防范城市内涝，重点关注易涝区域。"12 时 27 分，市气象台相继发布、变更雷电和暴雨橙色预警，滚动更新雨情速报和临近预报，提示蜀山区三里庵附近需防范城市内涝。

（二）聚焦"准"，开展协同监测

近年来合肥市气象局为加强气象基础能力建设，在全市范围已建成各类气象监测站 330 个，市区站网间距达到 3～5 千米，实现乡镇全覆盖。布设三部 X 波段双偏振相控阵天气雷达，与现有 S 波段多普勒雷达开展协同组网观测。组建了由风廓线雷达、微波辐射计、毫米波云雷达、气溶胶水汽激光雷达等多种探测装备组成的大气垂直廓线观测系统。这些都为此次过程"预报精准"提供了强有力的支撑。

6 月 4 日上午，运用 X 波段相控阵与 S 波段多普勒雷达组网密切监视上游六安地区和本区域的强对流天气。11 时 14 分监测到有线状多单体风暴出现，对流单体位于市区西边肥西县境内，并逐渐向东北方向移动，12—13 时在蜀山区迅速发展，形成东北西南向的线性多单体风暴，12 时 25 分强对流单体移到蜀山区，于 13 时 05 分移出，13 时 20 分新的强对流单体再次移入，于 13 分 55 时再次移出，强回波带主轴与回波移动方向之间夹角小，产生"列车效应"，主轴与内涝点分布较为一致。

通过新型探测设备资料协同监测分析，预报员在 11 时 30 分就已经判断出蜀山区将会出现短时强降雨天气，整整提前 1 小时发布了精细到乡镇街道的定量预报，同时逐小时开展定量降水估测，资料显示，11—14 时蜀山区降雨实况与雷达降水估测产品形态近似，影响范围和中心值基本匹配，达到了精准预报。

（三）聚焦"快"，开展靶向预警

主汛期前市气象局联合市防洪办、市排水办拟定了全市降雨预警级别和阈值（表 1），更新了 42 处城市积涝点位置，同时将电子水尺数据以及城市积涝点视频接入市气象台会商室，可以实时查看积涝点现场情况。同时，安徽省气象局启动暴雨预警改革工作，将合肥市纳入试点，将小时雨强纳入暴雨预警信号标准，使试点工作更加切合实际，预警发布逐渐向精准靶向转变。

表 1　合肥市城市内涝风险降雨预警级别和阈值

预警级别	时段		
	1 小时	3 小时	6 小时
Ⅲ级	30 毫米	45 毫米	50 毫米
Ⅱ级	50 毫米	75 毫米	100 毫米
Ⅰ级	65 毫米	100 毫米	160 毫米

6 月 4 日 11 时 40 分，市气象台通过手机短信、微信工作群向市应急管理、城市防洪、公安交警、城市管理等部门重点责任人以及气象信息员、灾害信息员发布气象提示："预计未来 1 小时蜀山区将出现局地强降雨，注意防范城市内涝，重点关注易涝区域。"收到气象信息后，各职能部门、社区人员立即安排人员和车辆上路开展巡查。12 时 27 分，市气象台陆续发布和变更雷电黄色、暴雨黄色和橙色预警，全市暴雨和雷电预警提前量分别为 24 分钟和 41 分钟，通过手机短信、微信工作群第一时间对外发布。

接收到气象预警信号后，各部门迅速进入实战状态，应急管理部门立即前往市应急指挥中心开展调度，公安交警部门立即对积水路段实施临时管制，城市防洪部门立即安排抽水车辆奔赴易涝点开展抽水作业，城市管理部门立即上路对沿街出现积水商户进行人工抽排，社区工作人员通过电子屏、物业群迅速将气象预警信号传达给住户。

（四）聚焦"广"，开展精细服务

按照《合肥市重大灾害性天气应急叫应工作制度》要求，12 时 27 分，当预判即将发布暴雨橙色预警，市气象局负责人电话分别叫应市委常委、常务副市长葛斌和市应急管理局局长葛世新，通报当前雨情，报告未来降雨落区、强度和影响时段，并提出相应关注建议。葛斌立即在合肥市城市排水防涝工作群指示："@所有人 请大家立即进入临战状态，全员到岗到位，遇有紧急情况，先行处置险情，同时向上报告。"（图 3 左）葛世新立刻安排市应急指挥中心电话通知城市防洪、公安交警、城市管理安排人员车辆到岗到位。

市气象台通过 12379 国家突发事件预警信息发布平台，利用短信以及天合地肥、自然灾害应对、城市排水防涝、灾害事故舆情监测、疫情防控、中高考服务等微信工作群发布预报预警实况信息 24 条，受众共计 12 万人次。充分发挥新媒体矩阵传播气象预警作用，通过气象微博、微信公众号以及各大新媒体平台发布预报预警信息 20 条（图 3 右），阅读量 10 万＋。广播、电视以及公交、轨道交通移动电视、社区显示屏等循环播放气象灾害预警信号。

图 3　常务副市长葛斌安排部署（左）和主流媒体发布（右）

（五）聚焦"实"，开展联防联动

5 月底，合肥市举行了"安澜行动—2022"大规模防汛应急演练，模拟了山洪、水库等危险区群众转移、城市积涝抢险、京福高铁保障等数十个场景下的应急处置情况。此次过程正值端午假期，路上人多车多，特别是三里庵街区又是合肥最大的美食聚集地，市气象局牢固树立"人民至上、生命至上"理念，加强与应急管理、城市防洪、公安交警、城市管理等部门信息共享和联防联动，当气象提示及预警发布后，重点区域所有人员和车辆开展巡查值守，排涝设备及抢险人员提前到岗到位，随时监视泵站、下穿桥、地下空间（商场、车库、人行通道等）、低洼处等易涝区域。

12 时至 14 时，蜀山区各泵站及时开机排涝，巡查人员及时捡拾收水口树叶、打开井盖助排，确保出现积水第一时间处置。市应急管理局负责人指出："这么大的雨量，有积水正常，关键是应对及时有效，群众生活秩序正常。"本次短时强降雨共造成 6 处道路出现短时积水，最大积水深度 20 厘米，由于气象提示于 11 时 40 分就开始发布，短时强降水分区预警和城市内涝风险提示均提前 1 小时以上，所有 6 处道路实行临时交通管制，半小时内即抽水除险完毕，未出现严重积涝影响居民出行生活的情况（图4）。

图4　交警部门临时交通管制（左）和市政部门上路抽水（右）

三、服务亮点及推广经验

（一）强化灾害性天气预报预警技术攻关

充分发挥 X 波段相控阵雷达组网资料在强对流天气预报预警中的优势，开展强对流天气精细化特征分析，建立不同强对流天气的临近预报指标，通过提前捕捉对流单体，明显提前强对流天气的预警时效。针对 6 月 4 日天气过程，利用 X 波段相控阵雷达差分反射率 ZDR、差分相位移 KDP、相关系数 CC、水凝物分类 HCL、降水估测 QPE 等多种产品组合，能够精细给出水平尺度 10 千米以内的对流单体的三维结构，且对局地生成的对流系统能够提前 10～20 分钟确认并发布预警。

（二）深化"1＋31631"由模糊画像到精准精细的递进式预报服务模式

借鉴深圳等大城市先进经验，市气象局建立了"1＋31631"递进式服务工作模式，即：提前 1 周初步判断发生灾害天气的可能时段、灾种和强度；提前 3 天给出灾害性天气定量预测、风险预估及防御建议；提前 1 天预报灾害性天气落区、量级和影响时段；提前 6 小时进入临灾精细化气象预警状态，定位高风险区；提前 3 小时发布分区预警和风险提示；提前 1 小时发布精细到乡镇、街道的定量预报，滚动更新预警和天气实况信息。省气象局减灾处印发《2022 年合肥大城市气象服务工作要点》《2022 年合肥大城市气象服务重点任务与责任分工清单》，强化了递进式服务技术支撑和服务能力。

（三）优化气象灾害预警发布与传播制度

建立了与通信三大运营商重大气象灾害预警信息快速发布"绿色通道"，并于 2020 年 7 月 8 日和 2021 年 7 月 18 日开展两次暴雨红色预警全网发布，受众分别达到 1095 万人次和 1198 万人次。联合市减灾委印发《合肥市应对极端天气停课安排和停工停业工作机制指导意见》和《合肥市气象灾害公众防御指引（试行）》。推进全市 700 多名气象信息员、200 多名灾害信息员、900 多名社区网格员队伍"三员合一"一体化建设，分管负责人应邀为全市 200 多名灾害信息员授课。与应急管理、城市防洪等部门联合建立"合肥市自然灾害应对工作微信群""合肥市城市排水防涝工作群"，实现了面向部门、行业重点管理人员基于短信、微信快速发布提醒。

（四）建立以气象灾害预警信号为先导的部门联动应急响应机制

为落实《合肥大城市气象保障服务高质量发展工作方案（2022—2025 年）》（合政办

秘〔2022〕22 号）文件要求，市减灾委印发了《合肥市应对重大气象灾害部门应急联动和社会响应机制暂行规定》，明确规定当气象部门发布气象灾害预警信息后，各部门按照职责开展联防联动。同时，市减灾委出台《合肥市重大灾害性天气应急叫应工作制度》，规定当市气象台发布灾害性天气橙色预警信号，预计对全市范围可能造成较大影响时，市气象局负责人叫应市政府分管副市长和市应急管理局负责人，市应急管理局负责叫应自然资源、水务、林园、交通、城建、教育、文旅、供电、通信等部门。

（五）推动灾害风险普查成果应用

气象、城建、水文等部门汛前根据降雨统计信息，结合城市内涝历史信息，汛前更新了全市防汛重点部位、42 处城市积涝点、50 处地质灾害隐患点等信息。联合防洪办、排水办制定了城市降雨预警级别和内涝致灾阈值等指标。将暴雨、大风、干旱等气象灾害调查数据和致灾危险性评估成果融入基层防灾减灾"六个一"（包括"一本账""一张图""一张网""一把尺""一队伍""一平台"）业务平台，利用致灾因子危险性信息、隐患点信息、多源观测资料和智能网格预报，绘制了气象灾害指挥决策"一张图"，同时对历史灾害个例库和隐患点信息进行补充，丰富了气象灾害风险基础数据"一本账"。

四、气象防灾减灾效益

（一）业务技术能力得到提升

此次过程 X 波段相控阵天气雷达产品技术应用明显提升了短时临近预报准确率，同时业务人员结合激光云雷达、毫米波雷达、微波辐射计等新型探测设备资料同化应用，实现灾害性天气快速分区预报预警，提前发布精细到乡镇、街道的定量预报预警信息。

（二）递进式服务模式成效明显

针对本次短时强降水过程，按照"1＋31631"递进式服务工作模式，不同时段滚动订正决策服务和预报预警信息，提醒注意防御短时强降雨和雷雨大风等强对流天气，短时强降水分区预警和城市内涝风险提示提前 1 小时以上，为应对灾害性天气积累了经验。

（三）部门间应急联动机制顺畅

充分借鉴郑州"7•20"特大暴雨经验教训，建立了一类事情由一个部门牵头的机制，理顺了灾害性气象预警发出后由应急管理部门作为牵头单位指挥、应急、处置。气象与城乡建设、自然资源、生态环境部门常态化开展城市内涝、地质灾害和重污染天气预警联合会商。全市应对灾害性天气部门间应急联动机制顺畅。

（四）下一步工程建设目标明确

积极推进"气象＋"赋能合肥城市生命线工程，下一步计划在三期工程的城市排水、城市高架桥梁工程建设中嵌入气象场景，实现城市桥梁和城市排水管网风险可视化"一图览"、20 多个前端传感器监测智能化"一网控"、气象预警处置联动化"一体防"。

连续作战　精准预报
合力应对极端暴雨过程

福建省气象台

作者：韩美　江晓南　邵颖斌

2022年5月24日至6月20日，福建省出现了历史未见的持续性强降水过程，1961年以来全省平均降水量、平均降水日数和暴雨日数3项历史同期纪录均被打破；同时打破各县（市、区）城区"88个历史同期纪录"，包含23个县城累计降水量、52个县城降水日数和13个县城暴雨日数。全省发生超警以上洪水68站次，闽江主要支流沙溪、建溪发生流域性洪水，建溪松溪县水文站发生历史最大洪水，发生地质灾害灾情412起，全省大面积遭受洪涝灾害。福建省气象台坚持"人民至上、生命至上"，全过程递进式地开展服务，为政府部署防抗洪涝灾害提供了强有力的技术支撑，有效发挥了气象防灾减灾第一道防线作用。

一、基本情况

本次过程有5个特点：一是持续时间长，强降水持续时间长达28天。二是累计雨量大，统计5月23日20时至6月21日08时累计雨量（图1），68个县（市、区）的663个乡镇超过500毫米，其中上杭茶地镇和古田镇、德化水口镇、武夷山星村镇超过1000毫米，以茶地镇、水口镇的1075.1毫米为最大。三是影响范围广，全省降雨量均超过350毫米，其中62%的乡镇（街道）超过500毫米，14.6%的乡镇（街道）超过700毫米。四是区域叠加多，超过500毫米的68个县（市、区）中，出现强降雨落区多次叠加。五是致灾风险性高，南平、龙岩、三明等地30条河流68站次发生超警以上洪水，其中，南平松溪出现1955年建站以来最大洪峰，超保证水位1.78米（图2）。

灾情情况：据不完全统计，全省有662990人受灾，转移群众219334人次，直接经济总损失约81.6亿元，因灾造成11人死亡（武平县8人、永安市3人）。

二、监测预报预警情况

（一）及时发布预警，适时调整应急响应

此次过程，福建省气象台继续强化暴雨及强对流天气的监测预警，服务时间提前量为4天，服务节点精准，主要材料中均具体指出24小时雨量落区和量级。采用《重要天气预警报告》《下周天气》《短时强天气报告》《专题气象服务》等形式不间断有针对性地滚动服务，向省委、省政府等相关部门及时报送暴雨预警服务材料。此次过程，福建省气象台共发布84次暴雨警报，发布各类决策服务材料374期，并适时调整和升级应急响应状态（图3），根据实时情况与受影响地市积极沟通指导，及时发布预报预警服务，实现省、市、县三级气象部门协同联动及时预警。

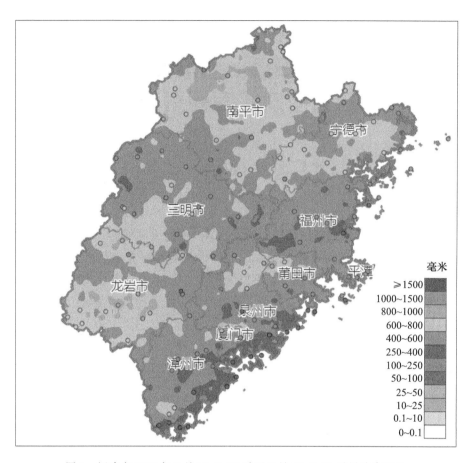

图 1 福建省 2022 年 5 月 23 日 20 时至 6 月 20 日 20 时累计降雨量

图 2 三明市区（左）和松溪县城（右）受淹情况

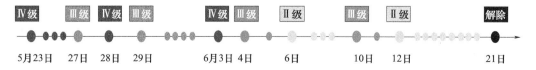

图 3 福建省气象台应急响应等级时间表

（二）提升预报技术，助力精准指挥

着力提升降水预报技术水平，优化升级精细化预报方法——多模式分级最优化权重集成算法（OTS 2.0），算法产品（图4）应用在此次过程中；针对沿海短时强降水模式预报能力和现有智能算法准确率不高的短板，融合雷达、卫星、自动站及国产逐小时模式降水预报产品，发展福建极速外推分钟级定量降水预报（FJEEP）并业务应用。此次过程24小时暴雨落区评分达到30.2％，大暴雨落区评分为19.8％，12小时精细乡镇预报命中率为31％，6小时精细乡镇预报命中率为27％，2小时精细乡镇预报命中率为29.2％，暴雨红色预警信号提前量为47分钟，命中率达100％，为省防指点对点精准指挥提供了科学依据。

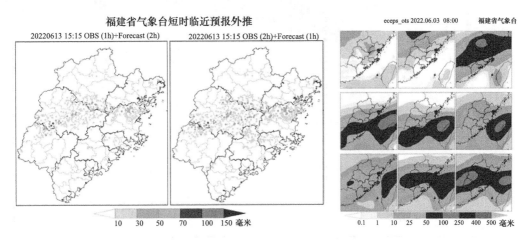

图4　福建省短时临近外推预报产品和多模式分级最优化权重集成算法产品（示意图）

三、气象服务情况

（一）密切关注，开展全过程递进式服务

针对此次过程，福建省气象局高度重视。早在4月29日的汛期气候预测中就指出汛期可能出现持续性强降水；提前1月指出5月较明显降水时段；提前1周发布灾害性天气预报；过程临近时提前1天发布精确到县的具体天气预报，指出24小时累计雨量和1小时最大雨量；在暴雨发生过程中根据实际情况提前12小时、6小时和2小时进行精确到乡镇的强降水预报；并对灾情险情发生的具体区域有针对性地逐小时滚动服务；持续性降雨过程结束当天进行决策服务的全过程评估和暴雨过程的强度展评估（图5）。此后组织省市6家单位对本次过程进行复盘，梳理重大天气过程预报预警服务中的不足之处，不断提高预报技术水平和气象保障服务能力。

（二）完善叫应服务机制，为防范应对气象灾害抢先机

完善叫应服务标准和工作流程，通过微信、短信、电话等多种通信渠道进行精准、及时、针对性地"叫应"和直通式服务（图6），实现预警信息"发得出、送得到"，还要"叫得应"，为科学指挥调度、动态应急处置提供及时气象预警信息，为联合防范应对气象灾害抢得先机。本次过程，省气象台共发布122条精细到乡镇的强降水"叫应"消息，其中实况加预报3小时累计降水达100毫米消息44条，准确率57％，预警提前量为30分钟（地市红色预警信号98条，准确率26％，提前量为47分钟）；实况加预报12小时累计降

水达 150 毫米消息 54 条，准确率达 69%，预警提前量为 30 分钟；实况加预报 12 小时累计降水达 200 毫米消息 24 条，准确率达 75%，预警提前量为 40 分钟。

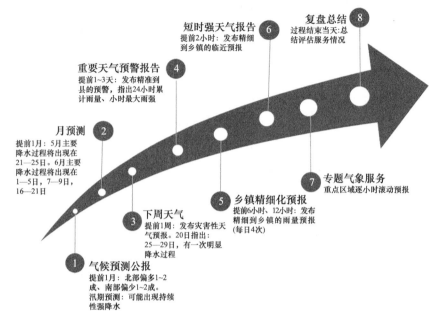

图 5　全过程递进式的气象预报灾害预警服务流程

省级内部叫应标准及工作流程

叫应标准	叫应方式	叫应流程
1)有3个及以上站点1小时雨量已达到或将达到50mm；2)有3个及以上站点2小时雨量已达到或将达到80mm	平台、电话、短信（同时）	平台自动呼叫相关市县气象台，提醒做好暴雨预警发布或升级，市县气象台通过短临平台向省级反馈响应情况。
1)有站点1小时雨量已达到或将达到80mm；2)发布暴雨橙色及以上预警信号前	平台、电话、短信（同时）	1. 平台自动呼叫相关市县气象台，提醒做好暴雨预警发布或升级，市县气象台通过短临平台向省级反馈响应情况。
	电话	2. 值班预报员报告值班首席，会商天气，并报告值班台长。
有站点3小时雨量已达到或将达到100mm	平台、电话、短信（同时）	1. 平台自动呼叫相关市县气象台，提醒做好暴雨预警升级，市县气象台通过短临平台向省级反馈响应情况。
	电话	2. 值班预报员报告值班首席，会商天气，并报告值班台长。
	电话	3. 值班预报员与市县气象台开展电话会商，指导相关市县气象台做好暴雨红色预警信号发布工作。
	决策预警工作微信群	4. 值班台长在微信群里报告并@带班局领导、值班处长，提醒关注。
有站点首次出现12小时滑动累积雨量已达到或将达到150mm	平台、电话（同时）	1. 值班预报员报告值班首席、值班台长及决策中心主任。
	电话	2. 决策中心主任报告分管副局长。
	决策预警工作微信群	3. 决策中心主任在微信群里报告，并@局长、带班局领导、分管副局长及值班处长，提醒关注。
有站点首次出现12小时滑动累积雨量已达到或将达到200mm	平台、电话（同时）	1. 值班预报员报告值班首席、值班台长及决策中心主任。
	电话	2. 决策中心主任报告局长及分管副局长。
	决策预警工作微信群	3. 决策中心主任每小时在微信群里报告达标站点累积雨量，并@局长、带班局领导、分管副局长及值班处长，直至此次强降水过程结束。

注：平台、电话、短信（同时）指同时通过短临平台信息推送、平台自动拨打电话及平台发送短信三种形式。

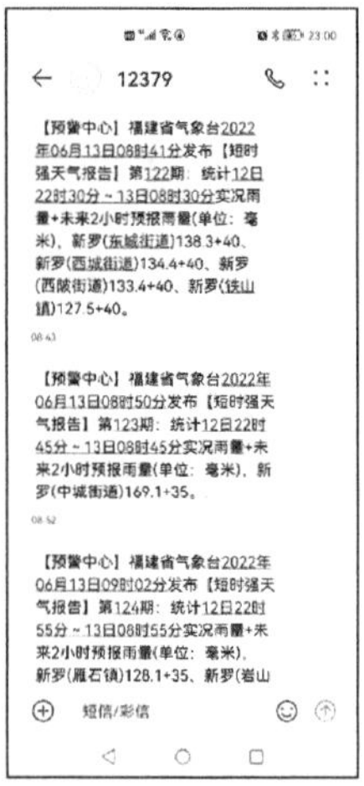

图 6　省级内部叫应标准及工作流程（左）和叫应短信截图（右）

（三）强化“1262”联动机制，深度融入政府部署工作

此次持续性降水过程中，省气象局多次向省领导汇报雨情，与福建省防汛办、福建省应急管理厅、福建省自然资源厅、福建省水利厅等部门密切联动，适时进行视频连线会商（图 7），积极践行“1262”精细化城乡气象灾害预警联动机制①，每日 3 次（07 时、11 时

① “1262”机制：提前 12 小时、6 小时、2 小时发布精细到乡镇的强降水预警，无缝衔接政府提前划定防范重点区、提前预置救援力量、提前转移人员的分级分区分类精准指挥体系。

和17时）发布气象灾害防御重点并在省级主流媒体上实时滚动播出，保证灾害影响区域民众能够第一时间了解灾害形势和相关避险措施，有效减少人员伤亡和财产损失。针对武平十方镇灾情，5月27日11时30分以《专题气象服务》的形式向省防汛抗旱指挥部汇报武平县降水实况及未来趋势，重点关注十方镇天气情况。27日13时50分以《专题气象服务》的形式向省委汇报武平及十方镇未来3天天气预报。27—30日省、市、县三级联动每隔3小时制作《专题气象服务》，汇报武平十方镇的天气实况及未来3小时逐时预报和逐12小时预报（雨量、风、温度）。

图7　省气象局领导多次向省领导汇报雨情、参加防汛视频会议

（四）聚焦流域高风险区，开展面雨量精细预报服务

此次过程中，福建省"五江一溪"流域多数河流洪水风险较高，福建省气象台密切关注，及时针对高风险区开展面雨量精细预报服务。自6月14日01时起，连续33小时滚动预报龙岩（长汀、连城、上杭）、三明（宁化、清流、永安、明溪、沙县、三元）和莆田（仙游、秀屿）等地未来2小时面雨量；6月18日起连续22小时滚动预报南平市（松溪、政和、浦城、武夷山）等地未来2小时面雨量，共计55期。

（五）精心策划，保障高考、中考服务

精心策划、及早制定精细化递进式高考服务方案，6月5—9日联合福建省教育考试院和省公安厅交警总队发布高考精细化气象服务产品，5—9日提供次日全省221个考点天气预报查询和交通管制信息，可于手机端实时查询，6月14日起再次为中考、高中学考提供气象专题服务，为考生出行保驾护航。

（六）积极开展风险普查成果在决策服务中的应用

注重风险普查成果在决策气象服务中的应用（图8），优化暴雨事件强度评估模型，加入致灾因子危险性空间分布评估，明确中高危险地区，为重点防御范围提供参考依据。在过程开始时指出，此次暴雨过程综合强度、最大过程降水量、暴雨持续时间和暴雨范围均达极端事件，最大过程降水量和暴雨范围可能超过2010年暴雨过程。6月17日通过分析暴雨致灾因子危险性空间分布情况，指出前期暴雨过程持续时间长、强降水范围广、累计雨量大，预估此次过程可达极端事件。

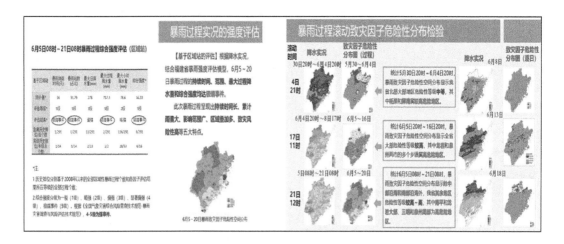

图 8　风险普查产品的应用——暴雨过程评估产品汇报截图

四、气象防灾减灾效益

（一）领导重视，各方协同联动高效抢险

省委、省政府高度重视本轮持续性降水防御工作，尹力书记、赵龙省长作出批示。郭宁宁常务副省长多次组织召开全省防暴雨工作视频会，对本轮强降水作出具体防御部署，省气象局领导和省气象台领导先后 4 次向省委书记尹力汇报天气趋势。坚持与省防指、应急、水利等部门进行常态化一日两会商，分析研判并部署应对措施。此次过程，全省累计下沉干部 448843 人次，消防救援、森林消防队伍预置力量 1680 人，投入抢险救援 4649 人次，设备 10816 台套，疏散被困人员 1272 人。

（二）发挥先导作用，气象部门精准预报获赞

省气象局创纪录连续 23 天维持Ⅲ级及以上、连续 14 天维持Ⅱ级应急响应，省气象台连续应急 28 天，聚力防范应对持续性暴雨灾害，全过程开展递进式服务，滚动跟踪、会商研判，上下联动及时开展预警服务，发挥气象红色预警先导作用，电话指导各地发布暴雨红色预警 103 次，是去年同期的 3.6 倍。检验表明，红色预警命中率达 100%，预警提前量平均 47 分钟，同比提前 17 分钟；24 小时暴雨评分 30.2%（较常年平均高 50%）、大暴雨评分 19.8%。省委书记尹力在 6 月 16 日部署会议上，肯定了"气象精准预报雨情"。

（三）滚动精准预报，流域面雨量预报服务效果显著

针对沙溪、松溪流域洪峰，分别连续 33 小时、22 小时逐小时滚动精准预报龙岩、三明、莆田、南平 4 市 14 个重点县域未来两小时面雨量，为灾区紧急避险转移、抢险救灾、削峰错峰、预泄腾库等抢得时间。精准调度沙溪流域削峰错峰，将下游超 50 年一遇的洪水削减至 20 年一遇以内，有效降低三明城区洪峰水位 0.63 米，减少三明城区受淹高度 2.7 米；精准调度水口水电站预泄腾库，确保闽江最大洪峰安全通过；面对松溪极端暴雨带来超历史洪水的险情，精准预报，紧急转移安置人口 10800 人，取得无人员伤亡的防灾救灾成效。

（四）通力协作联合预警，取得切实防灾实效

与自然资源、水利、农业农村部门联合发布 104 次地质灾害、山洪灾害和农业生产气象风险预警，通力协作共同应对超历史极端暴雨，保护人民群众生命财产安全；此次降雨过程恰逢高考，与省考试院、省公安交警总队联合滚动发布高考 221 个考点交通出行影响气象预报，为考生顺利参加考试保驾护航。福建省地质环境监测中心发来感谢信（图 9）：在气象部门的助力下，成功预警 53 处地质灾害，因转移及时、处置得当，避免了 134 户 604 人（含 1 栋教工宿舍楼）的伤亡，取得了切实的防灾实效。

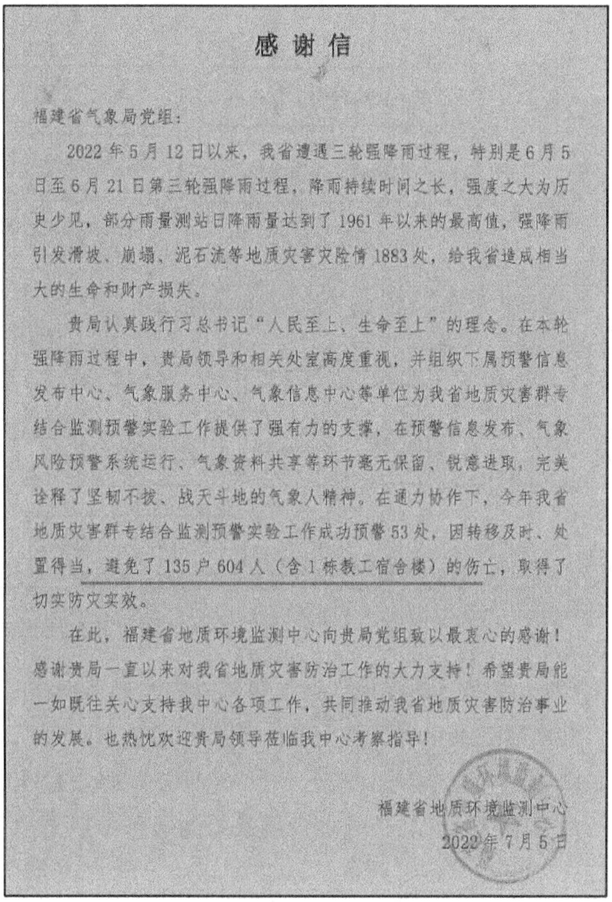

五、经验启示

（一）以决策理论为指引，凝练决策服务全流程措施思路

采用自然决策理论对现代化决策气象服务进行论证，凝练出灾害性天气过程中决策气象服务全流程应遵循"提早计划—情境适应—更新优化"的措施思路（图 10），通过实时天气预报预警

感　谢　信

福建省气象局党组：

　　2022 年 5 月 12 日以来，我省遭遇三轮强降雨过程，特别是 6 月 5 日至 6 月 21 日第三轮强降雨过程，降雨持续时间之长、强度之大为历史少见，部分雨量测站日降雨量达到了 1961 年以来的最高值，强降雨引发滑坡、崩塌、泥石流等地质灾害灾险情 1883 处，给我省造成相当大的生命和财产损失。

　　贵局认真践行习总书记"人民至上、生命至上"的理念。在本轮强降雨过程中，贵局领导和相关处室高度重视，并组织下属预警信息发布中心、气象服务中心、气象信息中心等单位为我省地质灾害群专结合监测预警实验工作提供了强有力的支撑，在预警信息发布、气象风险预警系统运行、气象资料共享等环节毫无保留、锐意进取，完美诠释了坚韧不拔、战天斗地的气象人精神。在通力协作下，今年我省地质灾害群专结合监测预警实验工作成功预警 53 处，因转移及时、处置得当，避免了 135 户 604 人（含 1 栋教工宿舍楼）的伤亡，取得了切实防灾实效。

　　在此，福建省地质环境监测中心向贵局党组致以最衷心的感谢！感谢贵局一直以来对我省地质灾害防治工作的大力支持！希望贵局能一如既往关心支持我中心各项工作，共同推动我省地质灾害防治事业的发展。也热忱欢迎贵局领导莅临我中心考察指导！

福建省地质环境监测中心

2022 年 7 月 5 日

图 9　福建省地质环境监测中心感谢信

情况和防灾减灾需求获取当下决策气象服务所需的关键信息，制订决策服务所需的不同匹配计划，并充分收集和分析实时灾情险情，考虑防灾减灾的需求和期望，动态调整决策服务方案来适应需求变化。在此次连续极端暴雨过程的实践中进一步验证了该思路的科学性与实用性，提升了决策气象服务理论水平。

（二）融入灾害风险评估，预估过程强度和影响

在决策气象服务过程中首次融入了风险评估，在基于全部区域站精细化实时滚动评估和基于预评估结果的强事件预警基础上，应用了优化的评估模型，加入致灾因子危险性空间分布评估，明确中高危险地区，为重点防御范围提供参考依据。随着暴雨过程的持续，在滚动评估中还加入历史相似极端的过程对比，为地方政府预估暴雨灾害严重程度、提前科学有效地部署灾害防御工作提供有力支撑。

（三）持续推进预报技术创新，夯实预报服务基础

以吴启树正高级研究员为主的团队坚持预报技术的不断创新和打磨，研究成果业务化提高了福建省暴雨预报准确率，此次过程中暴雨预报技术的改进和首次 FJEEP 短临外推产品的应用进一步满足了全省的防灾减灾需求，下一步将继续进行预报技术创新，开展暴雨预报预警应用研究，提高暴雨的发生时间、强度、持续时段、影响区域的精细化预报预警能力。

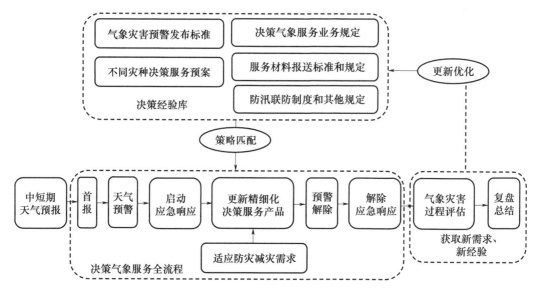

图 10 决策气象服务全流程的措施思路

（四）复盘总结发现问题，明确未来发展方向

此次过程结束当天提交了决策服务的总结，后期省气象局先后组织了两次全省性的复盘总结，省气象台重点发言，对持续性极端降水过程中各个环节存在的问题进行汇报和讨论。经复盘发现，在持续性极端暴雨的服务中还需进一步提高乡镇精细化预报准确率，继续加强与自然资源、水利、水文、交通、电力等部门的合作，深化部门间的数据交换共享，提升精细化气象服务的靶向性和部门联动的效率，提高决策气象服务的精准性、及时性、针对性和有效性。

创新实施"631"风险预警应对工作机制
助力打赢防汛救灾攻坚战

1. 江西省气象台；2. 江西省气象局应急与减灾处

作者：金米娜[1]　吴静[1]　周军辉[2]

2022 年 6 月 17 日至 20 日，江西遭遇连续大暴雨过程，其中 19 日婺源县、景德镇市日雨量突破 1961 年以来 6 月极值，20 日玉山县日雨量突破 1961 年以来极值。连续大暴雨过程导致乐安河、信江支流发生超历史洪水。全省气象部门认真贯彻习近平总书记关于防汛救灾和气象工作重要指示精神，落实中国气象局和江西省委、省政府工作部署，创新实施以气象预警为先导，启动防汛应急响应、强降水"631"风险预警应对等工作机制，递进式开展气象服务，最大限度减轻了人员伤亡和灾害损失。

一、基本情况

（一）天气实况及特点

6 月 17 日 08 时至 21 日 08 时江西省北部出现持续性暴雨（图 1），强降水过程主要有以下五大特点：一是持续时间长。17 日为区域性暴雨，18 日至 19 日为区域性大暴雨，20 日出现局地大暴雨。二是累计雨量大。17 日 08 时至 21 日 08 时，设区市平均雨量以景德镇市 297 毫米最大，上饶市 267 毫米次之，南昌市 154 毫米第三。县（区）平均雨量以珠山区 445 毫米最大，德兴市 412 毫米次之，玉山县 375 毫米第三。点雨量以德兴市铜埠水泵站 704 毫米为最大。三是影响范围广。累计雨量超过 100 毫米、200 毫米、400 毫米地区，分别覆盖 86 县的 1251 站、44 县的 492 站、9 县的 98 站。四是极端性强。过程 6 小时雨量超过 150 毫米有 50 站次，最大为 213.3 毫米；日雨量超过 250 毫米的有 101 站次，最大为 419.2 毫米。国家气象站中，19 日婺源县日雨量 333.6 毫米、景德镇市日雨量 247.9 毫米，均突破 1961 年以来 6 月极值；20 日玉山县日雨量 216 毫米，突破 1961 年以来极值。五是落区重叠度高、致灾性强。景德镇市全市以及上饶市北部暴雨以上日数普遍 2 天以上，其中，玉山、广信、乐平、德兴、万年为 3 天。

（二）灾情影响情况

本次降雨过程造成乐安河、信江支流 2 河 4 站发生超历史洪水，鄱阳湖星子站水位超警戒，景德镇、上饶等市部分县城出现严重内涝（图 2、图 3）。据省应急管理厅不完全统计，截至 28 日，10 个设区市 74 个县（区）206 万人受灾，紧急转移 30.2 万人；因灾死亡 1 人、失踪 1 人；农作物受灾面积 153.5 千公顷；直接经济损失 93.5 亿元。

图 1　2022 年 6 月 17 日 08 时至 21 日 08 时江西全省累计降雨实况

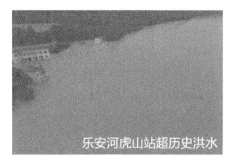

信江2022年第1号洪水在中游形成

江西水利　2022-06-20 10:05　发表于江西

　　受降雨影响，信江中游弋阳站6月19日12时15分水位涨至44.01米，超警戒0.01米，依据《江西省主要江河洪水编号规定》达到洪水编号标准，"信江2022年第1号洪水"在信江中游形成。

乐安河2022年第2号洪水在中游形成

江西水利　2022-06-20 10:05　发表于江西

　　乐安河香屯站6月19日15时5分水位涨至38.05米，超警戒0.05米，依据《江西省主要江河洪水编号规定》达到洪水编号标准，"乐安河2022年第2号洪水"在乐安河中游形成。

图 2　信江与乐安河洪水编号记录

图 3　乐安河与景德镇市浮梁县湘湖镇受灾情况

（三）总体服务情况

面对今年以来最强暴雨过程，全省各级气象部门提前预报、及时预警，省市县协同、分级开展实施强降水"631"（即"省级6小时风险预警""市级3小时风险通报""县级1小时风险叫应服务"）风险预警应对工作机制，有力支撑提前转移、精准转移、安全转移，牢牢守住不发生群死群伤事件的底线。

二、监测预报预警情况

（一）加密会商、滚动预报，力求预报精准度和提前量

江西省气象局每天组织首席预报员大会商，首次实施首席预报员分片指导机制，较为准确预报过程趋势，提前24小时精准预报强降水落区和量级。根据滚动订正预报开展递进式服务，15日首报提出"18日至20日雨带向北发展、强度加强，东部局部有大暴雨，信江等河流有发生洪水风险"；17日再报将强降水落区调整到赣东北；19日在省防汛抗旱指挥部（以下简称省防指）会商会上明确通报19日至21日强降水天气维持，局部雨量可超过300毫米。

（二）及时预警、广泛发布，力求预警时效性和覆盖面

省、市、县气象部门共发布暴雨预警信号353次，其中县级暴雨红色预警信号12次。通过省突发事件预警信息发布系统和各类发布渠道，面向各级应急责任人、社会公众发布预警短信1193.7万人次，全网发布暴雨、地质灾害气象风险等红色预警短信15次，累计覆盖1081万人次，通过微博、微信、今日头条发布信息1312条，累计阅读600万人次（图4）。

图4　连续大暴雨过程预警服务情况

三、气象服务情况

（一）发挥预报预警先导作用，助力打赢防汛减灾"全面战"

充分发挥省防指副指挥长单位职责，省气象局主要领导作为省防指副指挥长，3 次在省防指会议上向时任省委书记易炼红、省长叶建春等汇报暴雨情况和影响建议（图 5），每天多次电话、微信向省领导汇报最新天气动态。省领导根据气象预报，指挥调度重点地区防汛抗洪抢险工作。为做好《江西省防汛抗旱应急预案》的运行测试工作，在水情、灾情、险情还未达到标准时，省防指根据暴雨预警提前启动防汛救灾预警响应、防汛Ⅳ级应急响应、防汛Ⅲ级应急响应。

图 5　时任省长叶建春 19 日、20 日召开省防汛抗旱指挥部会议

具体为，6 月 17 日 18 时省气象台面向气象灾害应急联动部门发布暴雨蓝色预警，指出"6 月 17 日晚至 20 日我省有一次强降水天气过程"；当日，全省水情平稳，仅在 2 小时后的 20 时，省防指、省减灾委员会直接依据暴雨蓝色预警启动防汛救灾预警响应。18 日，雨情仍未达到标准（24 小时 100 毫米以上面积超 1.5 万平方千米），省水文部门未发布洪水预警，且未出现相关险情；为做好夜间强降雨防御工作，省防指在与省气象部门会商后，于 18 时提前启动防汛Ⅳ级应急响应。19 日，受强降雨影响，乐安河、信江水位上涨，省水文监测中心 19 日 08 时发布洪水蓝色预警，13 时发布洪水黄色预警，仍未达到启动防汛Ⅲ级应急响应要求的洪水红色预警。19 日 07 时省气象台再次提升为暴雨橙色预警；14 时省防汛抗旱指挥部提升防汛Ⅳ级应急响应为Ⅲ级，较依据洪水红色预警提前 21 小时（图 6）。受灾严重的景德镇市防汛抗旱指挥部依据暴雨预警提前提升为防汛Ⅱ级应急响应，为科学防范应对抢抓了提前量。

（二）创新实施"631"工作机制，全力打好人员转移"阵地战"

省气象局联合省防指实施强降水"631"风险预警应对工作机制，推动"631"成为各地组织群众转移的"发令枪"。省气象台每天两次发布逐 6 小时精细到县的强降水预报，有关市气象局发布 3 小时风险通报 173 次，县气象局开展 1 小时风险叫应 1400 余人次。据此，省防指办公室 3 次下发提前转移准备指令（图 7），即时调度重点地区执行情况；各相关市防汛抗旱指挥部即时抽查和督导；县级防汛抗旱指挥部、重点乡镇提前组织转移避险，有力保障了群众生命安全。

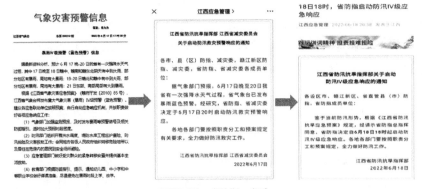

17日18时，省气象台面向气象灾害应急联动部门发布暴雨蓝色预警

17日20时，省防指、省减灾委员会直接依据暴雨蓝色预警启动防汛救灾预警响应

18日18时，省防指提前启动防汛Ⅳ级应急响应

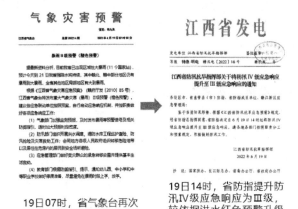

19日07时，省气象台再次提升为暴雨橙色预警

19日14时，省防指提升防汛Ⅳ级应急响应为Ⅲ级，较依据洪水红色预警升级防汛应急响应提前21小时

图6　江西省防指依据气象灾害预警提前启动防汛应急响应

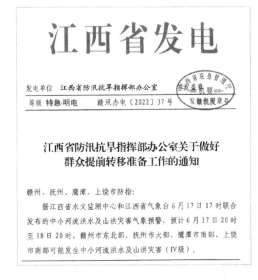

图7　江西省防指办公室下发提前转移群众通知

具体为，6 月 19 日 17 时，省气象台发布 6 小时风险预警，指出 20 日 08 时至 20 时强降水主要集中在景德镇市东部和上饶市中东部；19 日 19 时，省防指办公室面向该区域及相关区域印发《关于做好群众提前转移准备工作的通知》，要求一旦发生较强降雨，务必转移受威胁群众。20 日 10 时景德镇市气象台发布 3 小时风险通报，指出乐平市众埠镇 3 小时雨量已超过 50 毫米，预计未来 3 小时局部累计雨量达 50 毫米；景德镇防汛抗旱指挥部办公室及时调查相关地区的防范应对措施落实情况。20 日 12 时 23 分乐平市气象局再次电话"叫应"市防汛抗旱指挥部办公室及众埠镇政府主要负责人等，指出众埠镇雨量过去 1 小时为 32.3 毫米，致灾风险大；接到"叫应"信息后，众埠镇政府迅速组织转移低洼地带群众 713 人。在完成转移任务后，乐平市众埠镇党委书记程春山疲惫地说："市气象局的电话我觉得就像'战鼓'，你接到的越频繁就说明你面临的'战况'越危急，各级领导干部就要越负得起责任。"

省水文监测中心联合省气象台每天实施水文预报"三个 3 天"机制，即根据气象预报做好水情 3 天预报、3 天预测、3 天展望，为提前研判信江、乐安河、昌江超警洪水，特别是乐安河超历史洪水充当"信号树"。

省水文监测中心联合省气象台于 6 月 16 日预报 19 日信江、饶河（包括乐安河、昌江）发生超警洪水和鄱阳湖星子站接近警戒，于 6 月 20 日预报乐安河虎山站 21 日 06 时将超历史水位、鄱阳湖星子站 21 日超警（实况：乐安河 19 日 15 时 05 分超警戒 0.05 米，形成该河年度第 2 号洪水；信江 19 日 12 时 15 分超警戒 0.01 米，形成该河年度第 1 号洪水；乐安河虎山站 21 日 08 时超警戒 6.0 米，超 1953 年有记录以来最高水位 0.82 米；鄱阳湖星子站 21 日 12 时达到警戒水位 19 米）。据省水利部门总结，由于提前预判，措施得力，乐安河续湖联圩、西湖堤漫顶后，无人员伤亡，最大限度地减轻了灾害损失。

（三）强化联合服务，聚力打好综合减灾"协同战"

优化与应急、水利、水文、自然资源、农业农村等部门联合机制，实现每日一会商、实时信息共享、预警联合发布、24 小时热线联系等。省气象局联合省水文监测中心发布中小河流洪水、山洪气象预警 5 期。联合省自然资源厅发布地质灾害气象风险预警 2 期，于 6 月 18 日将上饶市中东部划为橙色预警区域，并于 6 月 19 日首次划定为红色预警区域，要求按照《江西省突发地质灾害应急预案》，红色预警区域适时组织群众转移，落实专人对预警区地质灾害隐患点开展巡查和监测。上饶市各级各相关部门积极响应，落实相关措施。上饶市自然资源与气象部门发布地质灾害气象风险红色预警 5 期，并协调三大运营商向特定区域共 414 余万手机用户进行全网发布。上饶市自然资源局对重点地区开展督导工作，落实 2119 名群测群防员，派出 25 个技术专家组，开展已有地质灾害隐患点巡查排查 150 批次 327 人次 577 点次。上饶全市转移受地质灾害威胁的群众 672 户 1835 人，无一人因地质灾害伤亡。省气象局联合省农业农村厅发布农业洪涝灾害风险预警，指导农业防灾减灾。上饶市农业农村局、财政局、气象局等联合实施农业巨灾保险赔偿使用机制，首次依据暴雨指数开展赔付。

四、气象防灾减灾效益

（一）主要成功经验

此次连续大暴雨过程的成功应对，是江西气象部门深度融入防汛减灾救灾各环节各阶段的缩影。主要有三点体会：一是依据暴雨预警启动防汛应急，可充分发挥气象预警的先导性作用，变被动应战为主动迎战。二是省、市、县分级的“631”服务均具有较高的时效性、较好的精准度、一定的提前量，契合省级下达提前转移准备指令、市级督导转移避险、县级与乡镇实施人员转移的工作流程。三是开展灾害气象风险预警，结合气象与相关部门的专业优势，对相关行业防灾减灾有很强的指导意义。

（二）气象服务成效

一是有力保障了人民群众生命安全，受到党委、政府的高度肯定。易炼红书记、叶建春省长、梁桂常务副省长、殷美根副省长等充分肯定及时的监测预报预警，赢得了防汛主动权，并在防汛会议上逢会必提“631”服务，对“631”服务寄予厚望。在转移完需要紧急避险的群众后，景德镇市乐平市临港镇董强华镇长说：“多亏了市气象局的电话，我们才根据雨情先一步作出预判，提前着手转移安排，市防汛抗旱指挥部下达命令后做到第一时间转移，叫应为我们赢得更多的应对时间。”二是以气象预警为先导启动防汛应急响应、强降水“631”风险预警应对等工作机制在实践中得到检验，固化为制度性文件。省政府办公厅印发的《江西省防汛抗旱应急预案》将暴雨预警作为防汛应急响应和预警响应启动条件，同时省防指要求各市、县（区）作相应调整。省防指印发《强降水“631”风险预警应对工作机制（试行）》（图8），明确气象服务和各地、各部门应对工作要求。

江西省防汛抗旱指挥部文件

赣汛〔2022〕15号

江西省防汛抗旱指挥部关于印发《强降水“631”风险预警应对工作机制（试行）》的通知

各市、县（区）防指，赣江新区防指，省防指成员单位：

为进一步做好我省强降水防范应对工作，省防指结合近年工作实践经验，组织有关成员单位制定了《强降水“631”风险预警应对工作机制（试行）》，现印发给你们，请根据本地本部门工作实际和相关工作要求认真组织实施。

江西省防汛抗旱指挥部

2022年9月2日

—1—

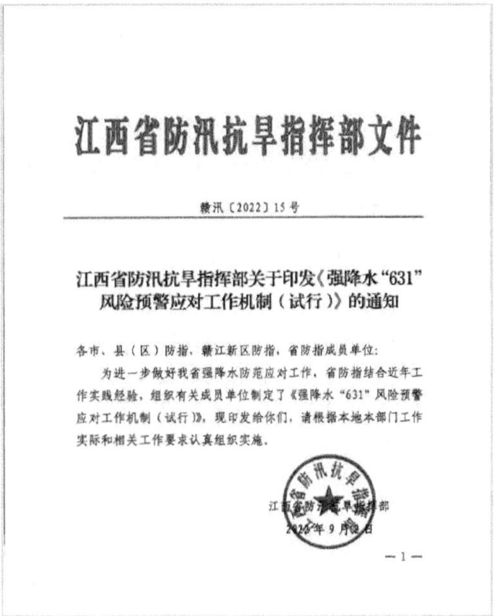

图8　省防指发文实施《强降水“631”风险预警应对工作机制（试行）》

预报预警及时　联防联动有力
科学抵御强台风"梅花"

山东省气象局

作者：聂鑫　王晓君　蔡鹏　顾伟宗

引言

2022年9月14日至16日，第12号台风"梅花"正面影响山东。此次台风"梅花"天气过程是有气象观测记录以来9月份登陆和影响山东最强的台风，影响山东持续时间长达53小时，强降水区域集中，造成山东中东部地区栖霞、蓬莱等8站15日降水量超9月日降水量历史极值，青岛崂山崂顶累计降水量达484.1毫米。山东省气象部门在中国气象局和山东省委、省政府的坚强领导下，强化责任担当，发挥"7133"气象防灾减灾长效机制作用，预报预警服务全面落实"早、准、快、广、实"要求，提前4天通过多达12种传播渠道开展服务，提前45小时准确稳定预报台风路径、登陆时间地点、降水落区和强度，提前24小时发布台风预警，通过多途径叫应服务，强化政府部门间联防联动。各级政府高度重视，部门积极响应，全省防御措施到位，科学抵御了台风"梅花"的正面冲击，全省无人员伤亡，全力保障了人民群众生命财产安全。

一、台风"梅花"影响山东特点

（一）影响强度大，持续时间长

2022年第12号台风"梅花"是有气象观测记录以来9月份登陆和影响山东最强的台风，也是2008年以来登陆山东最晚的台风。台风"梅花"于9月16日00时前后在青岛登陆，台风中心附近最大风速为15.8米/秒（崂山午山），穿过半岛地区后于16日08时前后从烟台移入渤海海峡。受其影响，山东省自14日06时起出现明显降水和大风，降水持续时间53小时，海上8级以上大风持续时间达62小时。

（二）降水集中，具有极端性

受台风"梅花"外围环流和本体影响，全省共有99个县（市、区）、1315个乡镇出现降水，过程平均降水量43.1毫米。强降雨主要集中在山东中东部地区，烟台、青岛和威海3市平均降水量分别达到190.1毫米、156.8毫米和106.8毫米，单站降水量最大为青岛崂山崂顶484.1毫米，栖霞、蓬莱等8站15日降水量超9月日降水量历史极值。

（三）风力大，影响范围广

受台风"梅花"影响，山东省各海区和沿海地区14日至16日白天自南向北均出现强风天气。其中，黄海中部8～9级、阵风10～12级，渤海和渤海海峡8～9级、阵风10～11级，黄海北部8级、阵风9～10级；沿海地区6～7级、阵风8～9级，其他内陆地区5～6级、阵风7～8级。青岛市南大公岛阵风最大为12级（33.0米/秒，15日17时24分）。

二、预报预警服务做到早、准、快、广、实

为切实打好防御台风"梅花"这场硬仗，省气象局高度重视，提早行动，围绕"早、准、快、广、实"的目标，积极向省委、省政府汇报台风动态及可能的影响，为政府决策和部署防御台风提供有力科技支撑，全力保障人民群众生命财产安全。

（一）预报预警早且准

全省气象部门严密监测，加强"梅花"台风发展趋势研判，及时发布台风、暴雨预警信号，一是预报时间早，连续开展滚动递进预报预警服务。全省各级气象部门密切关注"梅花"动向，均提前发布重要天气预报，为政府防台抗台提供决策依据。省气象局庞鸿魁局长在 9 月 10 日中秋节调度会上即向省长汇报了台风趋势分析；省气象台提前 4 天发布《第 12 号台风"梅花"趋势分析》决策服务材料，提前 3 天预报台风影响区域降水，提前 2 天对台风路径、登陆时间、登陆地点、降水落区、降水强度、大风等级等作出了持续、稳定、准确的预报，距台风登陆山东提前 45 小时。二是预警时间早，省气象台 13 日 15 时 30 分提前 24 小时以上发布台风蓝色和海上大风黄色预警，此后根据台风移近，升级发布台风黄色、暴雨黄色、内陆大风黄色及海上大风橙色预警。全省市、县气象部门及时发布和升级 253 个台风、暴雨、大风等灾害性天气预警信号，预报预警与实况吻合较好。省气象局于 9 月 14 日 08 时，启动省局气象灾害台风Ⅳ级应急响应，并于 15 日 08 时升级为Ⅲ级应急响应，16 日 15 时终止应急响应，共持续 55 小时；全省各级气象部门共启动或调整应急响应 87 次，其中Ⅱ级 7 次、Ⅲ级 28 次、Ⅳ级 52 次。此次台风过程提前准确的预报预警，为各级党委政府正确决策部署抗击台风提供了科学客观的支撑，充分发挥了预报预警气象防灾减灾中的先导性作用。

（二）信息发布快而广

全省气象部门多渠道、滚动式发布预报预警信息。

一是决策气象服务快捷直通，共发送省级决策气象服务材料 32 期、决策服务短信 8.7 万余条；逐小时发布雨情和台风信息，便于党政领导和各部门、新闻媒体及公众更快了解台风最新实况和动向。

二是叫应及时，各级气象部门启动叫应机制，主要负责人第一时间向党政领导汇报最新气象信息，提出决策参考；依据气象部门预报预警信息，省防汛抗旱指挥部（简称省防指）及时发布防汛防台风预警、启动防汛防台风Ⅳ级应急响应，并接连发布台风防御工作通知 7 个。本次台风过程中，各级气象部门通过现场汇报、电话、微信等形式开展叫应服务 247 轮次，累计叫应 9747 人次，为各级各部门防范应对本次过程发挥了先导作用。

三是公共气象服务途径多，信息覆盖面广，通过国家突发事件预警信息发布系统、微信、微博、抖音等 12 种渠道发送到社会公众手中；13 日 15 时，省气象台召开省级媒体新闻通报会。台风影响期间，"山东天气"新媒体矩阵发布信息、视频 166 个，总浏览量 6424.9 万次；发送预警短信 86.15 万条，12121 拨打 12868 次。预报预警信息快速广泛地传播到应急责任人和公众，各级政府和各部门协同组织，共同防御台风。

三、气象灾害预警为先导的应急联动机制抵御台风发挥实效

近年来，山东省气象部门通过修订气象灾害防御条例和气象灾害应急预案、推动应急等部门联合发文应对气象灾害、强化联合值班值守和信息共享等多途径，建立了符合山东特色的气象灾害预警为先导的应急联动机制。此次台风"梅花"防御过程中，省委、省政府依据气象部门预报预警信息，多次调度部署抗台工作，省防指、减灾委等 7 次发布防台风预警通知并启动应急响应，全省受灾人口 38960 人，作物受灾面积 2595 公顷，直接经济损失 1355 万元，但无人员伤亡。

气象服务工作受到省委、省政府领导和各部门的高度评价，庄国泰局长等 5 位中国气象局领导作出批示，表扬"山东省气象局在这次服务保障过程中，很好落实了习近平总书记关于'监测精密、预报精准、服务精细'的要求，值得肯定"。

（一）气象部门积极发挥防灾减灾第一道防线作用

面对强台风"梅花"，全省气象部门落实庞鸿魁局长在全省防汛防台风视频调度会议上提出的"在精准预报上下功夫、在及时上下功夫、在总结评估上下功夫"要求，全力以赴、强化值守，聚焦预报预警准确率，及时向当地政府部门汇报，为科学抵御台风提供气象依据和防御措施建议。省气象局派出分管局领导、业务处室负责同志、预报专家和应急服务专班成员赴省应急指挥中心、省水利厅联合值班，24 小时开展现场气象服务。

（二）各级政府高度重视，实时调度台风防御工作

全省各级政府领导在气象服务材料上批示 49 次、组织召开防汛防台风会议 191 次，全面部署调度台风防御工作。9 月 10 日，省气象局报送《第 12 号台风"梅花"趋势分析》后，时任省委书记李干杰、省长周乃翔连续 6 次在本局报送的决策气象服务材料上作出批示，要求"密切关注，做好防范，确保人民群众生命财产安全"。李干杰书记 9 月 15 日在省应急指挥中心调度检查应对台风情况，进一步安排部署全省防汛防台风工作；周乃翔省长于 10 日、13 日两次召开全省防汛防台风视频调度会议，副省长范波也多次组织调度台风防御工作，并要求省防指组织气象、水利等 7 个部门强化联合值班和会商联防工作。

（三）各部门积极响应，采取了有力的防御措施

海上安全负责部门紧急通知，全省 33917 艘出海渔船全部回港避风，山东海域 968 艘大型船舶全部落实锚泊措施，514 艘客船全部停航避风，关闭涉海、涉水景区 366 家，海上作业平台、海洋牧场、海上施工项目作业船舶、人员全部落实安全防护措施。水利部门安排全省 79 座大中型水库提前预泄洪，12 座病险小型水库全部空库运行。城市安全负责部门全部落实城市易涝点、城市下穿式立交桥（隧道）、下沉广场等抢排措施，建筑施工工地停工撤人，化工园区、矿山企业停产撤人。教育部门根据当地预报预警采取停课措施，潍坊、日照、烟台和青岛黄岛区等地紧急采取停课措施。全省提前转移人员 8886 人，做到应转尽转、应转早转，预置抢险救援队伍 5518 支，人员 17.1 万人，大型抢险救援设备 7200 台。

四、经验做法和启示

一是中国气象局坚强领导和国省市县四级业务联动发挥了根本作用。中国气象局高度重视本次台风过程，及时启动应急响应，中央气象台连续 3 天全国天气会商和两次加密会商给予山东技术支持和指导，充分发挥国省联动和技术集约优势，确保过程精准预报；省气象台强化监测预报预警，指导市县级台站准确预报、提前预警，开展了递进式、高效的精细服务，为各级地方政府决策部署提供了强有力的科技支撑。

二是山东省委、省政府高度重视防汛防台风工作发挥了重要作用。近年来，山东在经历了"温比亚""利奇马"等台风影响后，省委、省政府对防汛防台风工作关注度不断提高。省委书记李干杰、省长周乃翔连续在省气象局报送的决策气象服务材料上作出批示，亲自安排部署全省防汛防台风工作，亲自调度检查各部门应对台风情况，在这次台风过程防御中发挥了重要作用。

三是"7133"气象防灾减灾长效机制持续发挥显著作用。近年来，山东省气象局在中国气象局的坚强领导下，从法治保障着手，突出立法引领与政府主导、标准统一、部门联动统筹协调，不断探索完善，构建了"7133"气象防灾减灾长效机制，为筑牢气象防灾减灾第一道防线提供了根本保障。本次台风过程中，7 部地方法规规章和 1 个省级气象灾害防御领导小组发挥了重要作用；以气象灾害预警为先导的预案指南、规划、制度这 3 类气象防灾减灾规范性文件发挥显著作用；联合会商、联合值守、联动响应组成的 3 个联合行动发挥关键作用。气象部门发布台风预报预警后，省委、省政府领导及时批示部署，省政府办公厅、省防指、安委会、减灾委第一时间下发通知，部署全省防灾减灾工作，并视情况组织联合会商、启动应急响应，各级、各部门按照职责和预案要求开展响应落实。省市县三级气象部门赴地方政府应急联合值守，做到平台直入、数据直连、服务直达，形成了抗击台风一个阵地指挥、协同作战合力。

四是省市县三级气象部门叫应机制发挥关键作用。省市县三级气象部门实时联防，分级开展递进服务，执行高级别预警叫应，跟踪实施临灾叫应、联动响应，做到政府有统一指挥、部门有具体部署、公众有广泛参与，形成气象预警单点触发、全社会链条响应的强大防灾减灾合力。本次台风过程中，各级气象部门通过现场汇报、电话、微信等形式开展叫应服务，为各级各部门防范应对本次台风过程发挥了先导作用。

2022 年河南省抗旱保秋气象服务回顾与思考

河南省气象局

作者：查菲娜　张益炜　王琛

河南是农业大省、粮食大省，对于保障全国粮食安全具有举足轻重、不可替代的作用。服务农业生产，助力粮食丰产丰收，一直是河南省气象工作的重中之重。受全球气候变化和"拉尼娜"事件影响，2022 年河南出现严重的伏秋旱，这是继 2021 年极端暴雨洪涝灾害后的第一个秋粮生产季，如何做好抗旱保秋、确保全年粮食产量，省委、省政府和各相关部门压力空前。河南省气象部门认清形势，按照中国气象局部署，躬身入局、积极作为，全方位开展抗旱保秋气象服务。

一、干旱总体情况

河南位于南北气候过渡带，2022 年 7 月下旬以后处于华北多雨和长江流域干旱之间，大部分地区高温少雨，气象干旱发展迅速。主要特点为气温异常偏高，2022 年 7 月 28 日至 8 月 20 日全省平均气温 29.8℃，较常年同期偏高 3.2℃，为 1961 年来同期最高值，多地最高气温破极值。大部降水显著偏少，7 月 28 日至 8 月 20 日全省平均累计降水量仅 19.3 毫米，较常年同期偏少 81%，为 1961 年以来同期最小值，大部分地区偏少 8 成以上。干旱持续时间长、影响范围广，高温少雨致使全省气象干旱快速发展，范围不断扩大。8 月 25 日监测显示（图 1），全省 83% 的县（市）出现不同程度气象干旱，31% 的县（市）出现重旱及以上等级气象干旱，南阳、平顶山部分县（市）为特旱。豫南旱情持续到 9 月底。

全省 1046 万亩秋作物受旱，主要分布在南阳市、驻马店市、周口市等粮食核心区。10 月 2—5 日全省出现大范围有效降水，全省旱情得以解除。

二、监测预报预警情况

全省气象部门充分发挥气象防灾减灾第一道防线作用。7 月中旬发布《气候趋势滚动预测》，指出"7 月下旬至 8 月，豫南地区气温偏高 1~2℃，降水偏少 0~2 成，需关注秋旱的发展"。8 月 2 日，河南省人民政府气象灾害防御及人工影响天气指挥部启动（高温、干旱）应急响应，全省进入抗旱气象服务保障特别工作状态。8 月 12 日，制作领导专报《7 月下旬以来我省闷热少雨　8 月中旬南部旱情将持续发展》呈报省委领导。8 月 19 日与省农业农村厅联合发布农业气象干旱灾害风险预警（图 2），通过国家突发事件预警信息发布系统发布预警信息 383 条，发布预警信号手机短信 36 次，总发送 7872430 人次。期间，密切监测全省降水及气象干旱情况，滚动制作发布《重要天气预警报告》3 期，《气象信息快报》15 期，《河南抗旱气象服务日报》22 期。8 月 29 日解除农业气象干旱灾害风险预警。

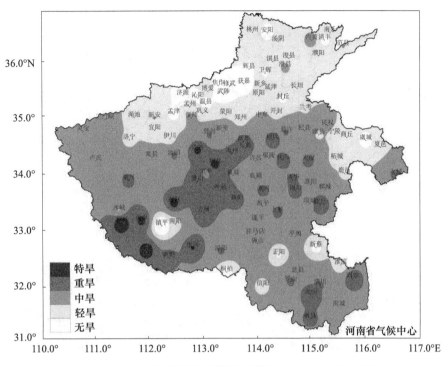

图 1　河南省气象干旱综合指数分布图（2022 年 8 月 25 日）

图 2　河南省农业农村厅、省气象局联合发布农业干旱灾害风险预警

三、气象服务保障情况

针对本轮高温干旱过程，河南省气象局加强与中央气象台和周边省气象部门的会商联防，加强部门上下联动，面向公众、部门、行业开展递进式伴随式气象服务，为各地抗旱减灾提供有力的决策支撑。

（一）深度融入全省抗旱保秋工作大局

河南省委、省政府全面启动抗旱保秋工作，召开全省抗旱保秋工作调度会议，省气象局做"前期气候特点及未来天气气候趋势预测"专题发言（图3）。省委农办成立 8 个督导组分包指导抗旱保秋工作，省气象局作为牵头单位，分包督导许昌市抗旱保秋工作（图4）。

图 3　王鹏祥局长在全省抗旱保秋工作会议上发言

图 4　省气象局作为牵头单位分包许昌市抗旱保秋工作

（二）扎实做好抗旱保秋工作部署

全省抗旱保秋工作调度会议后，省气象局第一时间召开全省抗旱保秋气象服务工作电视电话会议，要求各级气象部门充分认识做好抗旱保秋气象服务的极端重要性，全力以赴做好抗旱保秋气象服务。8 月 19 日，制定《河南省全力以赴保秋粮丰收气象服务工作方案》，成立以主要负责人为组长的抗旱保秋气象服务工作领导小组，确保全省各级气象部门在岗、在责、在状态；建立局领导包片工作指导机制，加强对旱情严重地市的指导。8 月 25 日，召开全省抗旱保秋人工增雨作业视频调度会议（图 5），对做好抗旱保秋人工增雨作业进行具体安排部署。

图 5　全省抗旱保秋工作调度会议

（三）部门联动形成抗旱保秋工作合力

省气象局每日更新墒情、苗情、未来 7 天天气形势和关注重点，省农业农村厅每日通报各地市农田受旱面积、浇水面积，省防汛抗旱指挥部动态调度各地投入抗旱力量，各部门信息均实时共享至"气象农业多部门联络群"，有效地提升了抗旱保秋工作的针对性和时效性。农业、气象联合专家组联合深入田间地头（图 6），实时查看秋作物生长状况和受灾情况（图 7），及时收集掌握第一手资料，更具针对性地提出气象服务需求。气象、农业农村两部门联合组织技术培训，指导科学开展抗旱保秋工作，形成了强大的工作合力。

图 6　气象、农业专家实地指导抗旱保秋

图 7　降水过程结束后墒情调查

（四）全区域开展人工增雨作业

全省气象部门抓住有利天气时机，滚动式发布人工影响天气作业条件预报 20 余次，地面空域申请 300 余次，组织开展飞机增雨 5 架次，空中作业 20 多小时，全省 90 余县（区）1000 余名人影指挥和作业人员，成功实施了 134 次地面增雨作业。向山东、安徽、江苏、湖北和陕西发布中部区域联合增雨作业通知，5 次与中国气象局、湖北省气象局、陕西省气象局开展联合会商，研判增雨潜力区，共同实施区域联动、空地协同大范围一体化抗旱保秋人工增雨作业（图 8）。作业影响区域普降喜雨，有效缓和了旱情。

图 8　中国气象局调配新舟 60 飞机支援河南增雨作业

（五）多角度开展气象科普宣传

全省各级气象融媒体中心全程开展"递进式气象服务＋伴随式气象科普"，及时发布气象干旱预报、预警、实况以及防灾减灾科普信息，引导公众正确理解干旱及其影响，掌握干旱发展形势和应对情况。共发布新闻通稿 10 余篇，科普性图文、视频 30 余条。

四、气象服务效益分析

（一）气象决策建议成为全省抗旱保秋工作的有力指挥棒

王凯省长、武国定副省长对省气象局呈报的多期抗旱专题决策服务材料进行批示，要求农业农村部门加强与气象部门沟通，依据气象建议，合理部署抗旱保秋工作。全省抗旱保秋工作研讨会、部署会，均安排气象部门首个发言，全面分析旱情发展趋势和天气形势，因地制宜地安排应对举措。省防指、农业农村厅均建立与气象部门的专属沟通渠道，确保气象决策产品直达相关部门，气象决策建议成为抗旱保秋工作的重要参考依据。

（二）人工增雨作业效果显著

河南省气象局充分发挥"中部人影项目"牵头省作用和项目建设效益，在全省常规作业力量基础上，新建成的 5 部雷达、10 套垂直观测设备、50 套智能监控系统和 40 套高性能火箭作业车投入使用，进一步提升了大范围人工增雨作业能力。特别是在豫西、豫西南无灌溉条件的山区，加大作业频次和催化剂播撒量，尽最大努力增加降水量。8 月 24 日夜里至 30 日，全省大部分地区出现持续阴雨天气，平均降水量 43.2 毫米。累计降水量洛阳 71.8 毫米、三门峡 68.7 毫米、平顶山 66.0 毫米，共 1101 个雨量站降水量超过 30 毫米。降水量较大区域与人工增雨投入量较大区域高度重叠，农田干旱站点比例下降 56%。

（三）社会媒体对气象服务广泛关注

央广网、《大河报》、河南广播电视台等多家媒体通过网站、报纸、电视、微博、客户端等方式发布 100 余条相关新闻稿件。社会媒体积极响应，纷纷转载报道，带动公众特别是农业从业者主动、科学开展抗旱工作，形成了良好的社会影响。

五、思考与小结

（一）融入式服务是提升气象服务效益的关键

此次抗旱保秋气象服务过程中，气象部门深度参与全省整体工作部署，特别是全省视频会议、调度会议上，气象部门直观、科学的分析，有力地加深了各级政府、各相关部门对干旱实况、发展形势的理解和认识，推动合理、高效地开展工作部署。与省防指、农业农村部门高效率实施信息共享和联合会商研判，确保气象部门准确把握气象服务需求和关键点，针对性地提供决策服务产品，最大限度地提高气象服务效益。

（二）气象服务需坚持早研判早预警

针对此次干旱过程，气象部门早在 7 月中旬就着手研判，并及时向省委、省政府报送专题材料，为此次抗旱保秋工作发出第一份警哨。随着干旱的发展，省气象局建立工作专班，全流程伴随式开展服务，确保了服务链条的完整缜密，有力地筑起了抗旱保秋工作的第一道防线。

全力开展人工增雨 迎战罕见高温干旱

湖北省气象局

作者：易柯欣 陈英英 张震

2022年夏季湖北遭遇罕见大范围晴热高温天气，旱情持续发展，多地连续发布干旱红色预警信号，工业生产、能源供应受到严重影响，农作物受灾面积大，部分地区一度出现城乡居民饮水困难。面对严峻抗旱形势，湖北省气象局迅速安排部署，落实中国气象局、省委、省政府工作要求，坚持"人民至上、生命至上"，扎实做好抗旱气象服务各项工作。

一、基本情况

2022年是湖北历史上少有的在主汛期开展大规模人工增雨作业的年份，与异常高温少雨的气候背景密不可分。2022年夏季，湖北高温综合强度达1961年有完整气象记录以来最强，共出现9次阶段性高温，平均高温日数48.5天，较常年同期偏多27.4天，36县（市）最高气温突破或追平建站以来最高纪录，极端最高气温44.6℃（竹山），突破湖北省单站最高纪录。7月7日出梅至9月30日汛期结束，全省平均累计降水量147.5毫米，较常年同期（376.2毫米）偏少6成。江河湖库水位偏低、蓄水不足，8月以后长江、汉江主要控制站水位均为历史同期最低，省内主要中小河流水位平均偏低1.71米，水库、湖泊有效蓄水量比多年同期分别偏少17%、38%。

根据"汛期降水大幅偏少"的气候预测意见，6—7月，省气象局提前谋划，加强旱情监测调研，协调飞机增雨作业相关事宜；8月，高温少雨态势维持，鄂西北、鄂东南、鄂西南地区相继出现重度及以上旱情。在此背景下，省气象局于8月15日正式启动飞机人工增雨作业，至9月1日期间，人工影响天气（简称人影）决策指挥会商密度、作业预案和作业方案编制密度、单机作业次数和飞行时数以及信息报送密度之高，均超过了军运会人影保障纪录。作业实施过程中，强化科技成果转化应用和重大工程建设效益发挥，首次采用双机协同作业、跨区域联合作业捕捉有利天气过程，加强对各地市州地面"联排接续"增雨作业的技术指导。大规模空地协同增雨作业取得良好成效，全省大部土壤墒情得到显著改善，9月1日全省重度以上气象干旱面积较最严重时减少三分之一。

二、监测预报预警情况（以8月27日增雨过程为例）

（一）加强潜势分析，开展飞机增雨作业条件预报

基于CPEFS模式强化飞机增雨作业潜势预报，分析未来24小时降水系统移动路径、云带和雷达回波演变特征、垂直累积过冷水含量及分布，绘制云体垂直结构剖面图（图1），得到包括云体性质、云顶云底位置、0℃层、−5℃层、−10℃层等特征层高度、作业层风场、冰晶数浓度及其他云微物理量场分布等信息，绘制逐6小时增雨潜力区预报

图。作业结束后，利用雷达回波实况和卫星反演产品开展云模式检验。

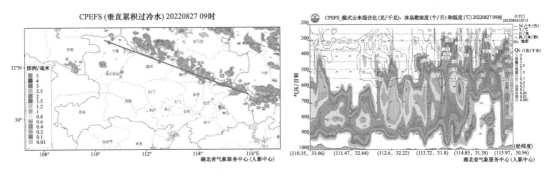

图 1　飞机增雨作业条件预报

（二）强化决策会商，提升科学研判精准作业能力

每日两次组织开展全省决策视频会商（图2），密切关注土壤墒情与旱情发展等增雨需求，针对重旱区、久旱区、粮食主产区，结合未来天气形势与作业条件预报，科学设计飞机播撒航线，精准研判作业时间、作业高度、催化剂类型，制订详尽的飞机增雨作业计划。

图 2　全省增雨抗旱服务决策指挥会商

8月26日鄂西北及恩施大部出现特旱，宜昌、襄阳及鄂东南重旱，省内其他地区也存在不同程度的旱情。作业条件预报显示，湖北省有分散性对流云自西向东移动，影响云系为冷暖混合云结构，0 ℃层高度 5.3～5.5 千米，过冷水含量较为丰沛、最大 2 克/千克，据此计划 27 日上午在鄂西北采用"8"字形航线开展冷暖云催化作业 1 架次，图3显示设计飞行航线与实际飞行航线基本一致。

（三）多种方法结合，促进作业效果评估科学客观

在自然降雨和人工增雨共同影响下，27 日 08 时至 28 日 08 时全省共 1545 站出现降雨，其中有 477 站累计雨量超过 10 毫米、131 站超过 25 毫米、17 站超过 50 毫米、1 站超过 100 毫米，降雨主要集中在十堰、襄阳、宜昌、荆门、咸宁、黄冈、黄石等地。K 值法效果评估显示，冷云播撒作业后，K 值变幅很大，作业后两小时达到最大值6；暖云播撒

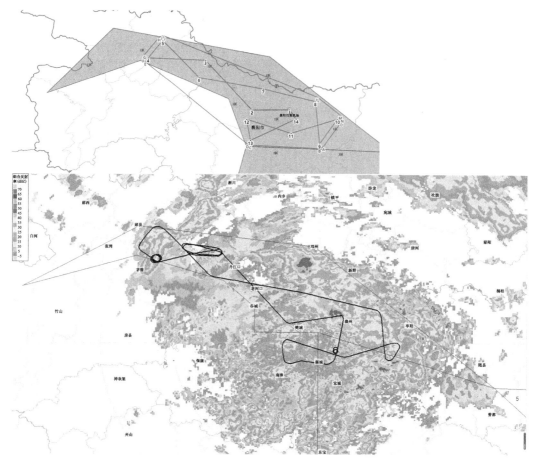

图 3　8 月 27 日设计飞行航线（上）与实际飞行航线（下）

作业后两小时，K 值由作业时的 2 增长为 2.5～2.6，说明催化作业后影响区较对比区平均雨量、雷达反射率的变化更大，增雨效益显著（图 4）。8 月 26 日与 8 月 28 日湖北省气象干旱监测对比情况显示（图 5），襄阳东部、荆门、宜昌、黄石、鄂州等地旱情得到有效缓解。

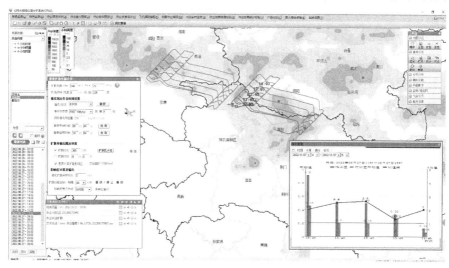

图 4　K 值法检验 8 月 27 日飞机增雨作业效果

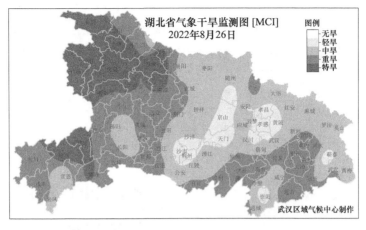

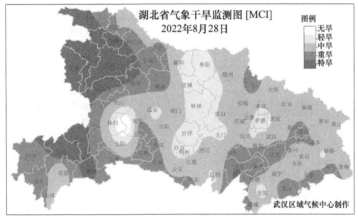

图5　8月26日与8月28日湖北省气象干旱监测情况对比

三、气象服务情况

（一）各级领导高度重视，加强工作组织协调

湖北省委书记王蒙徽、省长王忠林多次部署抗旱人工增雨工作，密切关注作业情况。中国气象局党组书记、局长庄国泰等领导多次致电指导，中国气象局应急减灾与公共服务司（简称减灾司）紧急调拨新舟60高性能增雨飞机驰援湖北省科学作业，国家人影中心领导多次连线湖北会商，慰问湖北飞机作业机组人员，派专家组常驻湖北飞机外场。面对严峻的抗旱形势和艰巨的服务保障工作任务，湖北省气象局制定《湖北省气象部门2022年保秋粮丰收人工增雨抗旱应急服务保障方案》，迅速成立由主要负责同志担任指挥长的抗旱人工增雨作业应急指挥部（图6），统筹协调全省气象监测预报、人工增雨、行业服务、科普宣传等各项工作，确保责任到位、措施到位。

（二）外场进入特殊状态，确保飞行安全高效

作为飞机增雨作业实施单位的省气象服务中心，明确内、外场分工职责。外场作业人员提前奔赴襄阳负责落实两架飞机的调机协调、人员证件办理、烟条临时存放、人员住行安排。8月中下旬正值高温酷暑，技术人员在40℃左右的停机坪上装载烟条，在狭窄颠簸的机舱里克服身体不适开展穿云作业（图7）。机组密切监测雷达回波，关注对流云团发

展演变，从播云催化条件和飞行安全的角度综合考虑，积极与作业人员商议修正航线，确保作业安全高效。8 月底由于全国大范围开展增雨作业，机载催化剂供货严重不足，在合作厂家无法及时扩大生产的情况下，紧急联系内蒙古厂家调集烟弹 1500 枚，全力保障湖北省人影弹药和催化剂足额供应；8 月 19 日襄阳突然爆发新冠疫情，连夜制定了外场飞机作业疫情防控应急预案，保证所有人员入住酒店、襄阳机场"两点一线"，做到疫情防控、抗旱飞行两不误。

图 6 《湖北省气象部门 2022 年保秋粮丰收人工增雨抗旱应急服务保障方案》（左）和湖北省气象局启动人工增雨抗旱服务命令（右）

图 7 外场人员装载烟条（左）和上机操作设备（右）

（三）内场加强值班值守，落实五段业务流程

内场值班人员根据应急保障服务期间的更高要求，及时优化省级人影作业指挥中心业务值班流程，做好作业条件分析预报、人影决策指挥会商、飞机作业计划和预案制定、飞机作业方案制作上报、地面作业指导方案制作发布、飞机作业空情监视、作业信息收集上报、弹药使用库存统计、作业效果分析评估等一系列工作。8月15日至9月1日，内场值班人员参加人影决策指挥会商36次，制作发布《人影作业过程预报和作业计划》3期、《人工增雨潜力预报和作业预案》与《防雹作业条件预报》各18期、《飞机增雨作业方案》32期、《飞机作业效益评估专报》28期、《作业信息快报》54期、《地面作业指导方案》11期、《地面作业跨区调度方案》1期。

四、气象防灾减灾效益

（一）服务成效

8月15日至9月1日，全省共实施飞机人工增雨作业28架次、而近10年间在8月开展飞机增雨作业的年份仅有2013年（7架次）、2014年（7架次）。同时开展地面人工增雨作业692次，发射火箭弹1202枚、高炮炮弹4983发，燃烧地面烟条29根。空地作业累计影响面积约70.88万平方千米，增加降水约22.79亿吨，增雨作业效果明显。大规模空地联动增雨作业后，鄂西北西部、鄂西南东部旱情有所缓解，特旱站数由15个降为12个，重旱站数由26个降为20个。

8月26日，在省委、省政府抗旱专题会上，省委书记王蒙徽、省长王忠林以及相关负责同志赞扬气象部门组织有力、工作到位，人工增雨发挥了重要作用，作业效果获得广泛认可。9月29日，中国气象局局长庄国泰批示"湖北人影抗旱工作很出色，成效显著"。《湖北日报》《长江日报》《楚天都市报》、人民网和湖北卫视等多家主流媒体以专栏形式给予多轮次深入报道（图8），同时进行人工影响天气科普宣传，为气象服务工作营造更好的发展环境。

图 8　主流媒体专栏报道湖北省增雨抗旱工作

（二）服务经验

1. 人影工程及"耕云"计划助成效彰显

在硬件方面，国家级高性能人影飞机新舟 60 发挥了主力军作用，高频机载探测结合试验示范基地建设的地面人影特种设备，实现"天－空－地"协同观测和高效作业。在技术方面，"耕云"计划作为以建立人影研究型业务、趋利型服务、减灾型保障为主攻方向，以提高科学、精准、安全作业能力为重点，以强化人影在乡村振兴、防灾减灾救灾、生态文明建设、重大活动服务保障作用为需求导向的行动计划，提高了伏旱期飞机安全作业保障能力。在机制方面，中部人影工程项目参与省份间的"区域协同机制"初见成效。8 月27—30 日，在国家人影中心组织协调下，3 架高性能人影作业飞机分别从陕西安康、河南南阳、湖北襄阳机场起飞，围绕南水北调中线丹江口汇水流域实施跨区域多机联合增雨作业。

2. 部门联动促优势发挥

8 月 22 日，省政府召开抗旱人工增雨专题会议，要求多部门联动，全力以赴做好抗旱人工增雨工作。省财政厅迅速安排人影作业经费；省公安厅发文全力保障人工增雨作业弹药运输存储安全；军民航管部门积极保障作业空域，紧急批准新增地面临时作业点；省水利厅、农业农村厅多次与气象局联合会商，分析抗旱气象服务需求。各市、州、县党委政府紧急部署，安排人影专项资金，深入一线指导增雨作业。

3. 成果应用保能力提升

积层混合云是本轮飞机增雨作业的主要降水云系，抗旱保障服务过程中将湖北积层混合云研究成果应用到作业条件识别、航线设计、跟踪指挥等方面，同时指导地、市、州开展地面联排接续作业，并利用地面特种观测设备、机载探测仪器、卫星遥感等方式，对比目标云作业前后云参数变化特征，通过 K 值法、区域统计检验等方法科学评估作业效果，全面提升湖北省人影作业技术水平。

（三）思考与启示

1. 提升夏季对流云增雨作业服务能力

此次服务在针对夏季南方对流云人工增雨作业的科学性、安全性探索方面，进行了有益尝试。但面对夏季分散性对流生命周期短、发展迅速等特点，应对挑战能力尚且不足，后续将在条件预报、监测预警、跟踪指挥、作业实施、效果检验等方面进一步加强关键技术研发。

2. 注重新资料新技术新方法的业务应用

人工影响天气应主动融入观测、预报、服务、信息等大气象业务体系，充分利用新型观测设备及大数据、人工智能、机器学习等高新技术，凝练作业条件识别、作业方案设计的新成果新方法，进一步提升人工影响天气服务软实力。同时，机载探测资料也可为数值预报模式的改进提供数据支撑。

2022年6月1—6日湖南持续性暴雨大暴雨过程气象服务案例

湖南省气象局

作者：唐杰　王青霞　王璐

2022年6月1—6日，湖南遭受入汛最强暴雨大暴雨天气过程，多地出现严重的洪涝灾害和地质灾害。全省气象部门认真贯彻习近平总书记关于防汛救灾重要指示精神，按照中国气象局和湖南省委、省政府决策部署，坚持"人民至上、生命至上"，全力以赴做好气象监测预报预警服务，省领导给予充分肯定。

一、基本情况

2022年6月1—6日的暴雨大暴雨天气过程呈现6个特点：一是持续时间长。1—6日连续6天都出现暴雨或大暴雨，局地特大暴雨。二是影响范围广，累计雨量大（图1）。累计雨量超过100毫米、200毫米的覆盖面积分别为7.52万平方千米、1.56万平方千米，

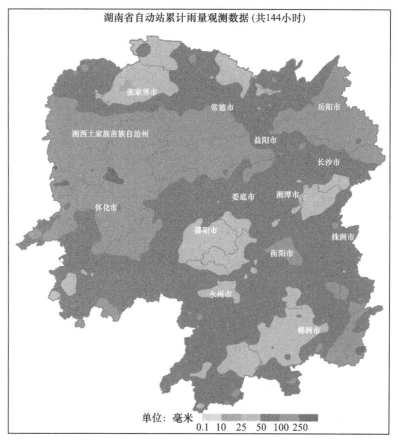

图1　2022年6月1日08时至7日08时湖南累计雨量实况

11 个县 41 站累计雨量超过 300 毫米，其中汝城县集益乡 448.6 毫米、花垣县雅酉镇 400.5 毫米。三是极端性强。小时雨强超过 50 毫米的有 145 站，最大小时雨强 94.9 毫米；3 小时雨量超过 100 毫米的有 99 站，最大 3 小时雨量 203 毫米；6 小时雨量超过 150 毫米的有 58 站，最大 6 小时雨量 247.6 毫米；日雨量超过 200 毫米的有 25 站，最大日雨量 312.5 毫米。四是落区重叠度高。暴雨大暴雨落区高度重叠在湘西州、怀化中北部、常德南部、益阳南部、郴州东南部等地，泸溪、辰溪、桃源等 11 个县累计雨量达到极端降水标准。五是夜雨特征明显。强降雨多集中在夜间，尤其在后半夜的 02 时至 08 时。六是土壤含水量极度饱和。5 月 22 日进入雨水集中期，截至 6 月 6 日，全省平均雨量 203 毫米，较常年同期偏多 99.4%，土壤含水量大，地质灾害风险极高。

强降雨导致一大批工农业基础设施严重受灾，诱发地质灾害 2341 起（图 2）。据统计，本轮强降雨过程共造成全省 179.45 万人受灾，因灾死亡 12 人、失联 1 人，紧急转移 28.3 万人；农作物受灾面积 144.24 万亩；倒塌和严重损坏房屋 1195 户 2766 间；直接经济损失 40.74 亿元。

图 2　湖南暴雨灾情图片

二、气象服务情况

一是提前准确预报，开展决策气象服务。针对本轮强降雨过程，省气象局向省委、省政府等有关部门报送《重大气象信息专报》2 期、《气象专题报告》4 期、《气象信息快报》5 期。其中在 5 月 27 日、31 日发布《重大气象信息专报》，提出"我省进入雨水集中期""6 月 1 日至 6 日湘中湘北将出现连续性暴雨大暴雨天气"，明确各地要加强防范极端降雨。从 28 日开始每天滚动订正降雨预报，精准预报了过程主要影响时段、演变及落区等，重点提醒做好山洪、地质灾害、中小河流洪水等灾害防范。

二是精准短临预报预警，加强重点区域防治。强降水过程期间，湖南省气象台共发布暴雨预警 10 期，其中 2 日至 5 日强降雨时段连续发布橙色预警 7 期；联合自然资源部门发布地质灾害气象风险预警 7 期，联合水利部门发布山洪灾害气象风险预警 5 期；逐 6 小时更新发布精准到县的暴雨落区预报 18 期，市气象部门发布精准到乡镇的预警信号 695期，县气象部门发布精准到乡村的临灾警报 1589 期。据复盘分析，暴雨落区预报提前 290分钟；短临预警提前 137 分钟，准确率 99％。

三是靶向发布预警信息，实现预警信息"到户到人"。通过 12379 平台向省、市、县、乡、村五级防汛责任人发送预警信息 341.75 万人次，联合自然资源部门面向切坡建房户发布地质灾害短临预警 84.17 万人次，基于电子围栏面向社会公众靶向发布红色短临预警606.95 万人次。

四是省、市、县协同叫应提醒，确保转移到位。出台《强降雨叫应服务规范》，规定达到相应标准后，省、市、县三级气象部门内部开展协防叫应，同时向党政领导和防汛抗旱指挥部门，应急、自然资源、水利、城建等部门以及重点乡镇开展决策叫应。据复盘分析，电话叫应平均提前 112 分钟，其中麻阳县高村镇较山体滑坡灾害提前 166 分钟、兰里镇提前 352 分钟。省防汛抗旱指挥部（简称省防指）同步优化了叫应提醒机制，明确收到红色、橙色暴雨预警信息后省、市、县防办负责人、值班人员电话叫应的职责。落实省委常委、副省长张迎春的指示，省委宣传部指导推动省气象局、省广电局、省广播电台将预警信息与应急广播"村村响"进行了对接，让全省 43.57 万只"村村响"大喇叭发出了传递预警信息的"最强音"。

五是加强监测信息共享，全程参与减灾救灾。通过微信、短信等方式优化与应急、气象、水利、自然资源等防汛抗旱指挥部成员单位信息共享机制。与省防指、应急、自然资源、水利等部门每日一会商、实时共享信息、24 小时保持热线。强降雨时段逐 3 小时向省防指成员单位实时共享最新雨情、雷达回波和后期趋势共 48 期。参加省防汛抗灾视频或现场调度会 9 次，为防汛抗灾、"点对点"精准调度提供支撑。

三、主要亮点

一是省领导高位推动，及时启动应急响应。5 月 27 日、31 日两次发布《重大气象信息专报》，张庆伟书记、毛伟明省长、朱国贤副书记、李殿勋常务副省长、张迎春副省长等省领导都作出了重要批示。省气象局认真落实，于 5 月 29 日 10 时启动气象灾害（暴雨）Ⅳ级应急响应，6 月 2 日 07 时提升为Ⅲ级。过程期间，14 个市州气象局先后启动了应急响应。省防指根据气象预报情况，自 6 月 3 日 19 时起，将防汛应急响应由Ⅳ级提升至Ⅲ级；省减灾委办公室、省应急管理厅于 6 月 4 日 09 时将省级自然灾害救助Ⅳ级应急响应提升至Ⅲ级。

二是推动暴雨预警响应联动机制建设。吸取"郑州 7·20 特大暴雨灾害"教训，省防指 5 月 13 日印发了《关于切实加强暴雨预警响应联动机制的通知》，将气象部门的递进式气象预警服务与预警联动机制相对接，细化不同级别暴雨预警的响应措施，将高强度、大范围、可能致灾的暴雨预警作为应急响应行动的启动条件，对暴雨红色、橙色预警对应的响应行动明确刚性的约束措施。

四、气象防灾减灾效益

一是以气象预警为先导的应急联动机制在防汛工作中发挥重要作用。气象部门 5 月 27 日发布《重大气象信息专报》，28 日张迎春副省长批示指出"我省防汛进入关键期"（图 3），28 日、29 日应急管理厅根据滚动气象信息，连续组织防汛调度，对防汛工作进行部署。31 日再次发布《重大气象信息专报》，6 月 1 日省委书记批示要求"落实节假日期间的防汛，以气象预报为依据，及时会商、调度，对地质引发的危险及时发布，组织人员避险"；2 日、3 日张迎春副省长连续坐镇指挥，在全省防汛视频调度会上强调"五个务必"和"四个再下功夫"，防范好强降雨引发的山洪、地质灾害。在所有防汛调度会议中，气象部门均为第一个发言单位，汇报天气情况。

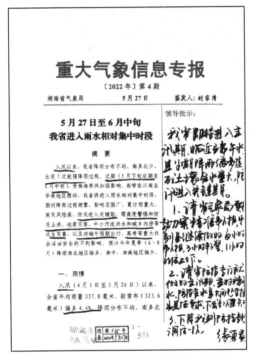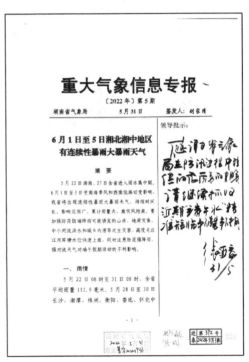

图 3　强降雨过程期间领导批示情况

二是"6 小时预报、3 小时预警、1 小时叫应"的新工作模式得到广泛认可。2022 年，湖南气象部门开启了从"信息推送"到"信息督导"的防灾减灾新工作模式。气象部门每 6 小时更新发布精准到县的暴雨落区预报，每 3 小时向省防指成员单位实时共享最新雨情、雷达回波和后期趋势，提醒当地党委、政府、自然资源、水利、应急等部门领导和防汛责任人，提前加强山洪、地质灾害、中小河流洪水和城市内涝隐患点巡查，应急救援和人员转移安置工作。当地政府在收到气象部门预警信号和"叫应"后，积极组织人员转移，有效地避免了人员伤亡，其中湘西州凤凰麻冲乡 2 日凌晨转移涉险群众 105 户 362 人。当地政府在应急动员部署视频会上，对气象部门精准及时、简洁明了的气象预报预警服务再次给予肯定。益阳市桃江县鮓埠回族乡大水田村切坡建房户李合仙看着因滑坡损毁的房屋说:"从来没有见过这么大的雨,怕是天都要跨了,要出人命的,幸亏转移出来了。"(图 4)中国气象局庄国泰局长、余勇副局长对湖南这次降雨过程的服务高度肯定,要求认真总结湖南经验,对湖南的好做法予以宣传报道和推广。

图 4 社会各界广泛肯定

以"时时放心不下"的责任感和紧迫感
筑牢气象防灾减灾第一道防线

广东省气象局

作者：张晓东　陈蔚翔　郑腾飞　屈凤秋

2022年广东天气气候显著异常，出现了有气象记录以来第三多的"龙舟水"天气。多地降水打破历史纪录，其中韶关、清远平均雨量双双刷新当地历史纪录，地质灾害、城乡内涝、洪水等灾情严重，北江流域出现超百年一遇洪水，防汛工作面临前所未有的严峻形势。全省气象部门以"时时放心不下"的责任感，开展分时—分层—分众决策气象服务，实现强预警、强联动、强响应，努力筑牢气象防灾减灾第一道防线，把灾害造成的损失降至最低。

一、"龙舟水"期间强降水特点及影响

一是降水时间长。"龙舟水"期间，连续32天每天均有区县出现暴雨，其中有26天出现大暴雨，12天出现特大暴雨。6月13—21日，广东省持续9天出现了大范围强降水。

二是累计雨量大。6月12—21日，全省共有328个镇街录得超过250毫米的累计雨量，最大累计雨量990.5毫米（清远英德市东华镇），珠江流域面雨量352.0毫米。韶关、清远"龙舟水"雨量分别是常年的290％、230％，为有气象记录以来最高（图1）。

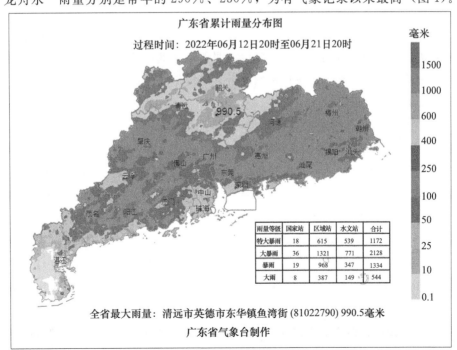

图1　6月12—21日广东省累计雨量分布特点

三是暴雨落区重叠。"龙舟水"后期暴雨落区高度重叠，重复出现在粤北和珠江三角洲北部市县，韶关和清远在 13—14 日和 18—21 日连续出现了暴雨到大暴雨局部特大暴雨。

四是多灾种叠加。韶关、清远、河源、梅州等 15 市 54 县 632 个乡镇遭遇暴雨洪涝、山体滑坡、泥石流、城乡内涝等灾害。珠江流域西江、北江共出现 7 次编号洪水，为新中国成立以来年次数最多，其中北江 2 号洪水为仅次于 1915 年特大洪水，多个地点出现接近或超百年一遇洪峰流量（图 2）。

图 2 "龙舟水"期间珠江流域西江、北江洪水情况

二、坚持人民至上、生命至上，以更高标准、更严要求、更实措施全力以赴做好"龙舟水"气象服务

全省气象部门以高度的政治责任感，立足防大汛、抗大险、救大灾，坚持以大概率思维应对小概率事件，切实做到组织领导到位、服务保障到位、应急值守到位，努力做到监测精密、预报精准、服务精细，发扬不怕疲劳、连续作战的精神，为各级党委政府和相关部门防汛调度提供精准服务。

1. 强化部门联动，气象防灾减灾工作机制更加高效完善。省委、省政府专门出台了《指挥应对重大气象灾害工作机制》，将应对措施制度化，6 月 17 日孙志洋副省长到省气象局召开全省强降水防御视频会议。坚持直通式报告制度，省气象局主要负责同志多次向省领导及时汇报预报预测及防御建议，省委两次点名省气象局主要负责同志陪同时任省委书记李希实地开展防汛督导检查。履行广东省防汛防旱防风总指挥部（简称省防总）副总指挥职责，先后 10 次参加省政府和省防总防汛工作会议，两次作为省防总值班领导抓好全省防御指挥调度。与应急管理厅视频会商 8 次并选派 2 名业务技术骨干常驻省应急指挥中心，提供现场保障服务，配合省防总第一时间开展"点对点"直到一线的风险指导和精准防御调度，及时指导基层迅速开展人员转移等防御工作。

2. 提前准确预测，防灾减灾准备充分到位。扭住预报业务难点痛点，坚持协同创新，深入推进先进设备、先进模式、先进技术在龙舟水服务中全面应用，把住了"预报精准"

生命线,实现重大过程模式预报准确,为灾害有效防御打下了坚实基础。特别是6月13—21日的持续性强降水过程,提前10天(6月3日)就逐日滚动发布13日开始的强降水过程,提前7天(6月14日)就准确研判本次过程将在21日夜间结束,并特别强调18—21日降水强度将进一步加强,强降水落区高度重叠在粤北和珠三角北部,过程累计最大雨量将超过800毫米,流域性洪水、城乡内涝和地质灾害风险极高。

3. 强化风险预警,防灾减灾救灾关口得到前移。组织全省气象部门用好普查结果,基于 QPE、QPF、内涝、地质灾害、交通模型,发展风险预警和影响预报技术,面向行业部门开展城乡内涝、中小河流洪水、山洪、地质灾害等影响预报和风险预警服务,其中联合省自然资源部门共发布地质灾害气象风险预警65期,韶关、清远等地开展了基于强降水的山洪影响预报,有效应对了极端暴雨及其衍生灾害。珠江流域气象服务中心首次发布珠江流域面雨量监测和预报产品,明确指出流域性大洪水的风险较高,为珠江水利委员会、应急管理等部门和地方政府流域洪水防御提供技术支持,气象灾害风险预警的先导性作用得到更好体现。

4. 抓实短临预警,加快建设分灾种、分行业的极端天气临灾应对能力。深入贯彻落实2022年中央一号文件关于"增强极端天气应对能力"的要求,健全分区域、分时段、分强度短临强降水精准预报预警业务,共发布未来1小时降雨量超过50毫米的乡镇预警341次,并通过突发事件预警信息发布系统第一时间发送至相关一线责任人,为清远市佛冈县龙山镇蓄滞洪区14152名群众安全转移等乡镇精准应对争取了宝贵时间。强化对基层应急责任人的红色预警叫应服务,有效解决气象防灾减灾"最后一公里"问题,如惠州市龙华镇根据红色暴雨预警叫应,及时组织安全转移112人,成功避免因龙华镇四围小学围墙倒塌可能引发人员伤亡的灾害发生。

5. 强化社会协同,提升预警信息发布覆盖面和有效性。充分利用省、市、县突发事件预警信息发布系统,通过全网短信、微博、微信、大喇叭等10多种渠道发布预警信息,全网预警短信覆盖14.5亿人次,"广东天气"微博累计阅读量达5.8亿人次,"缤纷微天气"微信小程序访问量达2270万人次,全省4810个显示屏和8360个大喇叭发布信息2300多条,确保预警信息家喻户晓。另外,高考恰逢强降雨过程,省气象局联合省教育厅通过"粤省事"提供定时、定点、定量的全省501个考场天气信息,全省无一名考生因极端天气迟到或缺考。

三、"龙舟水"气象服务显成效,气象防灾减灾工作获肯定

本次应对"龙舟水"和珠江流域异常洪水取得了积极成效,第一次启动防汛Ⅰ级应急响应,成功防御了北江超百年一遇洪水,全省没有出现群死群伤和水库堤围溃决,防汛救灾工作取得历史性成绩,得到各级领导的充分认可。时任省委书记李希同志批示指出:"全省气象部门积极履职、担当作为,坚持高标准严要求加强应急值守、精准研判分析,及时高效做好'龙舟水'预测预报预警服务,为我省防汛救灾提供了有力支撑,值得充分肯定。望认真复盘总结,及时固化行之有效的经验做法,着力补短板、强弱项,不断提高精准预测预报能力,慎终如始做好后汛期气象服务,努力为保障人民群众生命财产安全作出新贡献。"中国气象局庄国泰局长批示指出:广东在今年"龙舟水"气象服务中表现出

色，有利保障了珠江流域的抗洪救灾，流域气象服务中心也发挥了很好的作用。

尽管 2022 年汛期气象预报预警服务工作取得明显成效，但仍暴露出气象监测预报预警和应急联动中一些短板，如：龙卷等局地强对流天气的监测能力仍然不足，特别是粤北山区，行政村自动气象站覆盖率不足 10%；暴雨时空精细预报还存在偏差，暴雨极端性预报能力还不足；数值预报模式算力不够，难以支撑现有业务的需求；应急响应联动机制仍需健全，基层地区依然存在强预警弱响应的情况。

下一步，全省气象部门将继续深入学习贯彻习近平总书记关于气象工作重要指示精神，进一步增强责任感紧迫感，加强复盘总结，立足最不利情况、做好最充分准备，以气象高质量发展全力保障人民群众生命财产安全和社会稳定。一是大力推动粤东、粤西、粤北相控阵雷达组网建设，提高冰雹、龙卷等中小尺度灾害性天气的监测预警能力；加快推进全省气象、水文（雨量）观测站建设，实现行政村全覆盖。二是加强台风、暖区暴雨、强对流（龙卷）等灾害性天气监测预报预警技术，发展基于模式的智能预报客观算法，提升预报预警准确性、提前量和定量化水平。三是积极争取"天河二号""鹏城云脑"等资源支持区域数值预报模式运行，争创国家级区域数值预报重点实验室和中国气象局龙卷风重点实验室，深入开展区域数值天气预报模式研发、重大灾害性天气机理研究等核心技术攻关。四是建立极端天气防灾避险制度，健全以气象灾害预警信息为先导的高影响行业自动停工机制；完善气象灾害风险转移制度，发展台风、暴雨、洪水巨灾气象指数保险和农业政策性气象指数保险。

精细服务为"3·21"东航 MU5735 航空器飞行事故应急救援提供气象保障

广西壮族自治区气象局

作者：黎惠金　李蔚　何珊珊

2022 年"3·21"东航 MU5735 航空器飞行事故发生后，广西各级气象部门闻令而动、迅速响应，坚决贯彻落实习近平总书记重要指示精神和李克强总理批示要求，严格按照中国气象局和地方党委政府的决策部署，把做好事故应急救援气象保障作为头等重要的政治任务，在长达 12 天的事故救援中，聚焦现场、全面跟进、精细服务，气象保障有力、有序，得到中国气象局、广西壮族自治区和梧州市党委政府以及相关部门的高度肯定。

一、基本情况

2022 年 3 月 21 日下午，东航 MU5735 飞机在广西梧州市藤县境内坠毁，机上 123 名乘客、9 名机组人员全部遇难，3 月 31 日，现场搜救任务基本完成（图 1）。事故救援服务保障期间，事发地莫埌村正值初春时节，冷暖转换快，雷雨、大风、大雾等灾害性天气多，历经多次转折性天气过程（图 2）：3 月 22 日出现降温降雨，25 日快速转回南天气，26 日和 31 日，再度大风降温降雨。复杂的天气形势、历时长的事故救援、条件差的搜救环境都对定点定时定量的精细化预报服务提出了更高要求，给气象保障工作带来极大的挑战。面对挑战，广西气象部门加强组织领导，强化责任担当，深化上下联动和部门协作，围绕"监测精密、预报精准、服务精细"的要求，以特别工作状态全力以赴做好监测预报预警服务，优质完成了本次突发事件的气象保障工作。

图 1　梧州藤县莫埌村事故救援现场

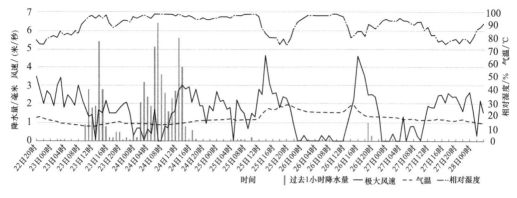

图 2　2022 年 3 月 22—28 日莫埌村气象要素变化图

二、气象服务亮点

（一）快速响应，全体动员，第一时间进入特别工作状态

1. 各级气象部门响应迅速。 21 日 15 时，广西壮族自治区气象局党组接到事故情况报告后，第一时间研究部署，立即成立气象保障服务工作专班，广西壮族自治区、梧州市、藤县三级气象部门第一时间启动气象保障服务特别工作状态，相关单位 24 小时值守、领导带班领班、专人值班、定时报告工作进展。

2. 部门领导靠前指挥。 钟国平局长等领导连日参加天气会商并部署各项气象保障服务工作，组织专班服务小组对事发地天气实况及未来天气预报展开分析；以郑宏翔副局长为组长的应急服务小组第一时间进驻自治区应急指挥中心值班，参与应急救援指挥调度。

3. 一线服务及时到位。 梧州市气象局第一时间派驻现场服务小组赶赴救援现场，开展应急现场服务（图 3）。服务小组到事发地认真勘察、确定方位，架设安装移动应急气象站，实时监测现场环境的风向、风速、湿度、温度和降雨量等气象要素，同时配备 3 台便携式气象观测仪，开展 24 小时应急保障气象观测。

图 3　气象技术人员在莫埌小学开展救援现场气象保障服务

（二）主动对接，跟踪需求，以精细化预报预警服务助力抢险救援

1. 主动对接各级部门，高频次发布高影响天气专项材料。自治区气象局主动对接自治区应急指挥中心，加密提供专题气象服务，随时为指挥部汇报事发地的天气实况和未来天气形势，向自治区领导汇报天气 20 多次；梧州市气象局主动对接地方政府，派出 12 批共 50 人次进驻救援现场开展 24 小时应急保障气象服务，参与值班值守 300 余人次，持续向现场救援指挥部报告气象信息，随时根据天气变化提供决策建议。救援期间，广西各级气象部门共为自治区应急指挥部和中国气象局国家气象中心、公共气象服务中心等单位提供事故救援专项服务材料 75 期；为梧州、藤县地方党委政府提供逐小时滚动预报 262 次、专项服务材料 139 期，为救援综合协调工作组、现场搜寻救援工作组、安保工作组等工作组提供服务信息近 2000 条。

2. 跟踪现场抢险救援需求，及时精准提供气象决策服务建议。跟踪事故现场救援进度，根据天气变化提出决策建议。现场救援调度组、后勤保障组在接收到天气预报和服务建议后，提前准备雨具、冲锋衣、御寒衣服、防暑药品等，组织搭建防雨工棚、铺设竹排，准备相应救援预案，安排暂缓机械救援，没有发生二次事故，救援顺利进行。如提前 1 天预报 24 日事故点将有中雨，将出现积水，应急处置小组根据天气预报提前部署抽水设备。3 月 24 日事故点果然出现中雨，部分坑洼积水严重，由于提前部署，应对得当，积水迅速排出，应急处置工作得以顺利进行。3 月 24 日，结合救援工作人员穿戴防护服在事故核心区开展工作的情况，提醒指挥部注意 25—26 日前湿度大、气温回升明显、将有大雾或回南潮湿天气，注意做好防暑和防疫工作。又如 3 月 29 日，事故点出现短时强降雨，气象部门精准预测当天 11 时至 14 时降雨维持，14 时后降雨逐步减弱，为应急处置小组开展事故调查、部署挖掘飞机残骸提供科学决策建议。

（三）上下联动，部门协同，凝聚起强大的工作合力

1. 发挥气象系统"上下一盘棋"优势。事故发生后，中国气象局领导要求务必全力做好救援气象保障服务。中国气象局相关职能司就保障服务工作进行精心指导，国家气象中心、华南区域中心分别通过视频、电话等方式与自治区气象台会商指导 10 余次。广西各级气象部门区、市、县上下联动，各司其职。为确保应急观测数据准确、及时、有效，自治区气象台、信息中心与梧州市县气象局组织成立观测预报应急保障小组，通过图片、文字等形式，随时沟通现场天气和设备运行情况。特殊工作状态期间，自治区气象台与梧州市气象台通过视频、电话等方式开展多次天气会商联防。

2. 加强与相关部门协作联动。自治区党委政府成立了 5 个工作组，确定自治区气象局为技术保障组责任单位。自治区气象局按要求参与事故救援应急值守工作，与相关部门随时开展救援会商。各级气象部门加强与民航、应急、公安、军队、卫健等部门联动，主动把握事故地点天气情况，积极对接服务需求，滚动提供精细化气象服务信息。梧州市气象局派出业务骨干常驻市应急指挥部联合集中办公。藤县气象局作为藤县现场救援调度组成员，派驻人员到县应急管理局参加后勤保障 24 小时应急值班调度，派遣技术保障人员参与现场 24 小时气象保障服务。强降雨前夕，联合自然资源部门进行会商，及时发布了地质灾害预警和风险提示。每天在"援调调度组微信群"和"后勤保障微信群"逐小时滚动发布气象预警服务信息。

（四）广泛快速准确发布，正面积极宣传报道，牢牢把握气象服务的主动权

1. 预警发布准确及时。 期间，藤县气象台共发布暴雨预警信号 1 份，大风预警信号 2 份，大雾预警信号 1 份，通过广西突发事件预警信息发布系统向救援相关人员和公众发布，接收人次达 1 万余人次。藤县气象台于 3 月 23 日 09 时 21 分发布暴雨黄色预警信号，藤县辖区最大降雨量 43.1 毫米，预警信号基本准确，提前量达 39 分钟。3 月 22 日 12 时 28 分发布大风蓝色预警信号，藤县辖区出现 5～6 级大风天气，预警信号基本正确，提前量达 29 分钟。

2. 多渠道发布服务信息。 气象监测预报服务产品主要通过微信、电话、短信、电子邮件、气象预警大喇叭等方式提供给有关部门、工作组和现场救援工作人员，特别是利用莫垱村的气象预警大喇叭播放气象预警信息，提醒现场救援工作人员时刻注意安全。通过"梧州天气"微信公众号、"梧州气象"新浪微博、梧州本地气象影视节目、"梧州天气"抖音号及时发布预警预报信息并进行科普解读，提醒公众及时增减衣物并做好防范准备。

3. 媒体正面宣传报道。 事故救援期间，气象部门进驻救援现场，全天候坚守救援一线，24 小时开展气象服务等工作，中央广播电视总台、中新视频、广西电视台、梧州广播电视台等主流媒体给予正面宣传报道。梧州电视台 App"最老友"、梧州市直机关党建微信公众号"梧州机关党建"对气象部门发挥党员先锋作用、积极主动投入应急气象服务工作进行了图文正面报道。

三、气象服务成效

1. 党委政府高度肯定。 此次事故救援气象保障服务得到了中国气象局、广西壮族自治区和梧州市党委、政府和相关部门的高度肯定。中国气象局庄国泰局长批示广西壮族自治区气象局组织的气象保障及时、到位，应给予肯定。梧州市委书记蒋连生批示气象部门及时、精准发布气象信息，为救援工作提供重要保障。5 月 17 日，梧州市委、市政府致信广西壮族自治区气象局，感谢气象部门为高效做好"3·21"东航 MU5735 航空器飞行事故应急处置工作做出的突出贡献。

2. 抢险救援及时高效。 应急救援期间天气过程预报准确，重要天气预报和大风、暴雨预警信号发布及时，为各部门调度和应对部署争取了充足的时间。根据气象预报预警信息，应急救援指挥部及时响应，制定调整救援工作实施方案、防疫措施，为救援人员提前准备了雨具、冲锋衣、御寒衣物、防暑药品等，加固防雨工棚，调度抽水设备，切实减轻了天气对救援工作的影响。

3. 部门联动全面迅速。 根据气象提早和精准预报预警信息，各部门提前部署防范工作，搜救工作圆满完成。民航系统顺利保障应急救援专机飞行，通航飞行共计近 50 余架次。自然资源部门提前部署防范事故点地质灾害，现场指挥部组织专家进行勘察研判，确认山体存在小范围滑坡风险并在现场布置边坡雷达监测点，防范山体滑坡带来的人员伤亡。卫健部门提前部署卫生防疫相关措施，现场指挥部及时组织开展防疫消杀工作，避免出现相关疫情。

4. 媒体公众广泛认可。 对于此次事故搜救工作，新闻媒体和社会公众关注度极高，尤其关注搜救动向和影响搜救进程的天气条件、搜救方式等各方面因素。期间，中央广播电视总台、广西电视台、梧州广播电视台等主流媒体及梧州市直机关工委微信公众号对气象部门开展的各项保障工作进行正面宣传。对于天气复杂性变化，气象部门通过微博微信、影视节目、抖音等多种方式发布预警预报信息和科普解读，得到公众的广泛认可。

四、气象服务经验和体会

本次突发事件应急气象保障服务工作响应迅速、开展有序、保障有力，主要经验和体会有以下几点：

1. 发挥管理体制优势。气象双重领导管理体制让事故救援保障气象服务的组织领导更加坚强有力、有序高效。国、省、市、县四级气象部门上下一盘棋的优势充分体现。

2. 巩固应急预案保障。组建专业的气象保障队伍，定期进行演练，确保突发事件发生时能迅速响应并到达现场开展服务。针对应急气象保障，制定有效的实施方案，落实分工，强化上下协同，及时解决沟通出现的突发情况或问题，为气象预报预警信息传输提供有力保障。

3. 夯实科技支撑基础。近年来广西气象部门以项目带动气象现代化建设，推进创新团队建设，引进对流尺度预报模式，让事故救援保障气象服务有了更多的底气和定力。

4. 强化联动协作合力。国家级业务单位指导、区市县上下联动、邻省配合让事故保障气象服务"集众智、聚合力"。针对突发事件气象保障服务，强化与应急、交通等相关部门的信息互通，为第一时间提供气象保障服务做好充分准备。

5. 深化"三融入"一线气象服务机制。近年来，广西气象部门通过强化"三融入"一线气象服务机制建设，建立健全重大信息直报、预警响应调度、人员精准转移等一系列气象服务机制，优化"11631"递进式服务流程①，在时间上逐步推进，空间上逐步精准，将气象服务深度融入防汛指挥、应急联动、抢险救援等"防抗救"全链条，进一步筑牢防灾减灾第一道防线，提高重大气象灾害的处置效率和防灾效果。

---

① "11631"递进式服务流程：1——提前1周报出灾害性天气影响时段，划定重点时段；1——提前1~3天自治区发布精准到县、市县发布精准到乡镇预报及暴雨预警，重在提醒基层做好值班值守和隐患排查；6——提前6小时或12小时划定未来6~12小时暴雨落区，重在提醒基层加强巡查防守；3——逐3小时更新暴雨橙色或红色预警信号，制作未来3小时精准定量到乡镇的降雨预报，重在提醒基层适时采取应急措施；1——达严重致灾阈值时，逐小时更新"3小时"精细化预警服务，重在提醒基层及时转移避险。

早预警　强联动　递进服务助力"暹芭"防灾部署

1. 海南省气象局；2. 海南省气象台

作者：施思[1]　郭冬艳[2]

引言

2022 年 3 号台风"暹芭"给海南省带来严重影响，其中三亚国家气象观测站降雨量突破当地有历史纪录以来日降雨量极值。在中国气象局和海南省委、省政府的正确领导下，海南省气象部门强化履职担当，精密监测，提早预报，精细服务，按照"7＋31631"递进式气象服务模式全力做好台风"暹芭"气象保障工作。海南省政府根据气象预警，分区分级实时启动防台应急响应，各部门协同作战，采取"五停一关"、转移人员等有效措施，成功应对了台风"暹芭"袭击。

一、基本情况

2022 年 3 号台风"暹芭"于 6 月 30 日 08 时在南海中部海面生成，7 月 2 日 15 时在广东电白沿海登陆，登陆时中心附近最大风力 12 级（35 米/秒）。"暹芭"具有移速多变、近海加强、影响范围广、外围雨强大等特点。

（一）累计雨量大，三亚日降雨破历史纪录

7 月 1—2 日，海南省普遍出现大暴雨、局地特大暴雨，400 毫米以上强降雨落区集中在本岛西南部 4 个市县，全岛最大累计雨量出现在昌江县王下乡 581.4 毫米，其次三亚市凤凰岛 555.9 毫米。7 月 1 日 20 时至 2 日 20 时，三亚国家气象观测站降雨量 421.6 毫米，突破当地有历史纪录以来日降雨量极值（327.5 毫米，1986 年 5 月 20 日）。

（二）灾害影响重

全省受灾人口 3.55 万人，其中因灾死亡 2 人，紧急避险转移人口 1.31 万人，紧急转移安置 0.77 万人；农作物受灾面积 1382.56 公顷，农作物绝收面积 151.28 公顷；直接经济损失 1.83 亿元。其中，三亚市有 14 个村（社区、小区）、21 条路段出现严重积涝，一个水库出现险情（图 1）。

二、监测预报预警情况

针对台风"暹芭"，海南省气象部门强化监测预报预警，提前一周预报南海将有热带气旋生成，提前 4～7 天预报热带气旋将影响海南岛，提前 3 天准确预报热带低压将发展为台风并将给海南岛及四周海域带来强风雨天气，路径预报准确。及时发布和变更海南岛各市县和三沙市各岛礁的台风预警信号，发布台风预警 22 次、暴雨预警 12 次、预警信号 181 条，其中暴雨预警信号平均预警提前量达 118 分钟，较 2021 年暴雨预警信号提前 30.7 分钟；暴雨预警信号命中率达 100%。

图1　7月2日三亚市三陵水库堤坝底部出现管涌

三、气象服务情况

（一）助力精准施策，"7＋31631"递进式气象服务显效益

围绕防御关键时间节点，提前7天在《重要气象信息报告》（6月24日2022029期）预报南海将有热带气旋生成，沈丹阳常务副省长作出批示：请应急厅高度关注，提前做好防范。提前3天准确预报热带低压将发展为台风，通过多期决策材料为省委、省政府、各防灾部门提供定量风雨预报，做到防御有重点。提前1天滚动提供风雨落区和具体影响时段，及时调整台风路径及风雨预报，细化防御建议。每6小时定位高风险区并开展临灾精细化预警，发布台风预警22条、暴雨预警12条、预警信号181条。每3小时滚动分区预警和风险提示，为海南省防汛防风防旱总指挥部（简称省防总）提供逐3小时精细到乡镇的《雨情统计及预报》15期；每1小时滚动发布台风定位信息。递进式气象服务全面提升了气象信息的发布时效和精细化程度，为各级政府及防汛部门提前防御提供了科学决策依据。

（二）强化部门联动，打好防灾减灾"组合拳"

一是分阶段落实防台措施。强化与多部门应急联动，自6月28日起每日参加省防台调度会并作出汇报，科学判断台风影响情况，省防总根据气象预警于29日晚启动海上防台Ⅳ级应急响应，7月1日上午启动防汛防风Ⅲ级响应、晚上启动Ⅱ级应急响应。二是强化风险隐患排查。联合省水务厅、自然资源和规划厅多次发布山洪灾害气象风险预警和地质灾害气象风险预警。三是气象水文融合产品顺应了重点领域防御新需求。以防范水库垮坝、保障水库安全为目标，及时发布水库流域气象风险预警产品，水务部门迅速处置，对多个水库进行泄洪，确保水库安全。

（三）实现预警全渠道发布，信息传递广

7月1日22时以省政府名义向全省985.1万手机用户、90余万电视用户发布台风二级预警。省气象局通过12379向全省四级防汛责任人发送气象预警信息550条、送达164.32万人次；向全省公众发送气象信息78.69万人次。充分利用新闻发布会、专家采访、短视频、新闻稿件等形式传播台风信息。

（四）"行业＋"气象发挥防灾"前哨"作用

面向渔业，通过北斗船载系统向全省渔船发送信息38.72万船次，通过国家突发事件

预警信息发布系统向 14722 名渔民发送预警短信 58 次。面向旅游业，向全省 7216 个执业导游、旅行社责任人发送预警信息 15.1 万人次，为邮轮、分界洲等旅游营运企业滚动提供气象预报。面向交通运输业，为粤海铁、港航控股等海峡营运公司以及铁路、沈海高速等交通企业滚动更新气象信息。面向能源业，为"三桶油"、国家管网、海南核电等单位提供气象预报预警及专项报告。

四、气象防灾减灾效益

（一）省领导高位推动船只管理工作

气象部门及时向省农业厅、市场监管局、渔船渔民发送台风预警信息。省海事局强化与广东省会商，对琼州海峡运输保障、跨省作业船只防风进行协调联动；省委书记沈晓明赴临高中心渔港登船检查渔船锚固防风和渔民上岸避险情况，要求各地严保全省渔船100%进港、人员 100%上岸，有效减少渔业损失。

（二）叫应有效到位，党委政府快速响应、提前排除风险隐患

严格落实重大气象信息报告规定，全省各市县气象局共发布暴雨预警信号 28 条，启动面向同级三防指挥长、副指挥长、重点涉灾区一对一电话叫应 35 次。7 月 2 日 01 时 30 分昌江县将暴雨橙色预警信号升级为红色，昌江县气象局随即通知县委书记、县长，县政府严格执行"县领导包乡镇、乡镇领导包村、村干部包户"的三级责任对接制度，随即轮番"叫应"和"响应"升级，紧急撤离地质灾害风险点人员。凌晨 05 时 50 分昌江石碌镇东风路四巷发生山体滑坡，造成 2 间房屋和 1 间车棚倒塌，滑坡规模约 2000 立方米，所幸在"叫应"机制下 2 间房屋里居住的 5 人已提前安全转移，及时有效的叫应避免了人员伤亡。

（三）气象助力大城市生命线安全

海口市气象局强化部门联动，应用交通气象保障系统及时面向交警、水务等城市管理部门开展短时临近预报服务，发布道路定量降雨预报 17 条、内涝预警 1 期；面向市领导、防灾部门发布台风动态、风雨实况及定量风雨预报 25 期。提前 3 天提醒海事、航运、菜篮子集团等单位台风可能造成琼州海峡长时间停航，"暹芭"登陆后及时调整风力预报，为海峡通航争取了近一天的时间窗口，有效保障了城市运输线的安全稳定运行。

（四）全面复盘，完善气象灾害预警联动机制

落实省委常委会会议精神，由省防总牵头，水务、农业农村、气象、海事、资规、住建、应急等部门联合开展"暹芭"防御复盘工作，形成综合复盘报告，针对性补短板。建立海南省自然灾害监测预警机制，进一步规范气象预警与应急响应联动工作，完善省级预警"叫应"机制及市县级区、乡镇自动叫应等工作，全面提升海南省防灾减灾能力。

五、经验与启示

（一）强降雨落区预报能力亟待提高

虽然省气象局在台风"暹芭"的早期预报中就提及海南岛局地雨量有 400 毫米，但因对台风远距离降水的机理认识不足，以及预报实践中过多倚重于历史相似个例分析，强降雨落区预报出现偏差，未能及时把握"暹芭"西南象限螺旋雨带外围降雨强的特点，出现经验主义错误，西南部特大暴雨预报偏小，致使西南部地区防台工作出现被动。

（二）防台防汛服务理念需进一步加强

在现今极端天气频发的背景下，应当充分考虑到极端天气的复杂性和不可预见性，坚持底线思维、极限思维，牢记"宁可十防九空、不可失防万一"的防汛理念，预报工作中要做到"宁可信其重，不可信其轻"，要把灾害风险估计得更充分一点，把影响范围估计得更广一点，这样才能有效避免出现西南部特大暴雨落区漏报的情况，确保"万无一失"。

应急气象保障服务在重庆市北碚区
"8·21"歇马山火事件中的作用

重庆市北碚区气象局

作者：吉莉　陈湘　叶彬利

2022 年 8 月 21 日，重庆市北碚区歇马街道虎头村发生山火并严重威胁到缙云山国家自然保护区。北碚区气象局立即开展了全方位的气象保障服务，自始至终为守护青山绿水贡献气象力量。应急气象保障在这次山火扑灭中的作用主要有：一是为开挖隔离带提供方位、走向及距离参谋，辅助指挥部在开挖的 5 条隔离带选择决策上尽量做到科学合理；二是为"借东风"反烧灭火决策提供科学依据；三是为消防、武警等队伍灭火提供"顺风"路径；四是人工增雨作业对林火死灰复燃发出最后一击。此次应急保障服务，收效明显，是监测精密、预报精准、服务精细的生动实践。

一、基本情况回顾

2022 年 7 月 1 日至 8 月 25 日，北碚区出现了 1951 年有完整气象观测记录以来"气温最高、降水最少、高温时间最长、高温范围最广"的极端高温干旱天气。全区平均气温为 33.3 ℃，较常年（28.7 ℃）显著偏高 4.6 ℃；40 ℃以上的高温日数为 31 天，为 1951 年以来最高，远高于全市平均数（15.4 天），居全市第一。连续两天（8 月 18 日、8 月 19 日）出现极端最高气温 45 ℃，突破本地历史极值 44.3 ℃（2006 年 8 月 14 日）的同时，也突破全市历史最高。降水量为 29 毫米，较常年（250.9 毫米）显著偏少近 9 成，也为 1951 年以来同期最少。全区达特重气象干旱。

8 月 21 日 22 时 30 分许，北碚区歇马街道虎头村因磷火自燃诱发山火，火势从主山脉向东北方向的缙云山自然保护区核心区蔓延，过火面积 156 亩。8 月 26 日 08 时 30 分，经各方救援力量 5 天 5 夜全力扑救，明火全部扑灭，随后进入清理零星余火烟点、防止死灰复燃阶段。

接到火情后，北碚区气象局即刻启动《北碚区气象局森林火灾应急保障预案》，成立山火专项气象保障服务领导小组。局领导带领气象观测人员携带应急观测装备于当日 23 时许赶赴现场（图 1），对接前线指挥部，熟悉情况，了解需求，开展工作，并组建现场气象监测组、后台预报组和人工增雨保障组开展服务，直至 8 月 30 日灭火工作取得完全胜利，随指挥部撤离现场，历时近 10 天。

二、应急气象保障情况

当时，北碚区高温、旱情、疫情、火情叠加，天干物燥气温高，一点火星即可燎原，形势异常严峻。山火发生后，重庆市气象局领导全程指导，相关职能处室和业务部门以及周边气象局大力支持，北碚区气象局全员在岗在位在状态，现场气象监测组、后台预报组和人工增雨保障组各司其职，共同发力，有条不紊（图 2）。

图 1　气象人员在山火发生第一时间赶到虎头村现场开展观测

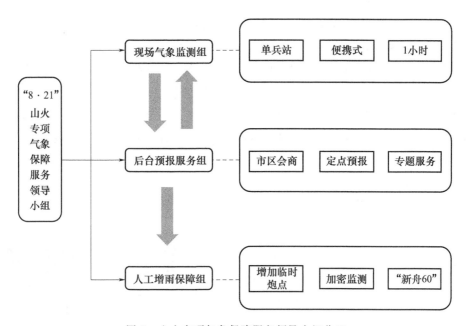

图 2　山火专项气象保障服务领导小组分工

(一) 现场气象监测

风是火势蔓延的重要条件，因地理、火情影响，应急监测站点测得风速风向与高空和预测的风存在一定差异且不断变化，北碚区气象局将临时监测点设在现场指挥部旁，把风向风速确定为应急监测重点，气温、湿度等要素作为辅助。现场气象监测组出动单兵站2套、手持气象仪1套、应急保障车1辆，及时观测、分析现场局地气象条件，并5次随火情变化与现场指挥部一起调整监测点（图3），同时根据区委书记指定，24日晚提前到隔离带进行监测。监测组24小时值守，适时向指挥部报告实况，为灭火队伍进攻提供方向。在坚持现场观测的同时，充分利用周边已经建成的区域站综合判断，与山那边的璧山区气象局资源共享，尽力保证监测数据准确管用。

图 3　现场气象监测

（二）后台预报服务

后台预报组根据指挥部需求预报未来 3 天的风向风速、温度、湿度、天气现象，制作 3 小时、6 小时间隔的滚动预报；在提供天气监测预报的基础上，每天在固定时次与重庆市气象台进行会商，对现场天气预报进行订正，按照"1＋7＋N"① 会商研判制度要求，及时与指挥部会商后期灭火气象条件。灭火总攻发起前，24 日 09 时开始一时一报，25 日 14 时开始半小时一报，直至 25 日 23 时"以火攻火"取得成功；明火扑灭后为防止复燃，继续制作发布专题气象服务直至 28 日。本次应急气象保障服务共制作专题气象服务产品 59 期，为灭火决策提供重要支撑。

（三）人工增雨保障

北碚区气象局组建两个人工增雨小组，和渝北区气象局支援队伍一道，分别在环缙云山多点蹲守作业机会（图 4、图 5），璧山区气象局在山北协同作战，重庆市人影办安排"新舟 60"飞机环山飞行，构建起空地协同的增雨灭火作业网。8 月 29 日晚，各单位协同作战，实施精准包抄人工增雨作业，据区域站资料显示，缙云山及周边区域降雨量明显多于其他地方，彻底消灭了残火余烬。8 月 30 日，前线指挥部根据北碚区气象局提供的降雨实况情报，宣布驻守火点人员撤离，灭火战取得最终胜利。

图 4　市人影指挥部统筹支援北碚作业

---

①　"1＋7＋N"是重庆市减灾委员会办公室制定的自然灾害会商研判机制。"1"即 1 次年度趋势分析；"7"即 7 个重要时段趋势分析，包括 3—4 月汛前雨水旱情趋势分析，汛期趋势分析，6 月、7 月、8 月月度趋势分析，9—10 月秋汛秋旱趋势分析，11 月至次年 2 月的冬季趋势分析；"N"即根据灾害性天气过程预报（或重大节点、活动）开展的临灾（时）会商。

图 5   缙云山山脚人工影响作业点

三、气象防灾减灾效益

针对重庆市北碚区"8·21"歇马山火气象保障服务，北碚区气象局主动作为、应对及时、处置得当，取得了较好的效益。一是充分发挥了气象科技在山火扑灭中决策支撑作用。汇聚微光大爱，气象没有缺位，最大效益是将山火阻灭在缙云山核心区外，确保了青山无恙。二是气象服务工作得到区领导及相关部门的认可。在灭火过程中，现场指挥部须臾不离气象，指挥员们与保障组同甘共苦，共克时艰，歇马街道专程送来"众志成城灭山火 同舟共济显真情"锦旗，区委宣传部正在筹拍的灭火纪录片，气象也是其中的重要"角色"。三是树立了气象部门的良好形象。让外界充分认识气象部门在干什么、能干什么，推动气象科技更多赋能地方经济社会发展。

四、应急气象保障服务经验体会

在这次山火扑灭应急气象保障服务中，我们深深体会到：

一是各级领导的关注和指导是赢得胜利的重要前提。时任市委书记陈敏尔亲临现场，常务副市长陆克华、副市长郑向东在扑灭山火安排部署时对气象工作提出了明确指示和要求，推动气象科技在现场指挥决策时成为重要依据，如陆克华在火情发生当晚要求要根据气象条件制定灭火措施；市气象局各位领导调度市局事业单位和周边区县局支援我们，关键时期指导、慰问，鼓舞了军心、激励了士气。

二是气象科技的进步是赢得胜利的重要支撑。重庆智慧气象"四天"系统在本次服务中发挥了关键技术支撑作用，尤其是制作服务材料时间紧、频次高，"天资"智能预报系统及共享平台给予预报员极大的帮助，使预报预测精准靶向，让指挥部心中有数、脑中有策。如果反烧决战时风向略有偏差，后果不堪设想。

三是上下联动、左右协同是赢得胜利的重要力量。全市一盘棋，战线很长、时间很久，市气象信息中心、人影办、渝北气象局、铜梁气象局及时施以援手，尤其决战前夕，要在指挥部和隔离带双线气象观测，要在缙云山周边多点置炮，驰援的人手和技术助力最终胜利。

四是正确疏导、适度宣传是赢得胜利的重要能量。 火情汇集八方力量、聚焦万众目光，人们对降温降雨的关注前所未有。北碚区气象局及时传播发布高温天气预报，使各方清醒地认识到灭火的艰巨性和持久性；依托各类媒体积极开展科普宣传，让各方正确认识气象保障的科学性，理解气象部门和大家一样迫切"等云来"，感受到气象工作者的努力和"东风"的重要作用。

五是全体党员干部无悔无怨、勇毅前行是赢得胜利的重要底气。 在这场人与火的搏斗中，全体党员干部无怨无悔，近 10 天每晚至少有 8 人轮流露宿野外，大家顶着高温热浪、迎着疫情火情，攥指成拳，逆行而上，以点点微光，和全体灭火英雄们一起汇聚成璀璨星河，守护北碚美丽山川。

五、提高应急气象保障服务的反思

通过参与"8·21"山火的应急气象保障服务，北碚区气象局获得了应对山火突发事件的丰富实战经验，同时也发现了自身应急气象服务体系存在的问题：一是须提高气象在地方应急管理体系中的地位。在突发事件应急处置中，若忽略通知气象部门参与或气象部门不主动靠拢，缺席的可能性较大。二是核心业务支撑力有待加强。在火灾调度的关键阶段，由于各数值预报模式的不一致和不稳定，加之现场地形复杂与火势变化影响，风的预测预报难度较大，给现场服务带来一定的难度。三是应加强野外地面人工观测能力。由于山火发生的地理环境较为复杂，移动气象站不易架设，需要人工进行同步观测。四是要做好对人工增雨科学性和局限性的宣传，引导各级领导和社会公众的合理期待，利用新媒体做好科普宣传。

气象预警先导 区域联动协作
成功助力"8·19"山洪群众转移避险

1. 四川省绵阳市气象局；2. 四川省北川县气象局；3. 四川省平武县气象局

作者：陈梁勋[1] 何柱良[2] 徐卫民[3]

引言

2022年8月18日晚至19日凌晨，四川省绵阳市北川羌族自治县（以下简称北川县）、平武县部分乡镇出现强降雨天气过程，过程呈现"三强"（局地性强、小时雨强强、致灾性强）的特点，是继平武"7·12"、北川"7·16"山洪灾害后的又一次强降水天气过程。针对此次过程，绵阳市气象部门树牢"人民至上、生命至上"理念，强化服务意识、责任意识，坚持底线思维，充分发挥气象先导作用，以前两次山洪灾害复盘自查的问题为导向，以精细化的气象服务为抓手，着力区域联防联控、强化部门信息共享，充分发挥气象信息"消息树"和"吹哨人"的作用，为市、县党委政府科学调度、高效指挥、果断处置提供了强有力的科学依据和决策支撑，提前转移危险区域群众13937人成功避险，实现"零伤亡"的优异成绩。本案例表明，以气象预警为先导、强化部门合作的防灾减灾机制，是此次成功避险的前提和保障，为筑牢气象防灾减灾第一道防线提供了宝贵经验。

一、基本情况

2022年8月18日17时至19日08时，绵阳市平武、北川等地普降大雨到暴雨，个别地方大暴雨。大于50毫米的站点8个，大于100毫米的站点6个；其中最大降雨量为185.2毫米，出现在平武县水晶镇叶塘。此次过程的特点：一是局地性强，降雨区域主要集中在平武县和北川县西北部，降水区域分布极为不均；二是小时雨强强，此次降水过程最大小时雨量为51.5毫米，出现20毫米/小时以上的站点8个；三是致灾性强，降水主要时段集中在19日00—03时，加之7月份暴雨导致土壤水分饱和，极易诱发山洪灾害。

此次降水过程造成北川青片河双溪站水位高达1095.11米，超警戒水位1.11米，青片河支流正河暴发山洪（图1）；北川县片口乡、青片乡场镇进水，平武县水晶镇、北川县青片乡13户房屋被冲毁，电力、通信、道路中断，经济损失共计约9650万元，转移群众13937人，无人员伤亡。

二、监测预报预警情况

7月绵阳两次自然灾害发生后，全市气象部门着力提升预报精细化水平，天气预报降雨落区精细到乡镇。市、县气象部门加强会商，提早研判。绵阳市气象台提前2天发布强降雨天气预报，提醒做好防范工作；8月18日16时，再次同北川、平武等县开展天气会商，明确降水区域、时段、量级，重点关注强降水可能诱发的山洪、地质灾害。降雨预报

图 1　北川县青片乡青片河支流正河暴发山洪

发出后，市县预报人员密切监视天气、及时发布气象预警、天气实况和未来趋势。在平武，县气象台 18 日 19 时 30 分发布强降雨短临预报，22 时 27 分发布暴雨黄色预警信号，提醒注意防范暴雨可能引发的山洪、滑坡、泥石流等灾害；19 日 01 时 17 分及时升级发布暴雨橙色预警信号。在北川，县气象台 19 日 01 时 14 分发布暴雨黄色预警信号，提出加强防范山洪、泥石流、滑坡等地质灾害，与水利部门联合发布山洪灾害黄色预警信号。

三、气象服务情况

（一）围绕决策层精细服务，助力民众成功避险

为有效防范此次过程带来的灾害损失，全市气象部门全力以赴，坚决贯彻"防胜于救"的要求，用实际行动筑牢防灾减灾第一道防线。市气象局主要负责人靠前指挥，及时向分管副市长汇报天气过程演变情况，并提醒此次气象服务的复杂性和严峻性，18 日 20 时，分管副市长到市水旱灾害防御调度中心坐镇指挥。北川、平武两地气象部门也及时向当地决策领导汇报，通过在县防汛抗旱指挥部（简称"防指"）召开的调度会上发言、党政网发布、电话汇报、短信群发等多种形式确保服务无疏漏。优质的气象服务得到了领导的高度重视，两地党委、政府主要负责人、市水利局主要负责人连夜做出响应并亲自调度，分别于 18 日 20 时 20 分、20 时 30 分指挥北川县青片、白什、马槽、片口、小坝和平武县水晶等重点乡镇人员转移。19 日 00 时平武县气象台根据监测分析，预计黄羊、水晶叶塘、虎牙、泗耳可能达到暴雨，立即电话叫应了防汛抗旱指挥部、应急局、自然资源局和相关乡镇。此次过程市、县气象台对市级决策用户、基层网格员等不同受众开展分层级的直通叫应，共叫应 13 次，保障了基层防灾工作的有效开展。

（二）完善区域联防机制，滚动服务及时共享

绵阳市气象局在平武"7·12"、北川"7·16"山洪灾害后，严格落实黄强省长提出的"上游下雨、中游吹哨、下游开跑"要求，再次梳理细化与毗邻地区市、县气象局的联

防工作，建立区域联防会商工作群，实现了气象预报预警、天气实况等信息互联互通。本次过程中，平武、北川气象台及时向当地防指通报甘肃省文县和省内松潘县、茂县、江油市、安州区等周边地区的天气趋势及雨情信息，通过微信、QQ等工作群和短信发布系统等渠道，跟进发布最新预报预警68条，发布短信32776人次。

（三）深化部门上下协作，提前警示山洪风险

全市气象部门强化部门间信息共享。北川县气象局严密监视天气变化（图2），雨带进监视区后，滚动在防汛抗旱指挥部群发布实时降雨落区和实况雨情。"目前雷达回波在青片、白什、马槽、桃龙及小坝旋转少动，预计将持续有降水""青片白什云团移动缓慢，还将持续"，一条条气象信息不停地在县防汛抗旱指挥部群里弹出，指挥长根据气象信息，及时调度各乡镇及时转移群众。县防指立即要求降雨落区乡镇必须落实"应转尽转"刚性措施，自然资源与规划局、水利局、应急局等部门根据气象信息科学开展应急处置，实现了部门间研判更加精准、调度更加科学。

图2 北川县气象局工作人员正严密监视天气开展服务

四、气象防灾减灾效益

（一）社会效益显著

针对"8·19"天气过程，绵阳市气象部门主动作为、忠诚履职，最大限度保障人民群众生命财产安全。市、县两级防汛抗旱指挥部根据气象预报信息及时会商研判，严格执行"三个避让""三个紧急撤离"的要求，调度到乡镇，科学调整人员避灾转移范围。决策部门根据预报落区，明确要求北川县青片乡、片口乡、小坝镇、白什乡和平武县危险区群众立即转移。此次过程气象部门预报预警及时准确，决策部门调度指挥科学有方，在经济损失约9650万元的前提下，转移13937人，成功实现人员"零伤亡"，取得了显著的防灾减灾效益，受到了各级领导和相关单位的一致好评。央视新闻、四川观察等媒体对此次突发山洪灾害成功避险进行了报道（图3），取得了良好的经济效益和社会效益。

图 3 央视新闻对此次突发山洪灾害成功避险进行了报道

（二）开展区域联防，织密防灾减灾网络，最大限度降低气象风险灾害带来的损失

此次降雨过程上游的平武县气象局及时发布预报预警，下游的北川县气象局根据上游区域的预警信息及雨情实况，及时研判风险等级和影响区域，为防灾减灾工作赢得主动权。总结此次服务过程后，绵阳市气象局打通行政区域界线，与毗邻的甘肃省、陕西省及省内相关市、县气象部门建立信息共享渠道，形成了气象防灾减灾跨省协调联防机制，并在全市气象部门推广。北川县片口乡乡长刘金强在山洪过后说："我们乡虽没有强降雨，但 18 日收到上游平武县泗耳乡一直有强降雨的消息后，我们高度戒备，18 日中午起一直强化与泗耳乡和松潘县白羊乡沟通联系。18 日晚 22 时，我们在收到泗耳河段涨水消息后，迅速将受威胁群众全部转移。19 日 03 时，片口河段水位猛涨，临河街道漫水。因转移及时，未造成人员伤亡。"

五、经验与启示

绵阳市气象部门以"早、准、快、广、实"为准绳，以机制建设、预警研判、渐进预报、服务渠道为抓手，全力以赴做好气象服务。

1. 健全以气象预警为先导的防灾减灾机制，气象防灾减灾先导作用见成效。深刻汲取平武"7·12"、北川"7·16"两次山洪灾害教训，将气象预警作为防汛应急响应启动、调度转移决策的重要依据。平武、北川两地县防指根据气象预报预警信息及时会商研判调度，提早转移受威胁群众。落实以气象短临预警为先导的防灾减灾机制，是"8·19"成功转移群众避免人员伤亡的重要原因。

2. 预报预警突出"早"，研判决策凸显"快"。8 月 18 日下午 04 时 30 分，北川县气象台同绵阳市气象台、邻边县气象局开展天气会商，发布决策气象信息，并明确强降雨落区乡镇。县防指根据预报信息启动会商研判机制，将研判信息调度到乡镇，落实人员转移刚性要求。事后证明，此次气象早预警、指挥部快研判决策是此次成功避险最重要的原因之一。

3. **严密监测天气，渐进式预报预警凸显"准"**。市、县气象局严密监视天气变化，滚动发布实时降雨落区和雨情，精准研判风险和区域，及时通报实况降雨情况，确保气象信息及时传递到防灾减灾责任人手中。气象预警精准、服务精细，为相关部门的决策提供了科学有力的气象支撑。

4. **畅通信息渠道，部门内外联防联动凸显"效"**。充分发挥与毗邻区域联防联控合作机制，加强部门间左右岸、部门内上下游的联动，开展雨情、水情会商研判、信息共享，密切跟踪掌握集雨区域内降雨趋势变化。县级气象部门及时将邻县气象预警信息向本县防汛抗旱指挥部报告，确保预警信息畅达。形成气象防灾减灾"一盘棋"的联防联控格局，为群众避险提供重要保障。

秉承时时放心不下的责任感 提前叫应全力保障人民生命安全

——彭州市成功应对"8·13"龙门山龙漕沟突发山洪

四川省彭州市气象局

作者：高梦醒 赵德亮 罗坤

引言

2022年8月13日15时30分许，四川省成都市彭州市龙门山后山降雨导致龙漕沟突发山洪，致7人死亡，8人轻伤。此次过程在无固定人类活动区、无区域气象站、无实时降水资料的情况下，彭州市气象台以雷达回波发展为依据，通过短临预报先行，及早提醒防灾避险，为1.4万人的劝离、撤离争取了宝贵的55分钟时间。此次过程在高度不确定性和无法提前预估的情况下，彭州市气象局业务人员利用雷达产品及时开展短临气象服务，切实发挥了气象防灾减灾第一道防线作用。

一、基本情况

彭州市龙门山龙漕沟位于龙门山镇小鱼洞社区，系湔江右岸一级支沟，沟长8.63千米，集雨面积约16.1平方千米，发源于包袱石梁子，海拔高程3435米、沟口高程1020米、沟道落差2415米。流域呈树叶状，自西北流向东南方向，沟岸陡峭，沟底比降大，河道平均比降达189‰，是典型的山溪沟。汛期沟内水位陡涨陡落现象明显。

2022年8月7日起，彭州市受副热带高压控制，出现持续性高温晴热天气，8月13日恰为周末，山区避暑游玩旅客较多。彭州市气象局通过监测雷达回波发展，发现强回波区域位于龙门山后山无人区，该区域不具备建设自动气象站条件，导致无法获取该区域的实时降雨情况。14时35分彭州市气象台果断发布短时天气预报，并多次在防汛工作群中叫应提醒龙门山镇和防汛部门。龙门山镇及时组织工作人员对下河群众进行劝离，共劝离群众约1.4万人。由于高温晴热，不少群众仍私自跨越隔离栏下河。2022年8月13日15时30分左右，因彭州市龙门山龙漕沟后山降雨（图1），沟内水位迅速抬升，造成沟内未及时撤离的戏水人员伤亡。此次灾害共造成7人死亡，8人轻伤。

二、监测预报预警情况

2022年8月13日13时，彭州市气象台业务人员监测到彭州市龙门山镇附近有弱回波生成，回波强度小于30 dBZ，实况数据上无雨量；13—14时回波稳定不变，14时00—20分，位于龙门山后山附近的小范围无人区雷达回波有所加强，中心强度达45 dBZ，且稳定少动，14时20—50分，回波强度发展达50 dBZ，15—17时仍维持在原地稳定少动，随后强度逐渐减弱（图2）。17时20分之后无强回波。

图 1 彭州市龙门山龙漕沟

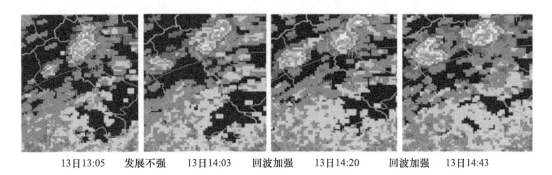

13日13:05 发展不强 13日14:03 回波加强 13日14:20 回波加强 13日14:43

图 2 龙门山龙漕沟区域内雷达回波演变图

14 时 26 分，在成都市气象台的指导下，经会商研判，14 时 35 分发布短时天气预报提示："目前我市龙门山、通济镇有对流云团生成并发展，预计未来 6 小时我市上述镇及其周边地区有阵雨或雷雨，并伴有短时强降水、阵性大风、冰雹等强对流天气，请注意防范。"并通过短信、微博、QQ、微信工作群等方式发布，14 时 35 分、15 时 12 分在防汛工作群中叫应提醒龙门山镇，为部门迅速行动疏散群众赢得了宝贵时间。

三、气象服务情况

（一）弥补预报短板，强化短临监测

由于 8 月 13 日龙门山无人区降水为小尺度山区局地强降水，各数值预报模式对 13 日天气预报大多数为多云间晴，鲜少提及降水发生的可能性，加之 8 月持续性高温晴热，彭州市气象台预报 13 日天气为多云间晴。降雨期间，地面实况和卫星资料未能及时反应，仅在雷达回波资料上有小范围的出现（长宽小于 15 千米）。彭州市气象台严密监测雷达回波演变，在无实况雨量数据的印证下，通过雷达产品估算雨量，及时发布短时天气预报，并在彭州市防汛工作群中实时通报，为龙漕沟突发山洪避险提供了重要支撑。

（二）注重部门联动，及时叫应提醒

彭州市气象台于 13 日 14 时 35 分叫应防汛部门和龙门山镇做好防御措施，14 时 38 分收到了龙门山镇负责人叫应反馈（图 3）。同时，彭州市水务局根据短时天气预报，调取龙门山沿河监控，提示龙门山镇相关责任人加强雨情、水情监测，立即疏散撤离下游河道内的人员。龙门山镇政府根据要求，立即开展了全域范围的下河劝离行动。14 时 45 分市水务局根据预报结论明确指出龙漕沟、牛圈沟、小牛圈沟、白水河、后坝河等为受降雨威胁重点河道，并再次提醒劝返游客，15 时 12 分彭州市气象台将最新雷达回波截图发送彭州防汛工作群中，叫应提醒龙门山镇防汛减灾负责人："没有雨量监测点位，只有预先提高警惕。"再次收到龙门山镇负责同志肯定反馈。

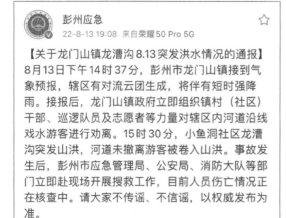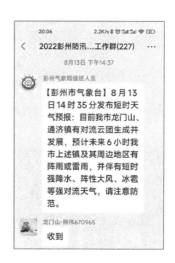

图 3 气象信息共享截图

（三）启动应急响应，跟进救援保障

第一时间获知山洪发生后，彭州市人民政府及时启动彭州市自然灾害应急预案 Ⅱ 级应急响应。彭州市气象局主要负责人立即向成都市气象局、彭州市政府相关领导汇报气象监测预报预警服务情况和后期天气趋势，立即增加应急值守 3 人，启动加密气象保障服务，强化跟踪监测研判，直至搜救结束。搜救期间，会同市应急局、市水务局、市规划和自然资源局联动会商 30 余次，向应急救援指挥部和社会公众等及时发布山洪地质灾害气象风险提示 1 期、山洪灾害蓝色预警 1 期、地质灾害气象风险三级预警 1 期、彭州市山洪灾害应急气象保障专题天气预报 12 期、短时预报 5 期、暴雨黄色预警信号 1 期，发布短信 35 万余条，点对点叫应 10 余次，为搜救工作提供强有力的气象保障。

四、气象防灾减灾效益

（一）强化雷达资料应用，发挥短临预报效益

此次局地降雨过程，在面临数值预报无天气过程、地面设备监测存在盲区的情况下，彭州市气象台充分发挥气象雷达在短临预报预警中的作用，果断预警、及时服务，为人员撤离赢得了宝贵的 55 分钟，为 1.4 万人的撤离争取了宝贵时间。本案例再次印证了短时临近天气预报在县级气象机构开展的重要性和必要性，也体现了观测资料在精准化预报预警、精细化气象服务的释用价值。

（二）强化气象信息叫应，展现气象责任担当

此次过程中业务人员根据雷达回波演变情况，及时开展跟进式气象保障服务，给决策指挥提供了科学依据，为应急救援提供了有力保障，避免了更多的人员伤亡，竭尽全力将此次山洪灾害损失降到最低。彭州市气象局被中国气象局办公室通报表扬为四川彭州山洪灾害气象预报精准集体，四川省气象局通报表扬7月以来三次山洪、泥石流灾害气象预报精准、服务保障有力的单位，成都市气象局表彰彭州市龙漕沟"8·13"山洪气象服务先进集体。国家防汛抗旱总指挥部专家现场勘探后，向彭州市委书记反馈意见时指出："这次山洪灾害要重点表扬气象局，气象局立功了。"

五、气象防灾减灾服务经验和启示

（一）注重局地对流，强化雷达监测

彭州地形复杂，极易出现时间短、范围小、强度大的小微尺度对流天气，现有观测站网难以捕捉，提升小微尺度天气精密监测能力，把牢灾害性天气监测预警第一道关口，应加强对雷达回波24小时不间断监测告警、不断优化智能网格雨量反演和雷达可降水量反演结果。

（二）优化观测布局，弥补服务盲区

目前彭州市无人区存在大范围监测盲区，无建设区域自动站条件，现有北斗自动站维护成本高，信号不稳定，数据可用性较差，亟须探寻无人区建设自动站的安全性、可用性以及后期维护可行性。

（三）强化叫应提醒，增强信息宣传

落实有力的"叫应"制度是成功应对此次山洪灾害的关键所在。彭州市气象局结合防汛减灾和地质灾害防治工作的现状，建立了以微信群为主，配合靶向电话叫应的机制。但是叫应提醒回复效率由部门责任人、监测责任人主观能动性决定，无法确保信息接收人群第一时间知晓，亟待提升信息接收人员信息查阅、转发传播速率，增大气象信息宣传扩散面。

（四）及时复盘总结，明确关注重点

面对复杂严峻的汛期天气形势，彭州市气象局以复盘总结为抓手，剖析服务短板，强化服务措施，确保服务效能提升。通过复盘"7·12"龙门山龚家小型湾泥石流气象服务情况等典型案例，彭州市气象台明确了以雷达回波等监测资料为关注重点，做好无人区气象服务工作。并专题向彭州市委、市政府报告："由于我市无人区无气象监测站点，在实际监测雨量较小的情况下，仍有可能发生山洪、滑坡等次生灾害，龙门山一带需加强关注和防范。"

（五）强化业务学习，提升技术水平

面对近年来极端天气频发、重发的大背景，着重提升业务人员监测预报技术水平，不断强调天气监测的重要性和必要性，组织开展卫星、雷达产品专题学习，及时跟进新系统、新平台的培训使用，强化短时强降水等强对流天气分析研判，第一时间发布预报预警信息。

广宣传 早通报 快预警
全力以赴撑起"安全伞"

——贵州省六盘水市5月25—29日强降雨强对流气象服务案例

贵州省六盘水市气象局

作者：孙翔 严锐 陈翔章 高鹏

2022年5月25—29日，贵州省六盘水市出现持续性强降雨强对流天气过程。此次过程具有时间跨度大、影响范围广、夜间降雨强度大、降雨落区部分高度重叠、潜在致灾因子多等特征，导致水城区勺米镇发生泥石流灾害。在贵州省气象局的统一指挥下，六盘水市气象局坚持"人民至上、生命至上"，以"时时放心不下"的责任感和紧迫感，立足"防大汛、抗大险、救大灾"的实战需要，多媒介广泛宣传、提早会商研判通报、快速预警联防联动，助力勺米镇梭沙村成功避让泥石流灾害，用实际行动践行"监测精密、预报精准、服务精细"，成效明显。

一、基本情况

（一）天气实况

此次天气过程具有5个特点：一是时间跨度大，连续降水持续时间长达5天。二是影响范围广，全市所有乡镇过程累计降雨量超过50毫米，58%的乡镇大于100毫米，2个乡镇大于200毫米，六枝特区新场乡216.6毫米最大。三是夜间降雨强度大，主要降雨时段发生在5月25日夜间和29日夜间，最大24小时降雨量达到130毫米，最大小时雨强超过70毫米，勺米镇5日累计降雨量143.4毫米。四是降雨落区部分高度重叠。25日和29日两次降水过程落区在市中北部高度重叠。五是潜在致灾因子多，5月29日部分乡镇出现风雹天气，钟山南开、六枝新场等4个乡镇出现最大直径3～5毫米冰雹；水城都格、六枝牂牁等7个乡镇出现8级以上雷雨大风，水城都格35.8米/秒（12级）最大。

（二）灾情

本次强降雨强对流天气过程在全市范围内造成44112人受灾，紧急转移安置544人，无人员伤亡，农作物受灾1912.30公顷，因灾直接经济损失12556.49万元。

5月28日凌晨，水城区勺米镇梭沙村发生泥石流地质灾害（图1）。地质灾害威胁斜坡体下方水城区勺米镇梭沙村营上、大寨、阿斯克组勺米小学755人、勺米中学411人及146户468人的生命财产安全，因组织得当，收到气象信息后紧急转移受威胁人群，成功避让此次泥石流灾害。

图1　大风、泥石流灾情照片

二、监测预报预警情况

（一）预报决策服务精细递进

六盘水市气象局5月22日制作"《气象信息报告》2022年第63期——未来一周天气预报"，对本轮强降雨强对流天气过程进行初步预报；25日、27日制作2期《气象信息报告》，对强降雨落区和时段进行了精准预报。过程中，加强与各级党委政府及应急、自然资源、交通运输等部门会商研判，累计通过111期决策服务材料，递进式提供第一手决策气象信息，做到服务精细。

（二）气象预警信息发布及时

市、县气象台在全过程中精密监测，累计发布雷电预警23期、暴雨预警16期、雷雨强风预警5期、冰雹预警9期；分别与相关行业和部门联合发布地质灾害气象风险预警8期、山洪气象风险预警5期、城镇内涝气象风险预警2期，共服务31.8万人次（图2）。

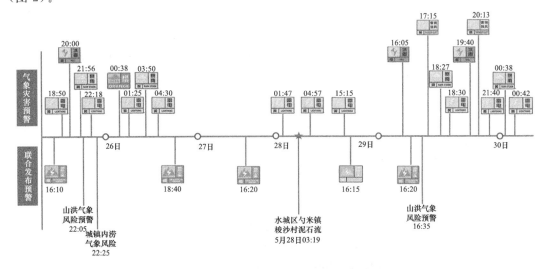

图2　5月25—30日六盘水市气象台预警信号发布情况

三、气象服务情况

（一）政府主导，部门联动

5 月 25 日 17 时前后，六盘水市、县两级气象部门相继启动气象灾害（暴雨）Ⅳ级应急响应。5 月 25 日 20 时，市人民政府防汛抗旱指挥部启动全市防汛Ⅳ级应急响应。5 月 26 日，市政府臧侃副市长组织气象灾害应急指挥部成员单位在市气象局召开应对持续性强降雨过程多部门会商（图 3），会议通报了此次持续性降雨天气预报，对全市地质灾害、旅游、交通等行业的灾害风险进行了研判，安排部署相关防御工作，并形成纪要呈报市人民政府。

图 3　5 月 26 日召开全市应对持续性强降雨过程多部门会商

（二）及时高效开展"三个叫应"

过程中，市、县气象台共开展"三个叫应"195 次，其中内部叫应 87 次、外部叫应 108 次。六枝特区分管气象副区长和分管地质灾害副区长到气象平台开展现场指挥调度；水城区气象局叫应区长、分管副区长各 1 次；盘州市气象局叫应盘州市委书记、分管副市长各 1 次。

（三）媒体广泛传播气象预报预警信息

在手机短信、微信、微博、应急广播、LED 显示屏等服务基础上，积极争取专业媒体、新媒体和行业渠道对此次强降雨天气过程的预报预警信息进行大范围传播。市广播电视台记者专题跟踪采访报道；"微凉都""乌蒙新报""视听凉都"等政府及媒体微信公众号转载，"六盘水预警发布"抖音号发布的气象预警信息浏览量超过 6.5 万人次；自然资源、应急、交通运输、旅游、农业农村等部门通过行业渠道提醒持续性降水可能造成的影响，全方位扩大气象预报预警信息覆盖面。

四、气象防灾减灾效益

（一）以气象预警为先导，多举措强化联动抗灾

近年来，通过市政府印发实施《六盘水市灾害性天气应急处置联动工作机制》《六盘水市地质灾害气象预警响应工作机制》《市人民政府防汛抗旱指挥部关于调整充实指挥部组成人员及成员单位工作职责的通知》等文件，结合"气象服务指挥调度微信群""气象信息预警联合会商机制""气象预警纳入年度行业安全生产培训内容"等高效的服务方式，进一步完善了气象灾害预警为先导的防灾减灾救灾工作机制。

2022 年，市委、市政府主要领导和分管市领导在气象服务材料上批示达 27 次（为近 10 年最多）。针对此次过程，市委书记李刚、市长张定超、分管副市长臧侃先后在多份气象服务材料上作出批示，部署防灾减灾工作。

（二）精细化地质灾害气象预警靶向发布，紧急避让保障人民生命财产安全

"六盘水市地质灾害气象风险预警系统"作为成功的行业气象服务产品，针对诱发地质灾害气象风险 3 级以上的强降雨自动进行监测预警，并精准靶向发布到地质灾害防治工作"五位一体"人员。此轮强降雨共靶向发布监测预警信息 111 条，服务 12670 人次。

气象预警助力成功避让案例（图 4）：水城区勺米镇梭沙村于 5 月 28 日凌晨发生泥石流地质灾害，严重威胁斜坡体下方中小学、村寨等共 1166 名师生及 146 户 468 名村民的生命财产安全。5 月 27 日 16 时 20 分，气象部门在联合发布的地质灾害气象风险橙色预警信号（图 5）中明确提到，包含水城区勺米镇在内的水城西南部和东部地质灾害气象风险等级高，市、区、镇党委政府及行业主管部门收到地质灾害气象风险预警信息后，第一时间紧急组织避险转移，成功避让因突发泥石流可能造成的人员伤亡和更大财产损失。

图 4　媒体报道成功避让案例

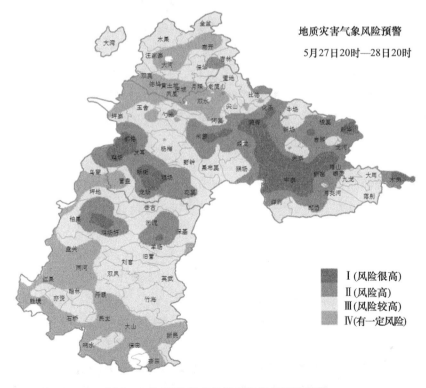

图 5　5 月 27 日发布地质灾害气象风险预警

在 10 月 8 日召开的全市安全生产警示教育大会上，对此次成功避让地质灾害案例进行了重点宣讲，市领导高度肯定市、区气象部门工作。

（三）强化全过程递进式精细服务，为政府部门精准调度提供支撑

针对此次连续性天气过程，市气象台提前 4～6 天对过程趋势进行研判，提前 1 天明确强降雨持续时间、落区及可能造成的影响，为政府防灾减灾提供充足的准备时间。根据降水发展趋势，在《气象信息快报》中提供精确到县的暴雨落区预报，同时将暴雨、雷雨大风、冰雹、地质灾害气象风险等预警信号精确到乡（镇、街道），为政府部门"点对点"精准调度基层提供强有力支撑。

（四）积极开展气象防灾减灾科普培训，提升公众灾害防御意识

2022 年，一是将气象灾害防御知识纳入气象信息员、部门灾害防御人员应急能力提升年度培训，年内组织气象灾害防御培训 30 余场，培训 1 万余人次；二是搭借省气象局"千乡万村气象科普行"、世界气象日、防灾减灾日等契机，向公众广泛科普宣传气象灾害防御知识；三是利用农情、灾情调查、帮扶走访等时机向乡镇、村组发放气象灾害防御手册，切实增强农村气象灾害防御意识和自救互救能力。

在 2022 年汛期预报服务全过程中，全市气象部门始终以习近平总书记关于气象工作重要指示精神为根本遵循，克服疫情等复杂挑战，紧紧抓住精准预报的龙头，聚焦短临预报和强对流监测预警，全过程递进式精细服务融入地方防灾减灾救灾需要，充分发挥气象防灾减灾第一道防线作用。

五、气象服务亮点与思考

（一）充分发挥气象灾害应急指挥部工作职能，强化多部门联动的应急响应机制

建立全市气象灾害应急指挥体系，通过印发《调整六盘水市气象灾害应急指挥部组成成员及成员单位工作职责》《六盘水市气象灾害应急指挥部办公室工作规则（试行）》《明确气象灾害应急指挥部成员单位联络员》等文件，明确各成员单位工作职责及联络负责人，充分发挥气象应急指挥部在防御全市重大气象灾害中的组织领导作用。健全完善"党委领导、政府主导、部门联动、社会参与"气象防灾减灾工作机制，让气象灾害应急指挥部工作职能得以规范、正确、适当履行。

在此次持续性强降雨天气过程中，切实将气象灾害应急指挥体系应用到工作实际。市气象灾害应急指挥部办公室应用工作职能及时组织召开会议部署防灾救灾工作，应用传播工作机制及时向党委政府、社会公众提供有效的预报预警信息。市委书记李刚有针对性地作出重要批示，明确要求"以'时时放心不下'的责任感，枕戈待旦、严阵以待，扎实做好防灾、减灾、救灾各项工作"。严肃工作纪律，落实 24 小时值班值守，将预警到乡、警示到村、责任到人，为应对此次灾害性天气过程起到重要作用。

（二）健全"叫应"机制，强化气象与应急联动，优化"24622"气象服务机制

进一步完善以气象预警为先导的应急联动机制。参照省级"二次叫应"工作机制，建立健全直达基层责任人的临灾暴雨预警"叫应"机制，确保预警信息即时到人，防范措施灾前到位。应急管理部门把气象预警纳入应急响应启动条件，并结合当地承灾能力合理确定应急级别，依据预案启动应急响应，明确行动措施。依托贵州省气象局"24622"递进式气象服务（即提前 24 小时发布重大灾害性天气预警，每 6 小时滚动发布 12 小时重大灾害性天气报告，每 2 小时滚动发布 0～2 小时临近预报产品）流程基础，探索适合地市一级的精细化气象服务，聚焦"提高叫应量"和"预报精准度"，积极发挥防灾救灾作用，有效推动由当前党委、政府需求的"实况叫应"向"预报＋实况"转变，为服务经济社会高质量发展提供气象保障。同时为满足党委、政府精细化服务的工作需求，六盘水市气象局结合实际利用预报及预警信号，向应急部门提供未来可能出现暴雨、雷雨大风、冰雹、地质灾害等具体乡镇信息，精准提升了应急部门指挥调度能力。

（三）强化多部门深度合作，建立气象信息互联互通机制，打通气象服务"最后一公里"

牢固树立"人民至上、生命至上"的工作理念，严格落实市委、市政府的决策部署，严格执行"重要气象信息"直报市委、市政府主要领导工作机制。持续加强与市委、市政府值班工作联动，用足用好"政务值班及应急调度会商"机制，第一时间将气象信息共享至各级各部门、乡镇应急值班人员，为应急处置预留宝贵时间。建立气象信息多部门多渠道共享机制，与应急、交通、水务、自然资源、住建、生态环境等部门建立气象信息合作渠道，确保第一时间传递预报预警信息。注重加强同政务媒体、专业媒体的沟通交流，充分利用电视台、地方政府微信公众号等官媒传播力广、影响力强的特点，快速、准确推送气象信息。强化防灾减灾能力提升，将气象灾害防御培训纳入部门、基层应急培训中，结合本地实际开展气象培训，为基层人员应对气象灾害提供丰富知识储备，力争做到预警不漏一户，转移不落一人。

（四）气象服务工作的不足与思考

近年来，六盘水市出现过数次持续性强降雨天气和局地强对流天气造成的灾害事件，对人民群众生命财产安全造成严重威胁。事件发生后，省、市、县气象系统在地方党委政府的坚强领导和精心指导下，深刻反思、认真总结，及时补齐补强工作短板。例如，在"7·23 水城县山体滑坡事件"后，六盘水市气象局在省气象局技术支持下，结合本地地形特征、历年汛期累计雨量分布特点以及过往地质灾害发生情况，扩充、完善了六盘水市地质灾害隐患点资料，用于指导防灾减灾工作。"9·18 六枝牂牁江客轮侧翻事故"后，贵州省气象系统在认真研讨后，考虑到热低压大风和雷暴大风从成因、预报难度到致灾性的不同，增加"雷雨强风预警信号"，专门用于对雷暴大风的预警防范。

在全球气候变暖背景下，贵州省极端天气气候事件明显增多，气象灾害的多发性、突发性、极端性日益突出。特别是当前贵州省气象服务水平整体还较为薄弱，表现为业务系统落后、技术装备陈旧、人才支持不强，重大灾害性天气还存在空报、漏报现象，暴雨 TS 评分仍未取得突破，2 小时强对流天气的识别、外推能力还需加强，气象要素精细化还未达到 1 千米，气象灾害风险预警和影响预报科技含量不足、服务形式单一。这就要求全省气象系统及各级领导干部、专业骨干要坚持以科技创新推动高质量发展，将气象服务深度融入地方经济发展的各个环节，强化气象防灾减灾政府主导职能，积极争取地方党委政府更多支持。及时消化吸收中国气象局及其他省份气象部门的先进经验和技术，不断提升服务水平，围绕"四新"，主攻"四化"，为谱写多彩贵州现代化建设新篇章贡献气象力量。

精准靶向叫应 夯实生命第一防线

——云南省红河州河口县"6·14"特大暴雨天气过程气象服务案例

云南省红河州河口县气象局
作者：许淑仙 梁效铭 肖子薇

2022 年，云南气象部门面对异常天气气候影响下的防汛严峻态势，严格执行"1262"强降雨递进式预报预警服务（提前 12 小时预报强降水落区精细到县，提前 6 小时、2 小时预报强降水落区精细到乡镇），筑牢气象防灾减灾第一道防线，气象服务赢得地方政府的高度认可和人民群众的称赞。尤其是在 6 月 14 日红河州河口县特大暴雨天气过程（图 1）气象服务中，气象部门通力协作，从预测、预报、监测、预警、叫应到社会应急动员，实行了全链条气象服务，共出动救援人员 146 人，成功转移群众 170 人，做到了无人员伤亡。

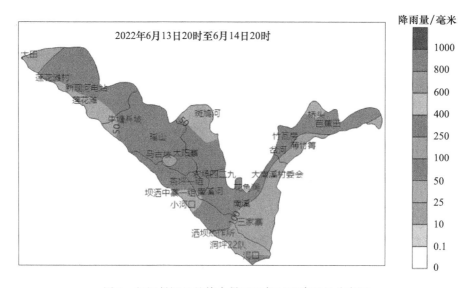

图 1 红河州河口县特大暴雨天气过程降雨量分布图

一、聚焦预报预警叫应全过程 守好汛期防灾首班岗

（一）提前预报

打好提前量，汛期气象服务工作实现"快、准、稳"。河口县气象局提前 4 天监测到这一过程；6 月 9 日开始在各类专题预报中对此次过程进行预报，并通过各种平台媒体进行发布。提前 2 天，于 11 日发布题为"13 日晚至 14 日降雨仍然明显需防范局地洪涝、地质灾害及强对流天气的不利影响"的《重要气象信息专报》，明确指出河口县降雨将持续，强降雨主要集中在 6 月 13 日晚至 14 日。提前 1 日，于 13 日县级联合会商会上分管业务领导明确点明此次过程强降雨落区为桥头、南溪、沿河乡镇、莲花滩乡局部，

发布暴雨红色预警后每小时滚动发布雨情通报（图2）。从发现天气过程到强降雨过程开始，紧盯天气变化，做到了提前4天发布预报、提前2天进行专报、提前1天明确重点关注区。

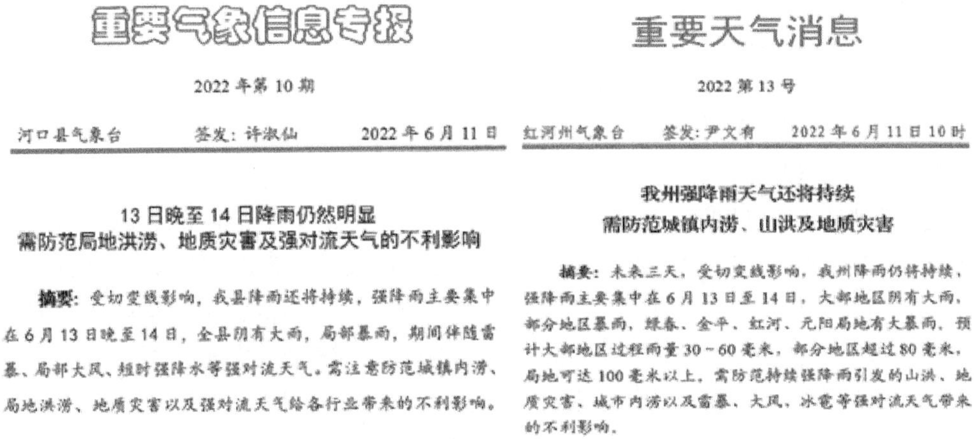

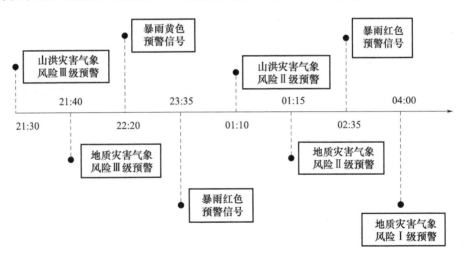

重要气象信息专报

2022年第10期

河口县气象台　　签发：许淑仙　　2022年6月11日

13日晚至14日降雨仍然明显
需防范局地洪涝、地质灾害及强对流天气的不利影响

摘要：受切变线影响，我县降雨还将持续，强降雨主要集中在6月13日晚至14日，全县阴有大雨，局部暴雨，期间伴随雷暴、局部大风、短时强降水等强对流天气。需注意防范城镇内涝、局地洪涝、地质灾害以及强对流天气给各行业带来的不利影响。

重要天气消息

2022第13号

红河州气象台　　签发：尹文有　　2022年6月11日10时

我州强降雨天气还将持续
需防范城镇内涝、山洪及地质灾害

摘要：未来三天，受切变线影响，我州降雨仍将持续，强降雨主要集中在6月13日至14日，大部地区阴有大雨，部分地区暴雨，绿春、金平、红河、元阳局地有大暴雨，预计大部地区过程雨量30～60毫米，部分地区超过80毫米，局地可达100毫米以上，需防范持续强降雨引发的山洪、地质灾害、城市内涝以及雷暴、大风、冰雹等强对流天气带来的不利影响。

图2　气象服务产品

（二）及时预警

气象部门针对落区、雨量、未来形势变化第一时间发布预警信息（图3）。

图3　河口县气象台2022年6月13—14日预警发布情况

两天的暴雨过程中，县气象局共发布暴雨预警信号3次，其中红色2次，黄色1次；地质灾害气象风险预警3次，其中Ⅰ级1次，Ⅱ级1次，Ⅲ级1次；山洪灾害气象风险预警2次，其中Ⅱ级1次，Ⅲ级1次。发布的预警信号均预报出灾害性天气过程的大致范围，其发生时间也在发布时效内，暴雨红色预警信号提前量达115分钟。

二、广泛服务　联合叫应

（一）公众气象服务

多渠道提前发布预报预警信息，畅通生命通道。针对此次强降雨天气过程，通过手机短信、OA 办公系统等平台直接将预报预警信息发送到县委、县政府、各乡镇农场领导以及应急局、防汛办等县属相关决策部门；通过手机短信、12379 预警信号发布平台、微信群、微信公众号等途径向社会公众发布降雨天气预报、预警信息及降雨实况；通过气象信息员将气象灾害预报预警信息传播到全县 27 个村委会和 4 个社区，实现了气象信息的全覆盖。经统计，此次过程直接服务对象累计达到 1 万余人次。

此外，气象台通过 QQ、电子邮件、微信等方式将降雨预报传送给县融媒体中心、电视台、电台、报社等大众媒体，及时传递到社会公众。

（二）决策气象服务

在此次强降雨天气过程中，通过电子公文、手机短信、邮件等渠道共发布《重要气象信息专报》1 期、《天气周报》1 期，发布天气实况及预报短信 5 条，发布暴雨红色预警信号 2 期、暴雨黄色预警信号 1 期、地质灾害气象预警 3 期、山洪灾害气象风险预警 2 期、灾区专题气象服务 5 期。气象信息覆盖人员包含地方党委领导、群测群防员、社区工作人员、村小组长以及疫情防控卡点值守人员、志愿者、各类疫情防控一线工作人员。

地方政府和相关部门接到气象局预警和电话叫应后，第一时间通知各类灾害应急责任人、群测群防员，做好应急处置和转移准备。基层气象信息员第一时间将预警信息传播到每一户。如图 4 至图 6 所示。

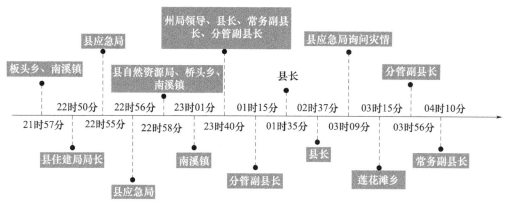

图 4　过程叫应服务情况

图 5　桥头乡监测员观察桥头河水位上涨情况

图 6　局主要领导随卢光荣副县长一线调研灾情

三、气象防灾减灾效益凸显

（一）预报准确　提前量大

通过前期与省、州气象台会商以及本级气象台研判，河口县气象台准确预报出此次强降雨发生的时间、强度和落区，并提前 2 天发布《重要气象信息专报》，河口县自然灾害应急管理委员会收到气象局发布的《重要气象信息专报》后，13 日组织召开联合会商会，县防汛办启动防汛Ⅳ级应急响应命令，14 日 02 时 30 分紧急提升至防汛Ⅲ级应急响应。

（二）服务及时高效　联动机制健全

降雨开始之前，河口县气象台就已准确预判，提前发布暴雨黄色预警信号、地质和山洪气象风险预警，后又果断升级至暴雨红色预警信号，预警提前量高达 115 分钟，为政府及决策部门及时采取相关防御措施赢得了充足的时间。

接到预警和叫应后，县住建局派出多名职工采取疏通下水道、打开排水井盖等措施防范城市内涝；桥头乡领导、当地党员、村委会工作人员 14 人入户通知村民注意警戒水位，共计提醒 50 余户，无人员伤亡；县自然资源局要求全县 197 名群测群防员加大辖区内隐患点的巡查力度，要求全体职工紧急待命，派出地勘科和专业技术人员到主城区各隐患点巡查（图 7 至图 9）。

图 7　县自然资源局技术人员巡查隐患点

图 8　县住建局工作人员疏通下水道

图 9　消防大队转移受困情况

（三）应对措施迅速有力　全力守护生命安全

本次暴雨过程，城区降雨量突破了 1953 年有气象记录 70 年以来日降雨量最大纪录（1954 年 8 月 24 日 239.2 毫米）。河口县气象台以精准的预报、及时的预警赢得了时间，县级相关领导及部门收到预警信息和叫应后迅速反应，立即着手安排布置防御调度，共出动救援人员 146 人，成功转移群众 170 人，本次特大暴雨过程做到了无人员伤亡。

靶向服务突出，切实当好了"消息树""发令枪"，高质量的气象保障服务工作获得省委书记、州委书记、地方党委政府及各相关部门充分肯定和高度赞扬（图 10）。

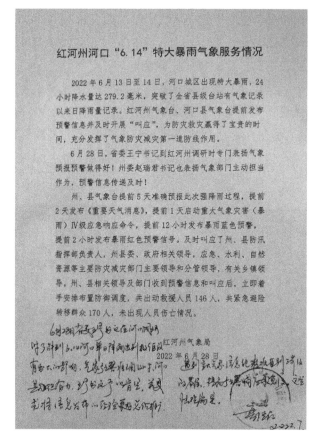

省委王宁书记表扬红河州气象预报预警服务及时

创建部门：　发布人：杨盈　发布时间：2022-07-01 17:49:27　收藏☆

2022年6月13日至14日，河口城区出现特大暴雨，24小时降水量达279.2毫米，突破了全省县级台站有气象记录以来的最高日降雨量记录。红河州气象台、河口县气象台提前发布预警信息并及时开展"叫应"，为防灾救灾赢得了宝贵的时间，充分发挥了气象防灾减灾第一道防线作用。
6月28日，省委王宁书记到红河州调研时专门表扬气象预报预警做得好！州委赵瑞君书记也表扬气象部门主动担当作为，预警信息传递及时！
州、县气象台提前5天准确预报此次强降雨过程，提前2天发布《重要天气消息》，提前1天启动重大气象灾害（暴雨）Ⅳ级应急响应命令，提前12小时发布暴雨蓝色预警，提前2小时发布红色预警信号。及时叫应了州、县防汛指挥部负责人、州县委及政府相关领导，应急、水利、自然资源等主要防灾减灾部门主要领导和分管领导，有关乡镇领导。州、县相关领导及部门收到预警信息和叫应后，立即着手安排布置防御调度，共出动救援人员146人，共紧急避险转移群众170人，未出现人员伤亡情况。（业务科 赵绍刚）

图 10　气象服务保障获多方好评

西藏昌都初夏极端强降水气象服务案例分析

西藏昌都市气象局

作者：边琼　西绕卓玛　玉洛

2022年5月16日夜间至21日，受高原低涡切变线影响，西藏昌都北部出现近10年初夏最强降水天气过程，过程期间多地出现短时强降水、短时大风、雷暴等强对流天气。本次天气过程具有北多南少、持续时间长、累积雨量大、短时雨势强、极端性强等特点，对交通运输、农牧业生产、川藏铁路昌都段部分建设工程造成一定影响。针对此次过程，昌都市气象局坚持"人民至上、生命至上"，强化天气会商，开展迭进式监测预报预警服务，精准预报强降水天气的落区分布和主要时段，为各级政府各部门有效应对灾害性天气和组织灾害防御工作赢得了宝贵时间，最大限度减轻了灾害损失。

一、强降水天气特点和灾情情况

1. 累积雨量大、极端性强。此次降水是近10年昌都北部最为极端的一次降水天气过程，强降水主要集中在江达县、卡若区、类乌齐县、丁青县以及边坝县，昌都市各乡镇累积降水在0.1~94.0毫米，共有115个站出现了降水，其中有42个站累积雨量达50毫米以上，累积最大降水出现在丁青觉恩乡为94毫米，次累积最大降水在类乌齐镇为86毫米（图1）。

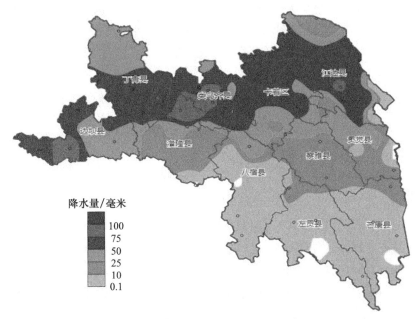

降水量/毫米

100
75
50
25
10
0.1

图1　昌都市过程累积降水量图（5月16日20时至21日20时）

2. 持续时间长，日雨势大。此次强降水过程从 5 月 16 日夜间开始，至 21 日结束，持续时间长达 5 天。期间丁青觉恩乡、类乌齐长毛岭乡、江达镇连续 5 天出现≥10 毫米的降水，其中 2 天出现大雨；类乌齐镇、边坝金岭乡、丁青桑多乡、丁青县城、江达娘西乡、江达波罗乡连续 4 天出现中雨；类乌齐伊日乡、卡若芒达乡、卡若尚卡乡、边坝加贡乡、类乌齐尚卡乡连续 3 天出现中雨。边坝县加贡乡（45 毫米、5 月 18 日）、类乌齐县类乌齐镇（41.2 毫米、5 月 19 日）日最大降水创建站以来的新高。

3. 多地出现强对流天气，小时雨强大。本次强降水过程，中北部大部出现了雷电大风，类乌齐、丁青、边坝、卡若、江达等地共有 20 个站点出现短时强降水天气，短时雨强最大出现在卡若拉多乡为 10 毫米/小时（表 1，注：昌都短时强降水标准为 6 毫米/小时）；丁青协雄、类乌齐长毛岭、卡若约巴乡、丁青沙贡、卡若俄洛镇等地出现了 7 级以上大风天气。

表 1　过程期间短时强降水（≥6 毫米/小时）统计表　　　　　（毫米/小时）

站名	类乌齐镇	伊日乡	丁青	觉恩乡	字嘎乡	岗色乡	草卡镇	德登乡	江达镇	色扎乡
雨强	9.4	7.4	6.2	7.4	7.4	7.8	6.3	6.7	6.5	6.8
站名	当堆乡	长毛岭	布塔	边坝镇	拉孜	尚卡乡	拉多乡	金岭乡	都瓦乡	马武乡
雨强	6.1	7.6	6.9	7.9	7.6	7	10	7.4	8.6	6.3

4. 中北部乡镇灾情较严重。受强降水天气影响，昌都市多地出现洪涝、地质灾害、内涝等灾情。类乌齐县长毛岭乡、滨达乡，丁青县巴达乡、觉恩乡，洛隆县孜托镇，卡若区沙贡乡等多地因强降水导致房屋倒塌、农田受损，昌都市气象部门为民众开具保险理赔证明 15 份。根据昌都市应急管理局统计，此次强降水共致昌都 7 个县的 31 户 199 人受灾，经济损失共计 31.6 万元。其中左贡、芒康、洛隆 3 县农作物受灾 2.05 公顷，经济损失 4.01 万元；死亡 1 头牦牛，经济损失 1.3 万元。G317 江达—类乌齐段、丁青段，G349 察雅段，G214 昌都市区—类乌齐段以及部分省、县、乡道出现了泥石流，对道路交通造成了较大影响。

二、总体气象服务情况

针对此次持续性强降水过程，昌都市气象部门分别于 16 日 15 时、20 日 15 时开展了区—市、市—县专题会商，滚动更新强降水天气决策气象服务材料，跟进发布雨情信息。共发布 12 期雨情短信快报、2 期强降水天气消息、2 期地质灾害预警信息、4 期川藏铁路气象服务专报、1 期实况天气汇报（图 2）。昌都市、县两级气象部门面向地方党政主要负责人、乡镇应急责任人开展电话叫应服务 152 余次，发送决策短信 1.3 万余条，为各级党委政府组织防御提供了高质量的决策支撑，获得昌都市委常委梅方权的批示 2 次。

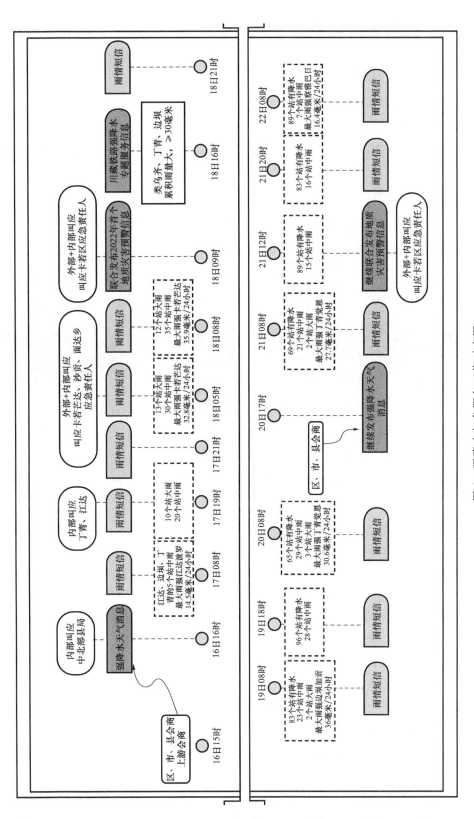

图 2　强降水气象服务工作时序图

本次服务过程中，气象信息第一时间通过现场、微信、短信等方式向各级政府主要领导、分管领导汇报，向应急、交通等相关部门发布气象服务信息，并随着过程发展提供迭进式服务。

三、监测预报预警情况

（一）加强滚动会商

为准确把握此次强降水强度和落区，昌都市气象局组织在岗预报员进行天气会商 4 次，与自治区气象台、那曲市气象台进行天气电视电话会商 2 次，与邦达机场气象室进行电话会商 2 次（图 3）。昌都市气象台加强对各县气象台会商和指导，同时要求各县加强对乡镇负责人叫应，充分利用基层气象信息员收集相关气象灾情信息。

图 3　强降水过程期间预报员讨论会商情况

（二）迭进式发布预报预警信息

5 月 10 日发布的旬预报中提前 7 天预报"17 日以后昌都市有小雨或雷阵雨，部分乡镇有中到大雨（雪）"。5 月 15 日发布的周预报中提前 2 天预报"周三夜间至周五昌都市类乌齐、卡若、江达、洛隆、八宿北部、边坝、丁青有小到中雨，上述地方的部分乡镇有中到大雨（雪）"，并提示北部降水强度大，地质灾害气象风险等级高，建议各地各有关部门加强地质灾害易发区的监测和排查；加强道路交通安全管控，注重防范道路沿线塌方、滑坡、落石等地质灾害及雪崩等融雪性次生灾害。5 月 16 日 10 时发布的虫草采挖气象服务专报中也提出中北部牧区未来 24 小时可能有中到大雨，并伴有雷电天气，注意防范雷雨天气的建议。

5 月 16 日 16 时，经过与自治区气象台、上游那曲市气象台会商研判分析，提前 6 小时发布《17—20 日我市降水频繁　北部强度较大》强降水天气消息，明确指出 17 日夜间到 18 日白天昌都市北部降水强度大，部分乡镇有大雨和相关防御通知；20 日加强会商，16 时继续发布《未来三天我市降水频繁　北部强度大　需谨防地质灾害》天气消息（图 4）。及时更新明确降水量级、落区和强降水时段，及时报送昌都市委、市政府及防汛等相关部门，并通过昌都市融媒体矩阵发布强降水重要天气预报信息。

针对此次强降水过程，各级气象部门及时发布气象信息、加强部门联动。在 5 月 18 日 05 时，G317 沿线的卡若芒达乡、类乌齐尚卡乡、丁青县城、丁青协雄、类乌齐伊日乡、江达字嘎乡、边坝金岭乡等 10 个乡镇出现大雨，34 个站出现了中到大雨。08 时，昌都市气象台预报员监测降水系统将持续，为防范连续降水可能引发的地质灾害，加强与自然资源局会商研判，发布 2022 年首个地质灾害预警信息："丁青、江达、类乌齐、卡若、边坝、洛隆、八宿南部等地地质灾害气象风险等级为二级，发生地质灾害风险高。"5 月 21 日 12 时，昌都市气象台考虑 19 日 08 时至 21 日 12 时，北部强降水持续且落区与前期重叠，加之多个站点累积雨量达 60 毫米以上，与昌都市自然资源局继续联合发布地质灾害预警信息："丁青、江达、类乌齐、卡若、边坝地质灾害气象风险等级为二级，发生地质灾害风险高，请各地各有关部门加强防范强降水引发的山洪地质灾害，做好灾害隐患点的巡查排查和监测预警。"（图 5）

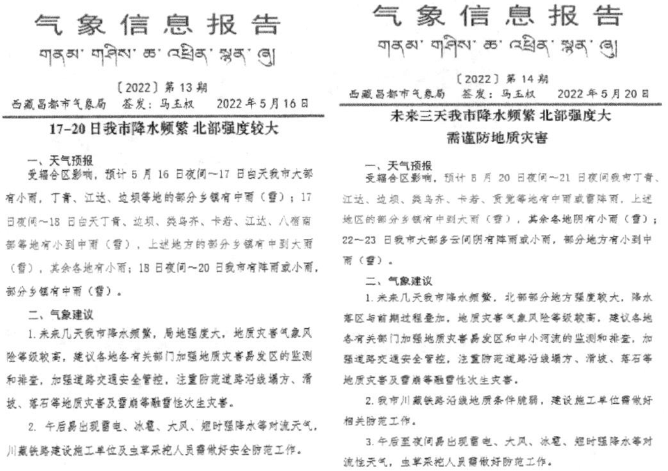

图 4　5 月 16 日、20 日发布的强降水天气消息

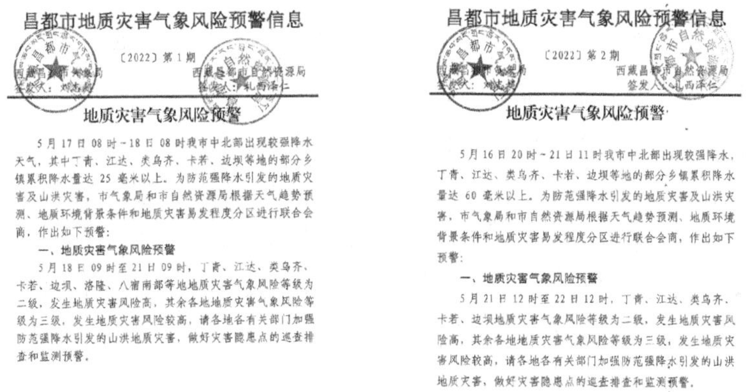

图 5　联合发布的地质灾害气象风险预警信息

四、气象服务情况

本次强降水过程是 2022 年入汛以来昌都市最强天气过程，更是近 10 年来初夏北部最强的降水，必将对地质灾害防御、交通运输、农牧业生产、重点工程建设等带来极大的影响。针对此次过程，昌都市气象局主要领导高度重视，提前安排部署决策气象服务工作。气象台提前关注天气过程，加密区、市、县三级天气会商，制作精细化决策服务材料，指

导县气象局开展相关服务，实现了预报信息早报送，最大程度上提高决策气象服务的准确性和时效性。

（一）多措并举，有效提升预警覆盖面

此次降水过程期间，昌都市、县两级气象部门共发布强降水气象服务信息12期、山洪地质灾害气象预警信息12期，川藏铁路强降水气象服务专报4期。通过移动云MAS系统、广播电视、"昌都发布"、"网信昌都"、"昌都交警"微信公众号等主流媒体发布预报预警信息（图6），受众3余万人次，通过"昌都气象"公众号、基层农牧民气象服务微信群发布藏汉双语版预报预警信息，服务效果良好，切实解决了气象服务"最后一公里"问题，努力推进气象预报预警信息进村入户到人。

图6　通过新媒体广泛传播预报预警信息

（二）联防联动，合力应对强降水天气

昌都市政府和各县政府根据气象预报预警情况，及时反映、快速联动，采取有效措施，积极应对和处置强降水带来的各种影响。昌都市政府办公室下发《关于切实做好降水天气安全应对防范工作的紧急通知》，要求各成员单位、各县（区）政府按照职责和有关预案要求，做好降水天气的防范工作。昌都市气象局加强与自然资源、水利、应急、交通运输等部门的沟通对接，切实做好中小河流洪水、山洪地质灾害、交通运输等各项气象服务。强降水开始前提前向相关单位和部门发送强降水天气消息并电话、短信提醒，在强降水过程期间，加密发布实况雨情和预报短信快报，并动态更新。在强降水集中段，昌都市、县两级预报员及时叫应县（区）应急责任人直至乡镇应急责任人，告知当前雨势和未来趋势，并提出做好地质灾害监测排查等工作的气象建议，强降水过程中昌都市、县气象部门主动开展乡镇灾害"叫应"152人次，平均提前量超过1小时。

（三）精细服务，全力保障川藏铁路建设

此次强降水过程，川藏铁路沿线全线出现了降水，尤其是中东段的贡觉—察雅—卡若

段、西段洛隆段累积雨量较大（≥35毫米），针对川藏铁路沿线区域，昌都市气象台和川藏铁路沿线相关县局共发布川藏铁路专题预报16期、天气快报短信22期，气象服务信息以川藏微信服务群和短信方式发布给相关建设单位和应急责任人，遇重要天气或短时强降水，及时电话叫应相关建设单位应急责任人，受众达2000余人次。

五、气象防灾减灾效益

（一）滚动精准预报，保障防灾及时应对

在5月10日旬预报、15日周预报上，提前3～7天准确预报出强降水落区；昌都市气象台会商研判、订正细化预报落区和强度，在5月16日16时、5月20日报送的气象服务信息中，准确预报此次强降水集中时段和落区；并在强降水气象服务信息上得到了昌都市市长梅方权的重要批示："请应急局统筹调度做好应对工作。"（图7）

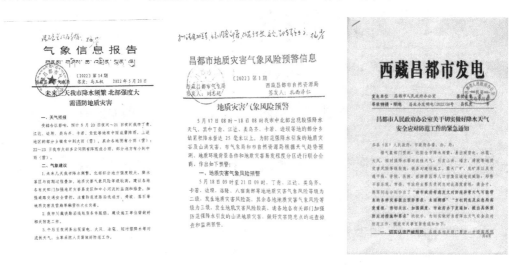

图7　昌都市政府发文应对降水天气和市委领导批示

昌都市各级气象部门认真履行好"三个叫应"工作，在做好气象服务的同时，积极主动向相关部门提供有针对性的服务。自5月17日08时起，凡是有超过20毫米（24小时雨量）、6毫米（1小时雨量）的站点，立即电话叫应通知相关乡镇应急责任人，同时加密向市委、市政府、应急等相关领导发送最新雨情短信，为各级政府和相关部门防灾减灾提供可靠的决策依据，有效避免了人员伤亡，最大限度减少了灾害损失。

（二）高效应急联动，筑牢第一道防线

昌都市各县气象部门及时应急联动，市应急管理局接到气象部门强降水预报预警信息后，立即通知昌都市各县及相关单位做好防灾减灾应急准备工作，加强应急值班值守；及时叫应服务，部门反应迅速，做到"闻雨而动"，为防范应对赢得了主动。交通和公安等相关单位紧急发布G317江达—类乌齐—丁青段、G214类乌齐—市区—邦达机场段的道路交通安全管制通知和雨天行车交通安全提示，保障了司乘人员的安全。

5月18日早晨，针对丁青、类乌齐、江达、边坝等地因强降雨可能引发的山洪灾害，昌都市气象局与自然资源局联合会商研判，根据天气趋势预测、地质环境背景条件和地质灾害易发程度分区进行联合会商，发布2022年首期地质灾害气象风险预警，分级预警、

按级施策，提升了灾害的科学、精准防御应对水平。

（三）用心用情服务，保障重大工程建设

本次强降水过程期间，针对降水强度较大的川藏铁路贡觉—察雅—卡若段、西段洛隆段，昌都市气象台和川藏铁路沿线相关县气象局共发布川藏铁路发布相关气象服务信息、短信 38 期，川藏铁路卡若、洛隆段 5 月 18 日凌晨、19 日夜间出现≥6 毫米/小时的短时强降水，及时电话、微信语音提醒指导相关县气象局并叫应建设单位应急责任人，受众达 2000 余人次。

昌都市气象台、川藏铁路沿线相关县气象局积极主动服务，为川藏铁路建设安全提供优质保障。过程结束后，川藏铁路建设昌都项目部、洛隆县支铁办、中国铁建大桥工程局等川藏铁路指挥部和参建单位为昌都市气象局、洛隆县气象局送来感谢信和锦旗，表彰市、县两级气象部门在此次过程和其他灾害性天气过程中的优质服务（图 8）。

图 8　川藏铁路建设单位赠送锦旗

六、存在问题和改进措施

（一）精细化预报水平存在不足

本次过程为近 10 年来昌都北部较为罕见的持续性强降水天气过程，虽准确预报了强降水落区，但强度预报比实况偏弱，预报员过于依赖模式预报，缺乏考虑复杂地形的影响，进而报大量级降水时有点缩手缩脚。下一步昌都市气象局将持续加强灾害性天气复盘与主流模式降水预报检验工作，同时继续加强气象预报预警专业技术人才的培养，组织预报员深入基层，现场开展对地形地貌的踏勘工作。

（二）预报预警信息传播时效性与覆盖面有待加强

预报预警短信是直达老百姓最快捷的渠道，许多牧区山高路远，网络通信不发达，预报预警信息的传播及时性不高、覆盖面不广，存在盲区，影响了防灾减灾效果。下一步昌都市气象局将进一步强化预警信息发布系统的应用，加大部门合作，拓宽发布渠道，扩大预警信息传播覆盖面，提升预警信息精准发布服务能力。

（三）短临预报预警能力有待提升

昌都地处横断山区，夏季多强对流天气，突发性、局地性强，目前昌都市无天气雷达，现有的短临监测手段欠缺。为满足短临预报预警服务需求，昌都市气象局将在中国气象局与西藏自治区气象局的支持下，开展昌都雷达站网建设，同时加强雷达产品在灾害性天气中应用的培训与交流，进一步提升短临预报预警能力。

以气象预警为先导 建立"双2+5"防灾减灾工作机制 实现零伤亡

陕西省气象局

作者：宋文超 张向荣 张树誉 刘敏锋

2022年汛期，陕西省商洛市遭遇多轮暴雨天气袭击，6月26日、7月10日、7月12日、7月18日、8月23日、10月3—5日……暴雨导致商洛多地发生洪涝灾害，造成农田堤坝损毁、道路中断，基础设施遭到严重破坏，受影响群众达58.26万人。值得一提的是，因气象部门提前预警、各级政府迅速响应、部门加强联动、群众转移撤离及时，商洛市成功打赢2022年"防汛保卫战"，实现零伤亡。

打赢这场"人民至上、生命至上"的防汛救灾硬仗，商洛靠的是什么？靠的是以气象预报预警为先导的"双2+5"防灾减灾工作机制。

为贯彻习近平总书记关于防汛救灾工作的重要指示精神，牢固树立"人民至上、生命至上"的理念，商洛市气象局按照市政府"人盯人防抢撤"防汛工作要求，巩固气象防灾减灾"三个三"工作机制成果，创新建立了以气象预报预警为先导的"双2+5"防灾减灾工作机制，在2022年汛期的多轮暴雨天气中得到了有效检验，在气象预警直达基层责任人、各级政府迅速响应、多部门加强联动、转移撤离群众方面取得了显著成效。本文以"6·26"暴雨气象服务为例，详述"双2+5"防灾减灾工作机制运行情况和取得成效。

一、"双2+5"防灾减灾工作机制创建背景

商洛气候特征：陕西省商洛市位于秦岭东段南麓，是我国南北气候过渡带、冷暖空气交汇带。境内沟壑纵横、谷岭相间，特殊的地理位置和地貌结构形成了复杂的山地立体气候，同时由于季风性气候的不稳定特性，导致商洛市暴雨、干旱、冰雹、霜冻、连阴雨等极端天气事件频发。各类气象灾害中，暴雨洪涝造成的灾害损失最为严重。据不完全统计，每年商洛市因气象灾害所造成的损失占自然灾害的70%以上，有的年份高达80%～90%，严重威胁着人民生命财产安全，影响了地方经济社会发展。

极端天气事件一：2010年7月23日，商洛市普降大到暴雨，局地出现特大暴雨，丹凤县竹林关镇过程雨量达213.8毫米，遭受了百年一遇特大暴雨和泥石流的双重袭击，竹林关一夜之间沦为废墟。此次暴雨致全市7县区144个乡镇（其中重灾乡镇84个）、95.91万人受灾，全市农作物受灾30325公顷，倒塌民房36058间，43个乡镇电力、通信中断，因灾死亡畜禽42.9万头，紧急转移、安置群众15.57万人，造成直接经济损失30.55亿元，全市因灾导致几十人伤亡、失踪。

极端天气事件二：2020年8月6日，商洛市洛南县发生特大暴雨，其中石门镇过程降雨量达303.6毫米，此次暴雨造成洛南县11个镇75503人受灾，倒塌房屋1227间，农作

物受灾 2963.26 公顷，水毁公路 198 千米，水毁河堤 350 千米、桥梁 169 座、涵洞 249 个，直接经济损失达到 20.14 亿元，更为痛心的是，因灾死亡约 15 人。

特别是近 10 年，商洛暴雨表现出日数增加、突发性强、成灾迅速、致灾严重等特征，呈现出"两年一小灾，三年一大灾"的频次，由此引发的洪涝、滑坡、泥石流等自然灾害也逐渐加剧。因此，应对极端天气、建立行之有效的防灾减灾机制已成为商洛市委、市政府的重中之重。

二、"双 2＋5"防灾减灾工作机制的探索与创建

陕西省气象局以极端天气多发重发的商洛市为试点，围绕地方需求，指导商洛在建立气象防灾减灾工作机制方面进行了积极的探索和实践。商洛市委、市政府全面贯彻习近平总书记关于防汛救灾工作重要指示和来陕考察重要讲话精神，切实把防汛救灾作为重大政治任务来抓，制定了《防汛救灾"人盯人防抢撤"工作实施方案》。并且对极端天气应对工作进行总结复盘，不断完善经验，探索建立了气象预警"三吹哨"、党政领导"三主动"（县区党政主要负责人每天主动与气象局研判一次天气，镇办主要负责人每天主动掌握临近天气，村组主要负责人主动学习气象知识）、夯实责任"三下沉"的气象防灾减灾"三个三"工作机制，在此基础上，又创新性地提出建立以气象预报预警为先导的"双 2＋5"防灾减灾工作机制。

主要做法：一是深刻汲取郑州"7·20"特大暴雨灾害教训，以深化巩固"三个三"气象防灾减灾工作机制成果为基础，结合商洛暴雨灾害频发重发等气候特征，向市政府报送了《检视商洛极端天气应对形势和问题的报告》，该报告引起市委、市政府高度重视，市政府召开常务会专题研究建立防灾减灾工作机制。二是市政府成立了以市长王青峰为组长的防灾减灾"双 2＋5 模式"工作专班，印发了《商洛市以气象预报预警为先导的防汛"双 2＋5 模式"工作方案》。方案立足极端暴雨、超标准洪水，固化"两个机制"、提升"五种能力"，立足"两个提前"、做好"五个平时"，以农村"保人撤人"、城市"保人保车"为重点，保障人民群众生命财产安全，真正实现防汛救灾由被动变主动、由紧张变从容、由应急变常态、由雨逼人变人等雨。三是以深入贯彻落实《气象高质量发展纲要（2022—2035 年）》为目标，以"双 2＋5 模式"防灾减灾工作机制建立为契机，推动市政府印发了《商洛市气象监测预报预警服务能力提升和人工影响天气减灾能力提升方案》（简称"两个能力"提升），项目总投资 1.2 亿元，其中市、县两级政府计划投入 9000 万元，全力推动商洛市气象防灾减灾能力建设。

"双 2＋5"防灾减灾工作机制（图 1）主要内容如下。

第一个"2＋5"：固化"两个机制"，即一是固化"人盯人防抢撤"机制，全面巩固防汛救灾"人盯人防抢撤"工作机制的落实落地；二是固化常态化开展极端天气实战演练机制。自 2022 年 7 月 20 日起，商洛市、县、镇、村四级全面开展应对极端天气、防汛减灾应急避险实战演练。提升"五种能力"，即预报预警能力、应急指挥能力、常态化应对能力、抢险救援能力、灾后重建能力。

第二个"2＋5"：立足"两个提前"，即当预报有极端强降水可能造成洪涝灾害时，提前 2 小时组织群众撤离，向高地势的安全地带（避灾安置点）转移避险；提前 4 小时转移

地下车库等低洼易涝处的车辆。做到"五个平时"，即平时把地下区域空间沙袋挡板等防汛应急物资准备好，平时把人盯人、人盯车、人盯重点部位工作做好，平时把抢险救援队伍和物资储备好，平时要把气象信息会商研判好，平时要把实战演练组织好。

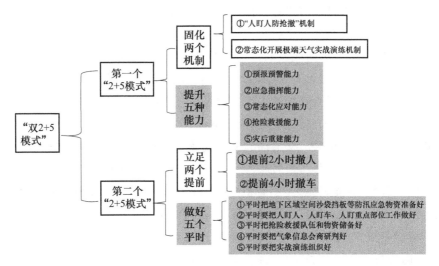

图 1　"双 2＋5"防灾减灾工作机制

三、"双 2＋5"工作机制在极端天气中的应用与实践

商洛市以气象预报预警为先导的"双 2＋5"防灾减灾工作机制的建立，形成了"气象先导、政府主导、部门联动、社会参与"的防汛救灾新局面，是陕西省气象防灾减灾工作领域的一大创新，是深刻践行"人民至上、生命至上"理念和贯彻落实国务院《气象高质量发展纲要（2022—2035 年)》的具体举措，在多次极端天气事件预报预警中得到了有效检验，发挥了重要作用。

典型服务案例：

2022 年 6 月 26 日 01 时至 27 日 06 时，商洛市出现一次分散性暴雨、局地大暴雨天气，强降水中心位于商洛市商南县金丝峡镇，3 小时雨量达 163 毫米，最大小时雨强达 108.3 毫米，突破了陕西小时雨强的历史极值。本次过程中，因气象部门提前预警、叫应及时，景区响应迅速、措施得力，商南县金丝峡景区当天入园的 274 名游客全部安全撤离。本次暴雨天气造成金丝峡景区内道路、设施水毁，经济损失严重，但无一人伤亡，是以气象预警为先导"双 2＋5"防灾减灾工作机制的成功应用与实践。

立足"两个提前"： 商洛市气象台早监测、早预警，提前 1 个月发布趋势预测，提前 10 天发布 6 月下旬预报，提前 1 周发布未来 1 周预报，提前 3 天发布重要气象信息。自 6 月 25 日上午开始，商洛市气象台就敏锐地捕捉到了强降水来临的讯息，预报员加强监测研判，频频与省气象台会商、与商南县气象台互动，雷达回波的每一次变化都牵动着预报员的心。商洛市气象台 25 日 12 时发布天气警报，并于 12 时 30 分启动重大气象灾害（暴雨）Ⅳ级应急响应，26 日 06 时 30 分提升为重大气象灾害（暴雨）Ⅲ级应急响应，26 日 14 时 40 分提升为重大气象灾害（暴雨）Ⅱ级应急响应。雨情就是命令！26 日 05 时 17 分发布暴雨黄色预警！26 日 06 时 17 分升级发布暴雨橙色预警！26 日 12 时 59 分升级发布暴雨红色预警！26 日 13 时 00 分联合发布地质灾害气象风险红色预警！商洛市县两级气象部门及时启动极端天气叫应程序，25—26 日多次向市县两级党委政府主要领导和分管领导汇报天气实况和降水趋势，商南县气象局主要负责人第一时间叫应相关镇办党政领导和金丝峡景区负责人，商南县政府迅速安排部署，金丝峡景区管委会立即组织撤离，在汛情发生前及时将 274 名游客全部安全撤离。当事后得知金丝峡景区遭受严重洪涝灾害时，游客陈女士心有余悸地说："感谢气象局，这真是一条救命预警！"

提升"五种能力"：在应对本次暴雨过程中，商洛市气象预报预警能力、应急指挥能力、常态化应对能力得到了充分检验，气象灾害应急启动及时，各部门联动措施得力。商洛市气象应急指挥部于 24 日 16 时召开部门联席会议，及时向市文旅局、防汛办、应急局、自然资源局、城市管理局、交通局、交警支队、新闻媒体等单位通报了本轮强降水天气预报预测情况。市委宣传部与市气象局联合发文加强气象预警信息传播发布，并牵头组建了"防汛宣传群"，新闻媒体 24 小时值守待命，随时做好气象预警信息传播发布工作；市气象局加强与防汛、应急、自然资源、水利等部门的信息共享，针对个别站点雨量过大的情况，联合研判雨量信息的真实有效性。自 25 日起，2 名气象防汛专家进驻市防汛指挥部大厅 24 小时应急值守，开展联合会商及调度。25 日 17 时，商洛市政府组织召开全市防汛调度会，听取市气象局关于本轮暴雨天气过程的趋势预测及防御工作建议，市政府对全市防汛工作进行全面安排部署，市政府厅级领导带队成立 7 个督导组，下沉一线，督促指导全市防汛工作。本次暴雨过程中市县两级党政领导到气象局指导防汛工作、召开防汛调度会共计 11 次，对本次过程批示共计 16 次。

固化"两个机制"：商南县委、县政府接到气象部门预警后，迅速安排部署，组织景区游客安全撤离，将防汛救灾"人盯人防抢撤"工作机制落到实处。2022 年汛期，商洛市政府组织开展了多次市、县、镇、村四级防范河南"7·20"极端天气实战演练，全市共计约 45 万人参加，4 个县区气象局被作为实战演练指挥中心，完善建立了常态化开展极端天气实战演练机制。

四、取得成效

复盘每一次暴雨过程的"成功抢跑"，有气象部门的预警及时，有决策部门的指挥得力，有联动体系的完善健全，共同筑起一道牢固的防线，守护人民群众生命安全。以气象预报预警为先导的"双 2＋5"防灾减灾工作机制经受住了暴雨的检验，在守护人民"生命线"过程中取得了显著成效，也为灾害多发区提供了可供借鉴的宝贵经验。

成效一：有力保障人民生命财产安全。2022 年汛期，商洛市共出现 15 次强降水天气过程，全市未出现因气象灾害造成的人员伤亡，得益于市、县、镇各级在平时和战时将"双 2＋5"防灾减灾工作机制充分运用，气象防灾减灾第一道防线作用有效发挥（图 2）。

成效二：防抢撤精准度明显提升。"双 2＋5"防灾减灾工作机制实施以来，由于监测预警及时，灾害影响区域明确，防御范围精准，防汛效力明显提升，减少了财政支出，减轻了干部负担。2020 年全市共发生暴雨 14 次，撤离群众 41.52 万人；2021 年全市共发生暴雨 16 次，撤离群众 43.56 万人；2022 年汛期，共发生暴雨 15 次，仅撤离群众 18.32 万人。撤离人数下降了 58％，大大减轻了财政和干部负担，群众满意度也明显提升（图 3）。

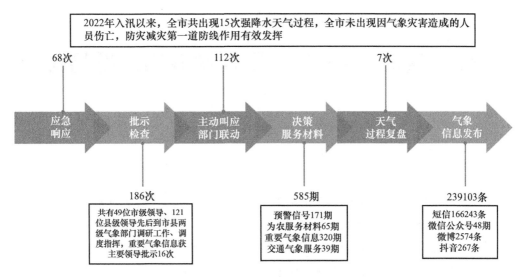

图 2　商洛 15 次强降水天气过程气象服务

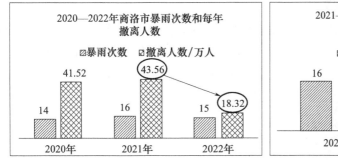
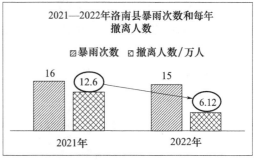

图 3　防抢撤精准度明显提升

成效三：形成地方党委、政府谋划发展气象的良好氛围。以气象预报预警为先导的"双 2+5"防灾减灾工作机制，推动气象工作全面融入地方经济社会发展大局，形成党委领导、政府主导、气象牵头、部门联动、全社会共同参与的气象高质量发展新局面，仅 2022 年汛期，市县党政领导深入气象部门调研、指挥调度防汛工作 160 余人次。把气象作为"一把手"工作，党委、政府领导亲自谋划发展气象的良好氛围蔚然成风。以气象预报预警为先导的"双 2+5"防灾减灾工作机制，推动商洛市气象防灾减灾"两个能力"提升方案顺利实施，项目总投资 1.2 亿元，是贯彻落实《气象事业高质量发展纲要（2022—2035）年》的有力举措。

成效四：创新经验做法得到省委书记肯定和省防总推广。时任省委书记刘国中在 9 月 30 日省委常委会上强调：要把人员撤离避险作为防汛救灾最关键的举措，各地要借鉴学习商洛"双 2+5"防灾减灾工作机制，确保人民生命财产安全。陕西省防汛抗旱总指挥部 10 月 19 日下发《陕西省防汛抗旱总指挥部关于转发商洛市防汛救灾"双 2+5"模式工作方案的通知》，要求各地认真借鉴学习；《中国气象报》《陕西日报》等主流媒体大篇幅宣传商洛市"双 2+5"防灾减灾工作机制。

2022年庆阳"7·15"特大暴雨气象服务案例

甘肃省庆阳市气象局

作者：刘英　张洪芬　柳东慧

引言

2022年7月15日，甘肃省庆阳市遭遇特大暴雨洪涝灾害，最大降水量373.1毫米出现在庆城翟家河，创庆阳市有气象记录以来的极大值，特大暴雨区域超过100平方千米，马莲河全流域发生50年一遇的洪水。全市气象部门贯彻落实中国气象局"早、准、快、广、实"的预报预警服务流程，及时开展递进式预报预警及公众服务，最大程度保护人民群众生命财产安全，实现了大灾之下的"零伤亡"。

一、天气实况及受灾情况

7月15日凌晨到夜间，庆阳市8县（区）出现特大暴雨5站、大暴雨15站、暴雨33站，大暴雨集中在环县南部、华池南部、合水西部、庆城中北部，出现短时强降水119站，最大小时降水量达84.9毫米（庆城马岭，7月15日04—05时）。详见图1。

图1　2022年庆阳市"7·15"特大暴雨降水实况（7月14日20时—15日20时）

此次特大暴雨洪涝（简称暴洪）灾害造成庆阳市各个县区不同程度受灾（图2），房屋倒塌、水毁粮田、山体滑坡、群众被困等，道路、电力、通信等基础设施损毁，人民群众生命财产安全受到严重威胁。据市应急管理局核查，共造成8县区106乡镇114473人不同程度受灾，直接经济损失达277310.61万元。

二、监测预报预警情况

（一）严密监测，加密会商，综合研判，为抗洪抢险决策指挥部门提供重要依据

庆阳市气象局带班领导及预报员夜以继日、通宵达旦，严密监测云图、雷达、雨情、汛情，认真分析雷达强回波移动和发展趋势；与兰州中心气象台及下级台站加密会商天气形势，与应急、水务等部门会商研判雨情、汛情，及时发布各类服务材料，为抗洪抢险决策指挥部门提供了重要依据。

图 2　庆阳市"7·15"特大暴雨灾情实况

（二）预报预测精准，充分发挥气象"消息树"和"发令枪"作用

庆阳市气象台自 7 月 8 日开始的精细化格点预报中，均明确指出 7 月 15 日的强降水过程，小到中雨—大雨—暴雨，雨量逐渐明确清晰，市气象台根据递进式服务要求（图 3），开展一系列的预报预警服务。

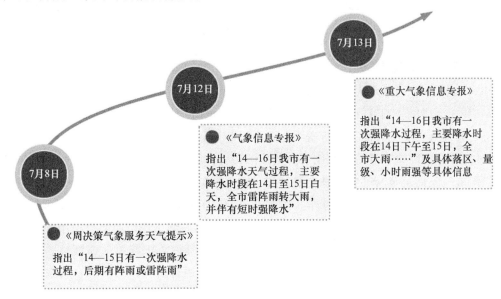

7月13日

●《重大气象信息专报》

指出"14—16日我市有一次强降水过程，主要降水时段在14日下午至15日，全市大雨……"及具体落区、量级、小时雨强等具体信息

7月12日

●《气象信息专报》

指出"14—16日我市有一次强降水天气过程，主要降水时段在14日至15日白天，全市雷阵雨转大雨，并伴有短时强降水"

7月8日

●《周决策气象服务天气提示》

指出"14—15日有一次强降水过程，后期有阵雨或雷阵雨"

图 3　庆阳市气象台递进式气象服务情况

庆阳市气象局深入贯彻落实中国气象局预报预警服务"早、准、快、广、实"和甘肃省政府"量级预报不跨级、预警信息不跨县域、预警提前 3 小时"的工作要求，增强精细化气象服务能力，递进式发布的信息专报预报预测的降水时间、落区及强度与实况基本吻合。

（三）信息专报提醒防范，递进式机制运行顺畅

提前 5 天发布《周决策天气服务提示》，提前 2 天发布《气象信息专报》，提前 1 天发

布《重大气象信息专报》；市委、市政府领导据此专报，召开紧急调度会 3 次；暴雨过程 0～12 小时内发布暴雨预警信号 5 期、气象风险预警产品 5 期；过程中开展逐小时雨情服务及最新预报；过程结束后共发布抗洪救灾气象服务专题 16 期，在救灾重要阶段每 2 小时发布 1 次。各种服务材料通过短信、传真、微信、邮件、钉钉等，给省、市、县局及市、区防汛相关部门进行详尽服务，预警信号实现市—县—乡全覆盖，精细化、递进式气象服务运行畅通。

（四）预警信号提前量增加，叫应提醒服务效果凸显

庆阳市气象台递进式发布预警信号 8 期（图 4），其中暴雨预警信号提前量 131 分钟，暴雨红色预警信号准确率 100%。过程前后，共发布各类决策气象服务材料 53 期。

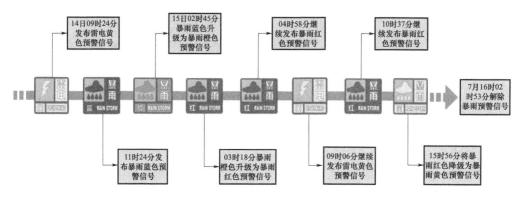

图 4 "7·15"特大暴雨精细化预警信号服务情况

三、气象服务情况

针对 14—15 日强降水天气过程，庆阳市气象局高度重视，分别于过程开始前 3 天的 11 日、12 日、13 日召开了 3 次汛期气象服务领导小组会议进行安排部署，要求全市气象部门密切监视天气变化，加强分析研判，全力以赴做好气象服务工作。

（一）各部门联动，启动应急响应"叫应"服务

庆阳市气象局发布《气象信息专报》和《重大气象信息专报》后，市委、市政府高度重视，庆阳市委副书记、市长周继军，市委常委、常务副市长董涛分别作出批示，要求采取有效措施做好各项防灾减灾工作。14 日 08 时 30 分，周继军在市应急指挥中心召开的全市防汛应急调度会上，现场听取全市气象预报信息、重点河流洪峰流量监测情况及防汛工作汇报，视频调度各县（区）防汛工作、察看重点水库运行情况，与应急、气象、水务等部门会商研判雨情汛情。

15 日 03 时强降水出现后，庆阳市气象局吴爱敏副局长第一时间向市委常委、常务副市长董涛电话"叫应"汇报，向市水务局、市自然资源局主要负责同志通报降水情况。

15 日 03 时 18 分，庆阳市气象局发布暴雨红色预警信号，市防汛抗旱指挥部立即据此下发《关于全力做好暴雨红色预警应对处置的紧急通知》，要求华池、庆城根据实际情况研判，迅速升级防汛应急响应，并做好群众避险转移、巡查值守、抢险救援等相关工作。

15 日 04 时，董涛在市应急指挥大厅紧急召开全市防汛调度会，市气象局现场汇报实时雨情及预报信息。经联合研判，15日06时20分提升庆阳市防汛应急响应至Ⅱ级。

15日07时，周继军在市应急指挥中心召开全市防汛应急调度会，现场听取应急、气象、水务、交通、消防等有关部门的汇报，通过视频详细了解各县区防汛应急处置和具体受灾情况，并指出：这次降水雨量大、强度强、持续时间长、影响范围广，多年不遇，防汛形势非常严峻，要始终坚持"人民至上、生命至上"，严阵以待、严防死守，切实保障人民群众生命财产安全。

（二）精细化雨情服务，加强下游单位联报联防

15日03时18分，庆阳市气象局发布暴雨红色预警信号，随即开展逐小时的雨情服务，每小时滚动更新雨情实况、过程累计雨量、小时雨量等，及时通报当前降雨情况，共发布雨情信息快报19期；根据最新云图、雷达回波发展移动方向和天气过程演变趋势，滚动更新强降水落区，订正发布最新天气预报；根据汛情及时发布地质灾害风险预警2期、中小河流洪水风险预警2期、城市内涝风险预警1期；并立即向下游的陕西省咸阳市进行大暴雨联报联防及实况通报。

（三）气象专题服务保障一线抗洪救灾抢险工作

强降水过程基本结束后，市气象局立即安排部署，组织人员进行灾情勘察，并对全市的观测设施进行维护排查。面向抢险救灾需求，市气象局加密制作逐2小时、3小时《暴雨防汛救灾气象服务专题预报》共16期，为抗洪救灾一线工作人员做好气象保障服务。

四、气象防灾减灾效益

庆阳市气象部门通过递进式、精细化气象服务，有效防御了2022年汛期最强特大暴雨灾害，此次暴洪灾害过程无人员伤亡，受到社会各界人士好评。

（一）精准预报，获得各级领导赞扬和政府嘉奖

甘肃省委书记尹弘指出："今年气象预报是准确的、预警服务是及时的。"

8月17日，庆阳市委书记黄泽元专程调研市气象局（图5左），对气象工作成绩给予充分肯定，称赞"气象部门功不可没"。调研后，就气象部门提出来的支持解决的问题建议，制定了任务分解清单，下发市直相关单位予以支持解决；11月3日政府办印发了《庆阳市气象气象灾害应急预案》；12月2日印发了《庆阳市气象高质量发展实施方案》，方案对气象职工待遇、地方气象事业发展、气象规划重点工程地方立项批复等事项予以支持保障；市气象局制定的《庆阳市人工影响天气能力提升实施方案》也已经政府主要领导和分管领导签字，方案一旦落实，地方政府将投资5178万元用于全市人影作业能力提升，充分发挥人工影响天气对保障农业生产、生态修复治理的重要作用。

市长周继军在全市防汛应急调度会（图5右）上指出："市气象局针对此次大暴雨过程预报服务主动及时，预报落区准确，预警精准，为政府防汛减灾决策工作提供了有力支撑。"

9月28日，庆阳市委、市政府举行2022年抗洪抢险救灾表彰奖励大会，授予庆阳市气象局"优秀集体"、路亚奇同志"优秀个人"的荣誉称号（图6）。

图 5　市委书记在气象局调研（左）、市长防汛应急调度（右）

图 6　2022 年庆阳市"7·15"抗洪抢险救灾表彰奖励

（二）总结复盘，凝练提升本地短时暴雨预报预警能力

庆阳市历史降水的气象观测极值为 200.2 毫米（镇原闫沟，2021 年 8 月 18—19 日），而此次过程的最大降水量 373.1 毫米（庆城翟家河），创庆阳气象观测历史纪录，且远远大于历史极值。过程后通过对此类历史罕见的灾害性天气进行技术总结和复盘分析表明，特大暴雨发生地处于黄土高原、子午岭小气候圈及复杂的微地形条件下，基于此开发了"基于子午岭小气候圈的短时暴雨及极端降水预报预警方法"，完善了"复杂地形下多模式降水融合订正"及"强降水生态安全影响的监测预警"等方法，通过利用上述预报方法复盘"7·15"特大暴雨过程，100 毫米以上降水的预报准确率提升了 12%。通过复盘对比，基于此类极端天气凝练的预报方法适用性较高，推广性较强，能够为西北地区同类地形下的极端暴雨天气提供预报预警依据。

（三）靶向服务，紧急调度实现大灾之下"零伤亡"

市应急指挥部门以气象部门的重大专报和预警信号为"消息树"和"指挥棒"，紧急调度、迅速出动，公安、消防、森防前置抢险力量 3000 余人，及时开展群众转移、险情处置、交通疏导、治安维稳等工作；交通、电力、工信、住建系统全方协调抢险保供，及时排除城乡内涝积水；水务、水保、文旅、自然资源、应急系统抽调技术力量，开展河道堤防、水库、淤堤坝、地质灾害、旅游景区等巡查除险和应急处置工作。此次特大暴雨洪涝灾害，致使全市 8 个县区 11.4 万人不同程度受灾，各部门联动"防、抢、救"链条有序衔接，因灾紧急安置 1395 人，紧急避险转移 4457 人，实现大灾之下"零伤亡"，各级部门处置气象灾害应急保障能力提升，紧急调度为人员安全转移争取了充足时间，气象服务经济效益显著。

（四）媒体宣传，提升气象服务社会影响力

全市气象部门开展多点精细化服务，强化部门联动，通过递进式预报预警服务，为政府防汛调度、启动应急预案、组织人员避险转移提供了精准的科学依据。在防汛关键期，庆阳市气象部门以实际行动筑牢气象防灾减灾第一道防线，守护着 200 多万庆阳人民的生命财产安全。"新闻直播间"、"新甘肃"、"视听甘肃"、"看清网"、"掌中庆阳"、《陇东报》、今日头条、抖音、快手等多家新闻媒体/网站/短视频平台均报道了庆阳市"7·15"这次历史罕见的暴雨洪涝灾害的防灾救灾过程。新甘肃网以《未雨绸缪防大汛　众志成城保家园——庆阳市有力有序开展防汛救灾工作综述》、中国甘肃网以《庆阳市气象部门以实际行动筑牢防汛减灾第一道防线》等新闻稿件详细阐述了此次特大暴雨过程的雨情灾情、预报预警、部门联动及市县防汛调度情况（图 7）。

图 7　多家新闻媒体报道庆阳市"7·15"抗洪抢险救灾气象服务

五、服务亮点与思考

（一）服务亮点

1. "33611"递进式气象服务模式再创"1211＋"

在甘肃省"33611"递进式气象服务模式①基础上创新细化"1211＋"服务模式，更好地适用于复杂地形下本地化的服务需求。在本次特大暴雨过程中，完美实施了"1211＋"

---

① "33611"递进式气象服务模式：主要面向决策服务、专业服务、公众服务 3 个层面，按照省、市、县 3 级布局，划分"早期关注、影响提示、预警提醒、精细预警、实况通报、过程复盘"6 个阶段和"前 30 天、前 10 天、前 7 天、前 4 天、前 2 天、前 1 天、前 3 小时、即时、后 24 小时、后 2 天、后 7 天"11 个时间节点的气象预报预警服务体系，具体概括为"33611"服务模式。

服务模式："1"——提前 1 周制作《周决策气象服务提示》，提供未来 1 周天气趋势，对此次过程进行初步预报服务，并提出相应防范建议；"2"——提前 2 天以上进行加密天气会商，并向分管市领导详细汇报天气过程趋势，给出过程预报、风险预估及防御建议；"1"——提前 1 天向市委、市政府及相关部门报送《重大气象信息专报》，加强与自然资源局、城市管理局、水务局等联合会商，给出过程精细预报及防御建议；"1"——提前 1 天向主流媒体发布预报通稿，保证重要天气信息第一时间覆盖所有主流媒体；"+"——根据实际情况机动服务，在本次过程中提前 3 小时发布预警信号和风险提示，滚动更新落区、过程累计雨量、小时雨量等信息，滚动发布雷电、暴雨、大风预警信号等；提前 1 小时开始，每小时滚动更新实况信息和天气过程演变趋势等，通过"数据＋图示"通报当前雨情，让降雨情况一目了然；每 1 小时发布未来 3 小时的精细化预报，大降水落区精细到乡镇；每 2 小时发布一次救灾服务专题，包括灾区降水量及未来 3 小时天气预报。

2. 基于子午岭小气候圈及微地形研究的短时暴雨预报方法

庆阳市气象台开发的基于子午岭小气候圈研究的短时暴雨预报方法，综合庆阳复杂微地形：黄土高原特殊地形，庆城县站附近喇叭口地形，庆城翟家河马岭一带（刘家庙塬）爬坡地形，华池王咀子河谷地形＋迎风坡等。在这次特大暴雨过程中，根据天气形势及庆阳特殊地形进行多模式融合订正，适应本地化的业务需求，提高了 100 毫米大暴雨落区的预报准确率，在预警信号提前量、精细化上取得进展，提升了短时暴雨的预报预警能力。

（二）思考

此次特大暴雨过程存在预报技术的几个难点：

（1）中等偏弱的大气稳定度和低的垂直风切变环境条件下，低层偏南气流受地形扰动触发对流的现象，是气象科学目前仍未解决的课题；

（2）暖区暴雨在庆阳出现的概率相对较小，个例少，预报员认知度较低，量级预报难度高；

（3）黄土高原特殊地形及微地形的影响也是目前未能解决的课题；

（4）副高脊线位置的不确定性增加了大雨带的落区把控，因此，会出现下大雨与直接不下雨的两极反转现象。

坚持"人民至上、生命至上" 全力做好"8·18"大通山洪灾害气象服务

青海省气象局

作者：祁彩虹　金义安　郑志红

2022年8月18日00时，受短时强降雨影响，青海省西宁市大通县青山乡、青林乡发生山洪灾害，造成重大人员伤亡。青海气象部门深入贯彻落实习近平总书记关于防灾减灾救灾的重要指示批示精神，坚持"人民至上、生命至上"，在青海省委、省政府和中国气象局的坚强领导下，强化履职担当，全力做好气象监测预报预警服务和救援保障，充分发挥气象防灾减灾第一道防线作用。

一、基本情况

青海西宁大通县"8·18"山洪灾害造成26人遇难、5人失联，2个乡镇6个村1517户6245人受灾。根据省政府技术专家组判断，山洪灾害成因有三：一是前期累计雨量大。8月以来灾区强降水过程多、间隔时间短且落区重叠，8月1—17日大通累计降水量已超过历史同期8月降水总量。持续降雨致使土壤体积含水量接近饱和。二是短时雨强突破历史极值。大通县城小时降水量达40.6毫米，为1984年以来最强。青林乡、青山乡小时降水量分别达39.3毫米、34.6毫米，降水主要集中在22时15—30分的15分钟之内，降雨时间短、强度大。三是地形地貌复杂。受灾村庄主要分布于沙岱河两岸，河道狭窄、落差大，强降雨致使河道流量猛增，河水携带大量沙石堵塞河道，导致洪水变道冲击村庄。

二、监测预报预警情况

（一）加强研判，准确预报

青海省气候中心8月1日发布的《7月气候概况及8月气候趋势预测》中提到"8月上旬东部农业区降水偏少，中下旬黄河流域大部降水偏多，其中西宁市、大通、门源、互助偏多51%～55%"。省气象台8月10日发布的旬报中指出"17—18日我省东北部有降水天气过程"，8月15日发布的周预报中提出"17—18日西宁、海东等地有中到大雨，并伴有短时强降水等强对流天气"。8月16日省、市、县三级气象部门《重要天气报告》中均指出"17—18日我省中东部有中到大雨，局地暴雨，此次降水与前期强降水落区重叠，需注意防范强降水诱发的山洪、泥石流等次生灾害"，大通在暴雨预报落区之中。

（二）及早预警，提示风险

根据气象预报，省人民政府防汛抗旱指挥部办公室、省应急管理厅于16日18时联合发布青海省防汛风险提示，要求各有关单位及时采取应对措施，切实做好强降雨防范应对工作。

8月17日09时，副省长才让太到省气象局参加会商并进行防汛调度（图1），16时省气象台提前8小时发布暴雨蓝色预警，随即省气象局启动暴雨Ⅳ级应急响应，并提前6小时联合水利、自然资源部门发布大通等地山洪、地质灾害气象风险预警，随后升级发布暴雨黄色预警。市、县气象台提前2小时发布精准到青山乡、青林乡的暴雨红色预警信号。此次过程中，省、市、县三级共

图1　副省长才让太参加全省天气会商
并进行防汛调度

发布预警、预警信号、风险预警18期，受众835.3万人次、应急责任人10.3万人次，红色预警信号全网短信公众接收47万人次。大通县气象台发布精细到乡镇的暴雨红色预警信号3期，其中，17日22时25分发布暴雨红色预警信号，"受强降雨云团影响，预计8月17日22时25分至23时25分多林镇、青林乡、青山乡将出现短时特大暴雨，请有关单位和人员做好防范准备"。

三、多措并举，有效服务，做好山洪灾害气象保障

省气象局第一时间传达学习习近平总书记、李克强总理关于大通山洪灾害的重要指示批示精神，传达学习中国气象局庄国泰局长、青海省委省政府主要领导批示精神，全力做好应急救援气象服务工作。

（一）快速部署，压实责任

山洪灾害发生后，省、市、县三级气象部门迅速行动，18日09时启动气象服务Ⅱ级应急响应，成立大通县"8·18"山洪灾害气象保障服务领导小组，立即派出现场保障组赶赴救援现场，紧急抢修青山乡水毁自动气象站，在沙岱村新建应急气象观测站（图2），强化现场气象保障服务。及时梳理省、市、县三级预报预警服务情况上报中国气象局张祖强副局长，并向中国气象局、青海省委省政府及时报送重大突发事件报告、应急处置报告等。20日，李凤霞局长在青山乡参加省政府抢险救援指挥部专题会议，同日，赴西宁市、大通县气象部门督导山洪灾害气象保障服务。应急救援期间，省气象局参加省政府应急处置调度会议23次，召开领导小组会议6次、全省气象部门视频调度会议5次。

图2　沙岱村新建应急气象观测站

（二）果断叫应，高效联动

根据预报研判，省、市、县三级气象部门严格落实"叫应"制度，及时通过电话、微信开展"叫应"服务 75 次，省气象局主要负责人多次向省委、省政府领导汇报预报预警及天气实况等信息，西宁市气象局叫应市委信息处、市政府应急办及应急、水利、自然资源等部门 7 次。大通县气象局通过电话及时向县政府主要负责人通报了暴雨红色预警情况，通过政府应急工作群、防汛抗旱指挥工作群等微信群和电话叫应应急、水利等单位 20 余次。

（三）精细服务，保障救援

18 日省气象局联合省水利厅、省自然资源厅向省委主要领导报送《大通县"8·18"灾害成因初步分析及预报预警服务情况报告》，联合国家卫星气象中心制作山洪灾前灾后洪水淹没遥感监测图集呈报省政府。应急救援期间，省、市、县三级气象部门严密监视天气变化，加密天气会商，开展精细化的应急救援气象服务，保障灾后救援活动顺利进行。向当地党政及相关部门报送各类决策产品 80 多期，向现场救援指挥部报送青山乡、青林乡逐小时专题天气预报及降水实况产品 58 期。充分利用微信、微博等广泛发布降水天气预报及预警信息，提醒相关单位防范此次过程可能引发的次生灾害，并向公众科普灾害防御指南，确保了气象灾害信息发布渠道畅通、内容精准。

四、气象防灾减灾效益

在大通县"8·18"山洪灾害气象服务中，省、市、县三级气象部门上下联动、精准预报、及时预警，为政府决策和防灾减灾提供了强有力的气象保障，取得了较好的社会与经济效益。

1. 服务精细及时，获党委领导高度评价。8 月 16 日报送的重要天气报告获省委书记信长星、省长吴晓军、副省长才让太的 3 次重要批示。"8·18"大通山洪灾害后，进一步凸显气象工作"科技型、基础性、先导性"社会公益事业的定位，赢得各级政府对气象工作的高度重视，各级党政领导赴气象部门调研防灾减灾工作 58 次，9 月 24 日，省委副书记、省长吴晓军在调研气象服务工作时指出"三个好"，即"气象监测预报预警作用发挥好，气象防灾减灾第一道防线作用好，气象服务保障作用好"，并且说："如果没有气象部门的紧急叫应和政府的果断调度，后果不堪设想！气象部门立了大功，感谢大家！"充分肯定了全省气象系统取得的成绩，高度评价汛期气象服务工作。

2. 强化"叫应"服务，支撑政府精准调度。18 日凌晨，省气象局主要负责人多次向省委、省政府领导汇报气象服务信息，及时开展针对党政主要负责人的"叫应"服务，为防范应对赢得了主动，为党委、政府决策指挥、疏散群众赢得了时间。多部门迅速响应，做到"闻警而动"，紧急转移安置 3346 人，有效避免了更大人员伤亡，为政府精准调度提供支撑。"8·18"大通山洪灾害发生之后，全省先后出现 8 月 21 日、23—24 日、27—28 日 3 次强降水天气过程，省、市、县三级气象部门持续做好强降水监测预报预警服务，充分利用雷达回波路径、降水强度变化、分钟级降水实况资料，强化"叫应"服务，8 月份以来，全省提前转移危险区群众 6.11 万户 20.01 万人次，1483 人因转移而幸免受灾，避免了较大的经济损失，保障了人民生命财产安全。

3. 形成"13131"特色模式，锻炼了气象队伍。在此次强降水气象服务中，学习先进省份服务模式，形成具有本省特色的"13131"预报预警模式（提前"1"周制作《一周天气回顾和展望》，提前"3"天发布《重要天气提示》，提前"1"天发布《重要天气报告》，提前"3"小时发布《重要天气短临预报》，提前"1"小时发布《灾害性天气预警信号》），认真开展递进式预报、渐进式预警、跟进式服务，提前 6 小时发布暴雨预警，为政府决策赢得了时间。此次过程中精准的预报和强有力的科技人才为各级政府在防灾减灾有效防御部署中提供了重要支撑，进一步磨炼了气象队伍，有效检验了气象业务平台、技术装备的实用性和可靠性，气象现代化建设成果得到充分体现。

4. 抢抓机遇，完善机制。省市气象部门抢抓机遇，梳理短板弱项，研究制定政府支持事项。8 月 25 日，西宁市气象局《应对极端天气灾害"五停"工作指引》在市政府常务会审议通过。省气象局完成《青海省建立以气象灾害预警为先导的应急响应联动机制实施意见》，提请省政府审定，并将部门联动机制建设纳入政府规章立项计划。

五、思考与不足

在此次山洪气象灾害服务中，预报预警精准、气象服务精细及时，取得了一定的成绩和经验，但对大通"8·18"山洪灾害进行复盘研究中发现气象服务工作中存在一些短板不足。

1. 山区强降水天气监测能力不足。青山乡、青林乡人口主要分布在山谷、河谷地带，仅 2 个乡镇有气象观测站，上游地区处于强降水监测盲区。山洪、地质灾害易发区天气雷达站网布局和设备性能无法满足预报预警服务需求。

2. "两个叫应"机制尚未完全建立。一是气象部门"叫应"服务主要面向省、市、县三级党政分管负责人和应急、水利、自然资源等行业部门负责人，面向党政主要负责人的"叫应"服务尚不到位；二是地方党政部门对基层责任人的"叫应"机制尚未有效建立，一定程度上影响了政府防灾减灾救灾调度和应急响应联动效果。

3. 短临监测预警能力有待加强。雷达、卫星等多源监测资料、格点实况产品融合应用能力不足，智能客观预报技术不够，客观预报预警产品准确率低、实际业务应用程度不高，多源融合和实况气象数据在预报预警中的智能化程度以及应用能力不高，精准靶向高级别预警信息的发布能力不足，需进一步加强短临监测预警能力。

高位推动　部门协同　防汛抗旱"双线"作战
筑牢气象防灾减灾第一道防线

宁夏回族自治区气象局

作者：王晖　朱永宁　翟颖佳

引言

2022 年 6 月 20 日至 22 日，宁夏出现当年首场久旱转雨、大范围的极端暴雨天气过程，北部和南部多地出现短时强降水，降水量突破历史极值。中国气象局、宁夏回族自治区党委和政府领导高度重视、高位推动，庄国泰局长等中国气象局领导全程指导，自治区政府张雨浦主席专程赴宁夏气象局现场调度、全过程指挥，并在气象信息专报上作出批示，陈春平常务副主席多次调度部署并协调打通"堵点"问题，王和山副主席协调指导中部干旱带、南部山区开展抗旱增雨作业。全区气象部门在防汛与抗旱两个"战场""双线作战"，一边聚焦南、北暴雨区，开展递进式预报预警服务，筑牢气象防灾减灾第一道防线，做到极端暴雨气象灾害"零伤亡"；另一边则聚焦中部干旱带实施"靶向"人工增雨作业，增雨抗旱，保障全区粮食生产"十九连丰"。从实践到机制，双双打通气象灾害高等级预警信息"绿色通道"，保障人民群众生命安全，促进生态恢复，助力"先行区"高质量发展。

一、基本情况

本轮极端暴雨天气过程具有典型的旱涝急转和极端性突出等特点。降雨前多地高温创历史极值，降水偏少，中南部出现严重旱情；后半段全区透雨，其中银川气象站和惠农气象站日降雨量突破同期历史极值。

1. 前期干旱，高温创极值。6 月 19 日之前，宁夏中南部地区出现程度不同的旱情，其中吴忠市盐池县南部和同心县东部长达 133 天累计降水量仅为 27 毫米，出现重旱。6 月 15－19 日，多个市县出现 35℃及以上高温天气，银川、石嘴山、吴忠和中卫的 8 个县区高温日数创 1961 年以来 6 月份极值；银川、石嘴山的 5 个县区最高气温创 1961 年以来 6 月份极值（图 1）。

2. 旱涝急转、日降雨量创极值。受贺兰山、六盘山特殊地形抬升影响，"宁夏川，两头尖"的地形效应显著，全区出现首场大范围透雨，先后出现 3 个阶段强降水，其中心均出现在贺兰山沿山和六盘山区域。全区有 25 站出现 1 小时 20 毫米以上的短时暴雨，169 站出现 1 小时 10 毫米以上的短时强降水；累计降水量有 382 站超过 25 毫米，有 40 站超过 50 毫米，最大累计降水量和最大小时雨强均出现在银川市金凤区黄河东路街道办福通社区，分别为 100.3 毫米和 45.4 毫米/时（21 日 18 时）。20 日惠农站日降水量达 45.3 毫米，21 日银川站日降水量达 65.2 毫米，为 6 月份日降水量极值（图 2）。

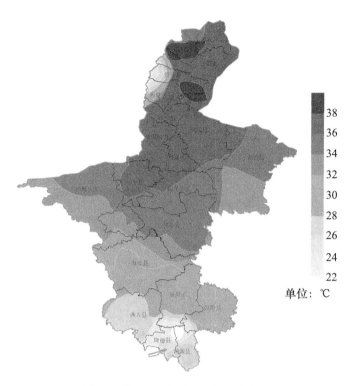

图 1　6 月 16 日宁夏全区高温分布图

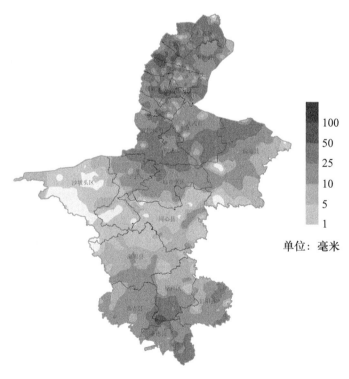

图 2　6 月 20 日 12 时至 22 日 20 时宁夏全区
累计降水量分布图

3. 旱涝并存、利弊相伴，缓解干旱的同时造成银川市部分路段出现积水。2 天内连续 3 个阶段的降雨，一方面有效缓解了中南部部分地区旱情，另一方面加大了山洪、地质灾害和城乡积涝等灾害的风险，导致银川、石嘴山等市不同程度受灾，特别是 21 日短时暴雨突破历史极值，造成银川市内涝山洪并发，出现道路积水点 31 处，小区积水点 51 处。贺兰山陈家沟、贺兰口沟、盘沟、插旗口沟发生小洪水，对市民出行、市政排水产生了一定的影响。

二、监测预报预警情况

针对本次降水天气过程，宁夏气象部门充分应用"睿图"中尺度分析预报平台、"风云地球"平台、基于多源资料的灾害性天气智能判识技术、逐 10 分钟降水预报系统等气象观测预报新平台新技术成果，强化监测分析研判。按照"531－63"的递进式预报预警模式，提前 5 天预报"全区有雷阵雨或阵雨天气"；提前 3 天预报降水天气的主要落区和影响时段；提前 1 天对暴雨落区和影响时段进行细化，精准预报了贺兰山沿山和石嘴山惠农区暴雨；提前 6 小时滚动开展预报预警服务工作；提前 3 小时严密监测天气，及时调整预警信号级别、影响区域和影响时间等。此次过程中，共发布气象灾害预警信息 58 条（其中区级 2 条，市、县级 56 条），暴雨红色预警 4 条，暴雨预警信号提前 225 分钟，受众 188.2 万人次。与应急、农业农村、水利、自然资源、住建等多部门强化信息共享，联合会商研判 20 余次，联合发布山洪灾害气象风险预警 10 条、地质灾害气象风险预警 7 条、城市内涝气象风险预警 2 条。

三、气象服务情况

（一）自治区党委和政府领导高度重视、高位推动，全程给予有力指挥指导

自治区主席张雨浦高度重视、提早部署，20 日下午到宁夏气象局和应急管理厅调度并全程指挥（图 3），明确要求科学研判雨情汛情，深刻认识极端天气危害，立足防大汛、抗大险、救大灾，要做到预报预警和配套措施到位、预案方案和人员物资到位，确保人民群众生命财产安全；21 日在《气象信息专报》上批示要求各部门和相关市、县、区全面启动应急响应，确保无人员伤亡。

图 3　张雨浦主席到宁夏气象局调度指挥

陈春平常务副主席根据雨情多次调度部署、听取区气象局主要负责同志汇报最新实况和预报，20日在地质灾害气象风险预警专报上作出批示，要求气象局及时预警，应急管理等部门联动应对，同时解决难题、推动通信管理局通过三大电信运营商首次开通气象灾害高等级预警信息“绿色通道”，面向银川和石嘴山市全网发布暴雨红色、黄色预警信号。王和山副主席连夜协调兰州军区空军司令部（简称兰空）为人工增雨抗旱开通空域“绿色通道”。

（二）防汛与抗旱“双线作战”，全程开展递进式预报、直通式跟进式气象服务

聚焦南、北暴雨区，宁夏气象局主要负责同志面向自治区党委和政府领导全程开展递进式预报、直通式跟进式气象服务40余人次，市、县气象部门面向地方领导开展叫应服务近200人次，向各级党政领导、应急责任人、气象信息员发送短信10万余条。20日12时30分，全区气象部门启动暴雨Ⅳ级应急响应（图4），逐6小时报送气象信息专报；21日01时40分升级为Ⅲ级应急响应，逐2小时滚动通报最新雨情及预报信息，整个过程中共报送各类决策服务材料65期（图5），为各级党委和政府组织防御提供了高频次、高质量的决策支撑。聚焦中部干旱带，在自治区政府有力协调下，实施飞机人工增雨作业2架次，累计作业时长6小时37分钟，同时开展地面增雨作业，中部干旱带大部出现10～25毫米降雨，盐池县西北部等地普遍达到17～38毫米，重旱得到一定程度缓解。

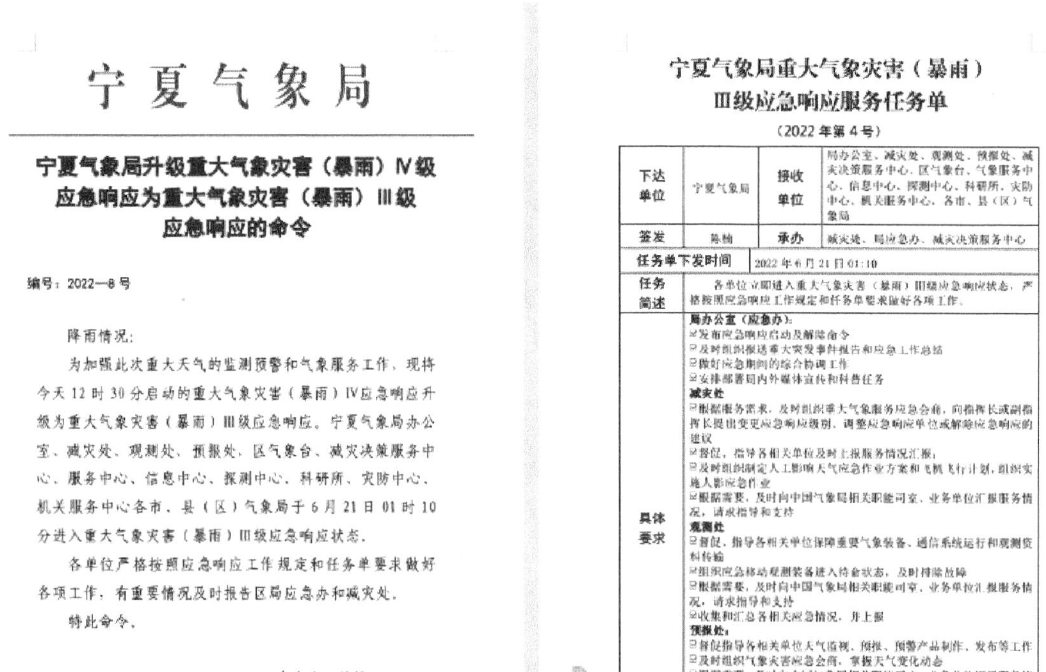

宁夏气象局

宁夏气象局升级重大气象灾害（暴雨）Ⅳ级应急响应为重大气象灾害（暴雨）Ⅲ级应急响应的命令

编号：2022—8号

降雨情况：

为加强此次重大天气的监测预警和气象服务工作，现将今天12时30分启动的重大气象灾害（暴雨）Ⅳ应急响应升级为重大气象灾害（暴雨）Ⅲ级应急响应。宁夏气象局办公室、减灾处、观测处、预报处、区气象台、减灾决策服务中心、服务中心、信息中心、探测中心、科研所、灾防中心、机关服务中心各市、县（区）气象局于6月21日01时10分进入重大气象灾害（暴雨）Ⅲ级应急响应状态。

各单位严格按照应急响应工作规定和任务单要求做好各项工作，有重要情况及时报告区局应急办和减灾处。

特此命令。

命令人：陈楠

2022年6月21日01时10分

宁夏气象局重大气象灾害（暴雨）Ⅲ级应急响应服务任务单

（2022年第4号）

下达单位	宁夏气象局	接收单位	局办公室、减灾处、观测处、预报处、减灾决策服务中心、区气象台、气象服务中心、信息中心、探测中心、科研所、灾防中心、机关服务中心、各市、县（区）气象局
签发	陈楠	承办	减灾处、局应急办、减灾决策服务中心
任务单下发时间	2022年6月21日01:10		
任务简述	各单位立即进入重大气象灾害（暴雨）Ⅲ级应急响应状态，严格按照应急响应工作规定和任务单要求做好各项工作。		
具体要求	**局办公室（应急办）：** ☑发布应急响应启动及解除命令 ☑及时组织报送重大突发事件报告和应急工作总结 ☑做好应急期间的综合协调工作 ☑安排部署局内外媒体宣传和科普任务 **减灾处** ☑根据服务需求，及时组织重大气象服务应急会商，向指挥长或副指挥长提出变更应急响应级别、调整应急响应单位或解除应急响应的建议 ☑督促，指导各相关单位及时上报服务情况汇报； ☑及时组织制定人工影响天气应急作业方案和飞机飞行计划，组织实施人影应急作业 ☑根据需要，及时向中国气象局相关职能司室、业务单位汇报服务情况，请求指导和支持 **观测处** ☑督促，指导各相关单位保障重要气象装备、通信系统运行和观测资料传输 ☑组织应急移动观测装备进入待命状态，及时排除故障 ☑根据需要，及时向中国气象局相关职能司室，业务单位汇报服务情况，请求指导和支持 ☑收集和汇总各相关应急情况，并上报 **预报处：** ☑督促指导各相关单位天气监视、预报、预警产品制作，发布等工作 ☑及时组织气象灾害应急会商，掌握天气变化动态 ☑根据需要，及时向中国气象局相关职能司室，业务单位汇报服务情况，请求指导和支持 ☑收集和汇总各相关应急情况，并上报 **减灾决策服务中心：** ☑组织撰写发布决策服务材料，针对性做好精细化决策气象服务		

图4　宁夏气象局应急响应命令及服务任务单

图 5　宁夏气象局局长罗慧亲自指导修改决策气象服务材料

（三）强化气象灾害预警先导作用，指挥部成员单位和全社会形成防灾减灾救灾合力

自治区气象灾害防御与人工影响天气指挥部 20 日印发《关于应对 6 月 20—22 日降雨天气的通知》，各市、县指挥部也跟进分别印发通知。自治区防汛抗旱指挥部根据气象灾害预警信息及时启动Ⅳ级应急响应，召开调度会布置防汛工作。银川、石嘴山、固原等地市气象、应急、住建、水务、市政等部门强化联动，共同防范应对城市内涝、山洪地质灾害。宁东能源化工基地管委会根据气象预报预警信息检查户外施工场地的排水、用电、原材料保护等各项措施。注重面向公众做好气象信息服务，20 日召开媒体通报会（图 6），面向媒体发布新闻通稿 24 条，通过宁夏新闻网等社会主流媒体、微信、抖音等多渠道发布天气及科普信息 179 条，受众超 72 万人次。

图 6　宁夏气象局针对此次天气过程召开媒体通报会

四、气象服务经验启示与防灾减灾效益

一是筑牢气象防灾减灾第一道防线,实现极端暴雨"零伤亡"。 此次降水天气过程宁夏各级气象部门预报准确、预警及时、服务到位,自治区领导高位推动,气象灾害防御指挥部各成员单位高效联动,实现气象灾害"零伤亡",得到了自治区领导、相关部门的高度评价和一致认可,年底各市政府均向宁夏气象局致信感谢。

二是从实践到机制,双双打通气象灾害高等级预警信息"绿色通道"。 针对北部强降水,通过三大电信运营商首次开通气象灾害高等级预警信息"绿色通道",面向 350 万人全网发布暴雨红色、黄色预警信号,最大程度减少了灾害带来的财产损失,无人员伤亡。由此推动自治区党委宣传部、自治区广电局等 5 部门签订合作备忘录,形成气象灾害预警信号电视游飞字幕和广播插播机制。推动气象灾害高等级预警信息"绿色通道"发布步入正轨,社会效益明显。

三是增雨抗旱,保障全区粮食生产"十九连丰"。 人工增雨过程累计作业影响面积约 7.6 万平方千米,作业区及影响区平均降雨量 8 毫米,增加降雨约 12518 万立方米。降水有效补充了农田土壤水分,极大地缓解了中南部旱情(据不完全统计,缓解重旱约 1000 平方千米,中度旱情 2000 平方千米,解除旱情 4000 平方千米)。中南部地区雨后抢种糜子、荞麦等秋杂 100 余万亩,保障全区粮食生产"十九连丰"。

四是促进生态恢复,助力"先行区"高质量发展。 此次降雨,极大增加了森林草原区的含水量,为植被生长提供了有利的降水条件,尤其是贺兰山和六盘山区。据 FY-3D/MERSI 监测显示,2022 年 5 月宁夏全区归一化植被指数平均值为 0.274,虽植被长势差于 2021 年同期,但 6 月全区植被指数平均值为 0.362,较 5 月增大 32.1%,极大促进了全区"三山一河"生态恢复,生态效益明显。

"9·8" 中哈边境森林草原入境火灾应急气象保障服务案例

新疆博尔塔拉蒙古自治州气象局

作者：杨军民　景继福　吴博文

　　2022 年 9 月 8 日 10 时 15 分，哈萨克斯坦国境内发生森林草原火灾（图 1），火场位置距离我国新疆博尔塔拉蒙古自治州（简称博州）铁列克特地区与哈萨克斯坦国边境线交界 15 千米处。受气候干旱及风力风向影响，9 月 8 日 22 时 40 分，火势迅速蔓延至博州境内铁列克特 288 至 289 号界碑区域，夏尔希里国家级自然保护区受到严重威胁。博州气象局迅速响应，周密部署，强化会商研判，密切关注天气系统演变，做到主动对接、上下联防、及时预报、滚动服务，成功实施人工增雨作业。新疆气象局领导高度重视，多次作出指示和要求，为全力打赢森林草原防灭火攻坚战提供了重要气象服务支撑，充分发挥了气象防灾减灾"第一道防线"作用。

图 1　新疆博州"9·8"中哈边境森林草原入境火灾现场

一、基本情况

　　1. 火灾发生地点。火场中心坐标为东经 82°19′12″，北纬 45°14′24″，位于博尔塔拉军分区边防六连铁列克特哨所至江巴斯边防连区域，处于博乐市、阿拉山口市、双河市交错地带，最近处距夏尔希里国家级自然保护区核心区约 17 千米，地理位置十分特殊和敏感。

　　2. 火场基本情况。主火场区域位于阿拉套山山脉铁列克特至江巴斯地带，该区域山高坡陡，沟壑众多，遍布裸岩，地形条件复杂，海拔 1200～3700 米，坡度 40～70 度，最大山体坡度在 80 度以上。次火场为阿拉山口火场，该区域为丘陵地形，海拔在 1200 米以下。火场区域高山带为高山草甸，呈斑状分布。火场常年禁牧，地下可燃物从未被清理，林下、草下可燃物不断积累，腐殖层厚达 50 厘米，可燃物载量大。

3. 前期火场气象条件。"9·8"火灾入境时，正值博州地区季节转换，天气干旱少雨，边境山区大风天气较多。起火后，火场区域山顶为 5 级阵风，火借风势加速了火势的蔓延。据邻近火场自动气象站资料显示，9 月 8 日 20 时，入境火点及阿拉山口地区风力加大，火点位置西北风 6 级。前期气象条件给入境森林草原防灭火工作增加了难度。

二、应急气象保障服务情况

（一）及时发现，迅速响应

2022 年 9 月 8 日 11 时，博州气象台通过 FY-4A 气象卫星监测到博乐市夏尔希里边境出现火点，州气象台实时制作《气象卫星火点监测报告》，监测报告中指出："火点中心坐标为 82.32°E，45.25°N，过火面积约 45 平方千米。12 时 05 分，夏尔希里东气象数据为：温度 20.8 ℃，风速 4.5 米/秒（3 级），风向东南风。"

主要领导第一时间将火情监测情况向新疆气象局领导和州党委、政府领导报告，向应急、林草、消防等相关部门通报气象卫星火点监测情况。当晚，在自治州森林草原防灭火指挥部全体会议中，博州气象局将卫星遥感技术开展火情实时监测的情况向指挥部决策领导进行了汇报，并通报了境内外火点位置和火灾面积。入境火灾发生后，博州气象局立即启动森林草原防灭火气象保障 IV 级应急响应，成立气象保障服务工作领导小组，明确监测、预报、人影以及后勤保障等工作组职责。根据自治州森林草原防灭火工作部署要求，将应急响应升级为 III 级。严格按照防灭火应急响应做好 24 小时值守工作，密切监视火情及天气变化，为全力以赴打好森林草原灭火攻坚战做好气象保障。

（二）精密监测，抢占先机

为掌握火场区域第一手气象资料，博州气象局主要领导亲自安排，分管领导带领气象监测组逆风而行，奔赴火场一线，在重点防控区域安装应急观测设备 3 套（图 2），24 小时连续开展要素监测，分析气象要素变化，为森林草原防灭火指挥部提供宝贵、精准和科学的决策依据。指派专人在州森林草原防灭火前方指挥部参与值班，每半小时将气象监测信息和天气情况向自治州森林草原防灭火指挥部、兵团第五师、边防支队、应急管理、林草等部门报送，为快速反应处置提供了有力保障。9 月 11 日在火场区域火势未灭的情况下，组织人员前往火场抢修自动站 2 次，有力地保障了火场气象信息数据的连续性和完整性。

（三）精准预报，提供决策

此次火灾发生后，博州气象局预报员强化数值预报资料应用，加强与自治区气象台研判会商，紧盯火点区域气象要素变化，于 9 月 9 日 11 时开始至 25 日 20 时，逐小时发送 3 个火点自动气象站实时监测信息，为现场指挥部和兵地灭火部门提供实时气象监测信息 101 期。防灭火期间，共向州指挥部及相关部门报送《气象卫星火点监测报告》9 期，《博州森林草原防灭火气象服务专项》22 期，《重要气象情报》1 期，《防灾减灾多部门联合会商专报》3 期，发布雷电、大风、暴雨等预警信号 4 期，向州森林防灭火指挥部决策领导发送实时气象服务短信 2560 条。

图 2 野外气象监测组安装应急观测设备

（四）兵地联合，增雨灭火

9 月 8 日 16 时，州气象台发布《重要气象情报》提出 "9 月 11 日至 12 日，各地有小到中雨，博乐及以西地区中雨，山区局部大到暴雨，高海拔山区为雨夹雪或雪"。根据气象预测信息，自治区人影办下发了 3 期火场人工增雨预案，州人影办制定了兵地联合人影增雨作业方案。州人影办与新疆生产建设兵团第五师气象局协同作战，共组织 40 人 12 辆作业车，储备弹药 280 枚，1 座北斗碘化烟炉。11 日 14 时全部到达 6 个预设点位，21 时 20 分，开始增雨作业（图 3），至次日 08 时，共作业火箭弹 163 枚，点燃地面烟条 55 支。作业后影响区域普降中到大雨，局部大到暴雨，火场周边中到大雨。在自然降水和人工影响天气的共同影响下，入境森林草原火势蔓延得到有效控制，为后期扑灭火工作奠定了坚实基础。

图 3 在上游山区实施人工增雨作业（左）及作业待命（右）

三、气象防灾减灾经验和成效

这次火灾应急气象保障服务过程中，博州气象局充分发挥了 "消息树" "发令枪" 的作用，第一时间发现并上报，第一时间组织开展监测预警，第一时间进行分析研判，第一时间赶赴现场开展气象服务，第一时间抓住有利时机开展人影作业，为最快速度实现灭火扑救工作赢得了时间和主动权。

1. 部门上下联动优势是防灭火气象服务成功的重要支撑。"9·8"中哈边境森林草原入境火灾发生后，新疆气象局领导高度重视，多次对森林草原防灭火应急气象保障服务开展视频调度。自治区气象局党组副书记、局长崔彩霞，副局长何清、张永刚对灭火气象保障工作提出要求，强调要切实发挥气象防灾减灾"第一道防线"作用，加强火点周边气象监测，运用卫星遥感监测技术为灭火工作提供决策；适时开展人工增雨作业；要求自治区气象局相关处室做好对博州气象部门灭火工作的指导。自治区卫星站为博州气象局提供了卫星遥感监测技术指导，同时制作卫星监测产品，相互印证卫星遥感监测数据；自治区气象台会同研判天气会商 19 次，指导制作专题产品；减灾处、观测与网络处多次指导灭火气象服务工作，自治区人影办针对博州火情专门制定了 3 套博州火场人工增雨预案。通过上下联动，团结协作，为防灭火精细调度提供了决策依据，发挥了气象防灾减灾"第一道防线"作用。

2. 凸显了气象科技在森林草原防灭火决策保障中的作用。第一时间利用 FY-4A 气象卫星监测中哈边境森林火点，密切关注火情演变和云系发展。发现火情后，博州气象局积极响应，主动作为，派出野外应急气象保障队伍，在火场周边架设自动气象站，为森林草原防灭火指挥部提供精准和科学的决策依据。积极组织地面增雨作业，作业效果明显。利用风云卫星遥感技术手段，时刻监测火情，制作专项监测产品，全力配合火场气象保障服务，及时发布各类气象预测信息及产品，取得了很好的服务效果，受到自治州森林防灭火指挥部决策领导的高度肯定。

3. 探索形成了兵地人影协作在森林草原防灭火工作的典型范例。通过兵地联合开展人工影响天气作业，进一步完善了人工影响天气联防工作机制，统一制定作业方案，统一指挥协调，统一实施人影作业，实现了兵地之间雷达、地面气象自动站监测数据的资源共享，有效提升气象监测预警能力，为后期兵地气象部门深化合作交流奠定了坚实的基础。人工影响天气作业的成功实施，有效控制了火势蔓延，得到了上级的肯定，获得自治州通报表扬。

4. 明确了气象部门应急服务保障的工作职责。博州森林草原防灭火指挥部办公室印发了《博州边境森林草原入境火灾应急处置预案综合协调组和火情监测组实施方案》，博州气象局被列为综合协调领导小组成员单位，并作为火情监测组牵头单位。自治州人民政府将完善森林草原防灭火自动气象站布设，提升博州监测森林草原火灾能力及快速响应能力，将常态化开展森林草原火险等级监测和预报预警服务等工作纳入自治州林草重点工作。

5. 彰显了气象干部职工敢于担当的优良作风。火情就是命令，做好森林草原防灭火气象服务是气象部门重要职责。此次森林火灾应急气象保障服务过程中，博州气象干部职工临危不惧、冲锋在前。应急气象服务人员风餐露宿，克服大风低温、山高路险等重重困难，保质保量按时完成了森林草原防灭火气象保障服务任务，既体现了团队协作、甘于奉献的精神，同时展现了气象部门的良好形象。

6. 气象服务工作得到地方领导高度肯定。此次森林草原防灭火工作做到了监测精密、预报精准、响应及时、措施得力、服务到位。期间参加前方指挥部会议 8 次，进行专题汇报 5 次，牵头负责火情监测工作，获得自治州森林草原防灭火指挥部的通报表扬（图 4），收到自治州应急管理局、林业和草原局送来的感谢信（图 5），地方财政支持森林草原防灭火气象保障专项经费 39 万元。气象保障服务工作得到了地方党政领导的充分肯定，指挥长乌马尔江常委说：“火灾发生以来，州气象局监测预警服务到位，在应对突发灾害时反应迅速，人影作业效果显著，为森林草原扑灭火发挥了重要作用。”副指挥长吾尔肯副州长说：“如果没有精准的气象预报和人影增雨作业，这场大火可能持续时间更长，造成的损失更大。”

图 4　关于表扬 2022 年新疆博州中哈边境铁列克特区域 "9 · 8"
入境较大森林草原火灾处置工作表现突出单位的通报

图 5　博尔塔拉蒙古自治州应急管理局感谢信

守护粮食安全"国之大者"
气象服务助力秋粮再丰收

国家气象中心

作者：韩丽娟　刘维　何亮

悠悠万事，吃饭为大，粮食安全是国家经济社会发展的"压舱石"。2022 年国际局势动荡、农资价格高涨，叠加长江流域夏秋极端高温干旱、东北黄金玉米带夏季农田持续渍涝等气象灾害，将粮食生产的关注程度推到了前所未有的高度。为了全方位保障秋粮丰产丰收，夯实粮食根基，国家气象中心坚持把保障粮食安全气象服务作为气象工作的重中之重，强化粮食主产区转折性、关键性、灾害性天气精细化预报，全力做好农业生产全过程气象保障服务，为实现全年粮食稳定在 1.3 万亿斤以上目标提供了坚实的气象保障服务。

一、主要农业气象条件及影响

2022 年秋粮生产面临多重极端天气考验，播种期东北干旱、夏秋季南方持续性高温干旱、夏季东北极端强降水都对粮食安全构成了严重威胁。尤其是 6 月中旬至 8 月底，南方农区出现大范围高温天气，40 ℃以上高温覆盖范围广、持续时间长，多地高温强度破历史极值，综合强度达 1961 年以来最强。其中江淮、江汉、江南及四川盆地大部连续高温日数达 15～28 天，无降水日数达 40～50 天，较常年同期偏多 8～15 天，均达到历史极值。持续高温少雨导致江河、库塘蓄水明显减少，农田土壤墒情下降，江西、湖南、浙江东南部、重庆、四川东部、湖北东南部等地出现轻至重度农业干旱。长江流域一季稻结实率降低、空秕粒增加、灌浆期缩短、千粒重下降；玉米出现秃尖和缺粒，大豆结荚率降低，棉花落铃增加，各种作物产量受到不同程度影响。

东北地区中南部等地出现叠加性强降水过程，部分农田渍涝灾害严重。6 月至 8 月中旬，辽宁中北部、吉林中南部、山东西北部和南部等地降水过程频繁，雨量显著偏多且落区高度重叠，其中吉林中南部、辽宁中北部土壤过湿天数多达 40～80 天，部分农田土壤水分持续过饱和，低洼田块因积水时间长而导致作物遭受较严重渍涝灾害，受灾严重地区玉米、大豆等旱地作物植株萎蔫变黄甚至死亡，产量受到较大影响。

二、气象预报和服务情况

（一）准确预测作物产量，为政府部门决策打足提前量

基于气象统计、作物生长模拟、卫星遥感、农学模型的作物产量多模型集成预报技术，实现作物产量全时段的动态预报，科学预测夏收粮油、秋收作物及全年粮棉作物产量，并以中国气象局文件上报党中央国务院。2022 年全国秋粮和全年粮食总产量预报准确率分别为 99.95％和 99.96％，均创近 5 年新高，为国家决策提供有力支撑。

（二）首次发布农业气象灾害风险预警，发挥防灾减灾"第一道防线"作用

国家气象中心联合农业农村部种植业司，首次开展农业气象灾害风险预警服务，通过国家突发事件预警平台、CCTV-1 新闻联播天气等渠道提前 3～7 天发布干热风灾害风险预警 2 期、农业干旱灾害风险预警 2 期、一季稻高温热害风险预警 4 期、冬小麦孕穗期低温 1 期、东北湿涝风险预警 1 期。同时，结合气象卫星地表高温频次和面积，利用自动土壤水分观测和中国气象局陆面数据同化系统 CLDAS 融合后的土壤相对湿度，综合评估夏季南方高温干旱对农业生产的影响；利用 CLDAS 产品反演土壤过湿天数定量评估东北地区农田渍涝实况，分类分策指导各地做好农业防灾减灾工作，充分发挥防灾减灾"第一道防线"作用，获得各级领导和用户充分肯定。

（三）服务调研两手抓，助推服务产品更接地气

国家气象中心紧跟天气形势和农事进程，打破常规，主动开展"分区域、分作物"服务，2022 年新增东北春播期地温和墒情监测、冬小麦春管服务专报、南方双抢服务专报。同时，组织农业气象服务专家针对本年度罕见的南方高温干旱、北方低温渍涝开展技术研讨，联合中国气象科学研究院和省级相关单位开展农情灾情调研，形成《东北三省农作物生长状况调查报告》《南方双季早稻生长状况调查报告》《高温干旱对南方农业生产影响调研报告》，使得气象服务真正走到田间地头，助推农业气象服务产品更"接地气"。

（四）做好全球监测和预报服务，守护国家粮食总体安全

发挥全球气象监测和卫星遥感监测优势，做好全球监测和预报服务。2022 年除完成南美大豆，巴西玉米，美国小麦、玉米、大豆，印度小麦、水稻，加拿大小麦，全球主产国蔗糖 9 类产量预报外，针对俄乌冲突对我国大麦油料粕饼等进口影响，提出加强食物安全气象服务保障能力，并制作 2 期专题决策材料报送国务院研究室（简称国研室）；针对国际热点问题，制作《汤加火山喷发使未来两年全球粮食生产面临的不确定性增加　需提前统筹谋划规避风险》《高温干旱对全球粮食生产的影响及乌克兰作物产量预测分析》等专题材料报送两办（中共中央办公厅和国务院办公厅）、国研室、发改委等单位。

（五）科学分析农业气候资源禀赋，助力大豆和油料提升工程

深入贯彻落实 2022 年中央一号文件"要大力实施大豆和油料产能提升工程"要求，针对我国东北大豆和南方油菜主产区，分析了近 30 年（1991—2020 年）气候背景下农业气候资源、农业气象灾害、气候适宜度和潜在种植区等变化及趋势，对合理利用气候资源、调整播期和品种、优化种植区域、提升气象灾害防御能力等提出科学建议，并报送两办、国研室等决策部门。

三、技术支撑与创新做法

（一）持续优化农业气象业务体系，助力服务精细化定量化

国家气象中心聚焦"质量提升年"行动，强化技术支撑，构建了更加完善的农业气象业务体系。一是继续完善"智能网格预报实况＋农业气象指标与模型"的农业气象业务体系，提升服务产品的精细化和机理性。在 2022 年春耕春播、夏收夏种和秋收秋种等关键农时气象服务中，均实现了"智能网格预报＋适宜度指标"的精准农用天气预报服务。二是基于智能网格天气预报数据、作物发育期监测预报和农业气象灾害指标，形成"分作物、分灾种、分区域"全国精细化农业气象灾害监测预报业务流程,建成了 1981—2022 年全国农业气象灾害个例库,构建了主要大宗作物农业气象灾害风险预警技术流程,也是支撑开展农业气象灾害风险预警的核心关键技术。三是着力打造新一代中国农业气象业务系统(Web-CAgMSS),提升系统的自动化和智能化水平,以及对智能网格实况和预报数据、卫星遥感数据的分析处理效率,保障了农业气象业务真正实现由站点向网格的跨越。

(二)积极探索农业气象业务服务"早、准、快",进一步提升为农服务效益

2022 年农业气象服务重点探索"早、准、快"。"早"体现在提早研判农业气象年景和农业气象灾害风险;提早制定周年服务方案和专项工作预案;提早发布风险预警和农用天气预报。"准"体现在准确把握大宗作物产量限制的关键气象因子、关键时段和主要灾害,"准"也体现在多模型、多指标综合研判,并给服务对象提供科学指导。"快"体现在国省之间、部门之间沟通无障碍,快速联动,发挥服务信息最大效益;还体现在将农业气象服务信息第一时间通过 CCTV-1 新闻联播天气预报、CCTV-17 农业气象栏目及时传递给农业生产管理者、种植大户,并通过国家预警信息发布平台实现精准靶向发送。2022 年南方干旱和东北早霜冻提前 10 天精准预报、及时服务受到了农业农村部、统计局等相关部委的高度评价和表扬,各部门及时采取相应措施最大限度将灾害损失降到最低。

(三)充分发挥全国农业气象服务专家组作用,深度复盘关键农事服务和重大农业气象灾害

针对 2022 年南方旱情对油菜、油茶、柑橘等作物影响,以及大风降温、寒潮等高影响天气,国家气象中心充分发挥全国农业气象服务专家组牵头单位的作用,及时组织研讨和会商,确保服务针对性、精准性和一致性。专家组联合开展农情灾情调研,形成调研报告,助推农业气象服务产品"接地气""有威力"。组织召开东北渍涝、南方高温干旱服务与技术复盘论坛、秋收秋种服务工作总结会,进一步总结经验、查找不足,提高服务质量,同时通过带动业务人员交流,提升农业气象服务队伍综合素养。

(四)加强部门合作互动,发挥服务信息最大效益

继续深化与农业农村部有关部门的合作,强化信息共享和服务反馈,双方在"保夏粮丰收""联合开展农业气象灾害风险预警工作"等一系列框架协议下,发挥各自部门优势,联合开展会商研判,共同发布农业气象灾害风险预警服务,保障了秋粮丰产丰收;2022 年以来,国家气象中心与农业农村部种植业司、市场司、规划院、农技推广中心等部门开展会商 30 余次。加强与国务院政策研究室、国家粮油信息中心等合作,对接大宗作物全链条保障服务需求,为保障国家粮食安全及时提出防范应对风险的决策建议。

四、主要经验和成效

(一)强化组织部署,提高服务前置思维

国家气象中心将粮食安全、保夏粮秋粮丰收气象保障等纳入中心年度重点工作和目标考核任务,印发了《国家气象中心春季农业生产和夏粮保丰收气象服务工作方案》《国家气象中心农业气象灾害风险预警工作方案》《国家气象中心保秋粮丰收气象服务工作方案》。成立了"为农服务"工作专班,分管领导挂帅、各部室联动,强化工作交流合作;组建了农业气象灾害风险预警技术攻关小组,与中国气象局公共气象服务中心成立"保秋粮丰收联合工作专班",将独特的专业优势落地成为精细化服务产品,通过更加贴心的方

式、便捷的渠道，让农户看得懂、用得上，真正为粮食丰产丰收保驾护航。

（二）推进党建与业务深度融合，献礼党的"二十大"

国家气象中心始终以习近平总书记关于"三农"工作重要论述和对气象工作的重要指示精神为指导，贯彻落实党中央、国务院关于做好农业生产的决策部署，以做好气象为农服务、守护国家粮食安全作为贯彻落实"二十大"精神的重要实践。国家气象中心党委多次召开专题会议，深入学习党中央、国务院有关农业生产的工作部署，加强政治学习，提高政治担当，增强粮食安全保障服务的责任感和使命感，开展"人民至上、生命至上"主题实践活动，设立党员先锋岗，组建农业气象灾害风险预警技术攻关小组，发挥党员先锋模范作用。2022年春耕春播服务、保夏粮丰收气象服务、保秋粮丰收气象服务工作获中国气象局先进集体表彰，6人获优秀个人表彰。《提升气象为农服务保障国家粮食安全——黑龙江大豆扩种气象服务调研》获评中央和国家机关青年理论学习小组"关键小事"调研攻关活动优秀成果三等奖。

迎战有完整气象记录以来最强高温过程 全力做好气候保障服务

国家气候中心

作者：赵琳　李修仓　李威　章大全

摘要：2022年6月13日至8月30日，我国中东部地区出现了大范围持续高温天气过程，具有持续时间长、范围广、强度大、极端性强等特点，其综合强度为1961年有完整气象观测记录以来最强。国家气候中心高度重视高温气象服务工作，2022年适时多次与省级气象部门和相关行业部门开展气候趋势预测联合会商，及时提供高温监测预报服务材料，策划组织主流媒体采访近百次，为应对高温提供保障，取得良好的服务效果。

一、引言

2022年6月13日至8月30日，我国中东部地区出现大范围持续高温天气过程。此次高温过程主要有以下几个特点：

（1）持续时间长。此次高温事件持续79天，为1961年以来我国持续时间最长高温过程，远超2013年（62天）和2017年（50天）的典型高温事件。湖南祁阳、江西上饶、浙江常山、福建浦城等15个市县连续高温日数达42天。气象卫星数据监测显示，华北东南部、黄淮西部、江淮、江汉、江南大部、西南地区东部等地地表温度高于40℃的日数在40天以上。

（2）影响范围广。此次高温事件35℃以上覆盖1692站（占全国总站数70%），为1961年以来历史第2多，仅次于2017年的1762站（占全国总站数73%）；37℃以上覆盖1445站（占全国总站数60%），为1961年以来最多；40℃以上覆盖范围达102.9万平方千米，为1961年以来最大。

（3）极端性强。此次高温事件全国共1056个国家气象站（占全国总站数43.6%）日最高气温达到极端高温事件标准，有361站（占全国总站数14.9%）达到或突破历史日最高气温极值；重庆北碚日最高气温连续2天达45℃。

综合考虑持续时间、影响范围和平均强度，此次高温过程为有完整气象记录以来最强高温过程，对生产生活、生态环境、能源供应等造成严重不利影响，主要表现如下：

（1）南方地区农作物、经济林果生长发育受到影响。持续高温少雨导致南方地区农业干旱迅速发展。高温干旱对一季稻开花授粉和灌浆、玉米抽雄吐丝、晚稻返青分蘖和棉花开花结铃造成不同程度影响，部分地区柑橘、芒果、香蕉等出现裂果、落果、日灼伤害等现象。

（2）鄱阳湖、洞庭湖水体面积明显缩小。持续高温少雨导致南方地区江河、库塘蓄水明显减少。气象卫星数据显示：8月21日鄱阳湖和洞庭湖水体面积分别约为1010平方千米和546平方千米，较近10年同期平均值减小约65%和60%，均为近10年面积最小值。

据江西省应急管理厅消息，鄱阳湖提前 100 天进入枯水期。

（3）四川、重庆等多地发生森林火灾。持续高温干旱导致我国南方地区火灾风险提升，火点数量显著增多。经统计，2022 年 8 月中、上旬，四川、重庆等火点数量相比前一年同期增多 8 倍以上，为近 20 年同期最大值。

（4）四川等多地用电需求激增，能源供应紧张。持续高温致使华东、西南两个区域电网以及浙江、四川、重庆等 12 个省级电网负荷累计 30 次创历史新高。其中，四川省于 8 月 21 日启动突发事件能源供应保障一级应急响应；重庆、上海、江苏、浙江等地工厂安排错峰生产，让电于民。

二、监测预报预警情况

2022 年 3 月底，国家气候中心发布《汛期全国气候趋势及主要气象灾害预测意见》中，预测 2022 年夏季我国中东部大部气温偏高，华东、华中、新疆等地高温（≥35 ℃）日数较常年同期偏多，可能出现阶段性高温热浪。5 月底，在《2022 年汛期全国气候趋势及主要气象灾害滚动预测意见》中，预测出 7—8 月南方高温伏旱影响重，主要发生在华东、华中等地，可能出现高温过程长的情况。此后，国家气候中心定期发布气候趋势滚动预测，对高温过程进行滚动跟踪预测。

国家气候中心对此次高温过程进行了科学诊断分析。发现全球变暖背景叠加大气环流异常是导致极端高温热浪发生的根本原因。

首先，全球气候变暖是造成极端高温发生的大气候背景。在全球变暖的气候背景下，平均温度升高，高温天气的发生也趋于频繁。20 世纪中期以来，我国气候变暖的幅度明显高于同期全球平均水平，极端高温事件增多增强或已成为新常态。

其次，持续性大气环流异常是持续高温天气形成的直接原因。6 月我国东部地区的高温主要受到西风带暖高压和西太平洋副热带高压的共同影响；7 月以来我国东部高温主要受到西太平洋副热带高压偏强偏大且异常西伸的影响。在暖高压控制的地区，盛行下沉气流，不易成云致雨，天空晴朗少云，太阳辐射强，近地面加热强烈，极易形成持续性高温天气。

气候模式预估结果表明，未来我国极端高温事件在不同排放情景下均呈增多趋势。到 2035 年前后，类似于 2013 年、2022 年夏季的极端高温事件在我国中东部地区可能会变为两年一遇，到 21 世纪末我国中东部许多地区发生极端高温事件的风险则将是目前的几十倍。

从全球来看，未来高温干旱复合型极端事件发生的概率和风险也将持续增加。未来欧亚大陆北部、欧洲、澳大利亚东南部、美国大部分地区、印度和中国西北部地区的高温干旱复合型极端事件都将增加。到 21 世纪末，北半球复合极端高温事件发生的频率将是现在的 4~8 倍，未来高温干旱复合型极端事件的风险强度也将持续增加。未来"小概率高影响"事件也更易于出现，应加强防范极端气候风险带来的严峻挑战。

此外，监测国家级气象站每日气温、降水等气象要素突破极端值情况。根据监测结果，及时制作短信息，快捷报送相关决策部门。

三、气象服务情况

国家气候中心高度重视本次高温天气过程气象服务工作，加强对高温过程的监测预报，及时报送决策服务材料，为高温灾害风险应对工作提供保障。

（一）联合行业部门加强会商预测研判

国家气候中心多次联合水利部、应急管理部、三峡集团等部门开展会商，共同研判高温过程的发展及影响；并与省级气象部门进行高温专题会商，通过国省两级合作，摸清高温过程实况及其对当地经济社会发展的影响。及时提供防范建议，提醒决策部门和社会公众注意高温热浪对人体健康的不利影响，做好防暑降温，要应对长时间高温天气带来能源电力供应紧张状况，做好应急准备工作。

（二）精细化做好气候决策服务

针对高温过程发展实况及其可能造成的影响，滚动监测高温持续时间、影响范围、极端性等，及时报送《重要气候信息》《专题材料》等决策服务材料累计 17 期，平均每 5 天 1 期。定期报送《气候趋势滚动预测》《能源保供气象服务专报》等累计 21 期，平均每 4 天 1 期。为各地部署高温应对工作提供决策依据。

持续性的极端高温事件以及叠加的干旱灾害等对粮食安全、水资源、生态系统、人体健康、能源保供、交通运输等领域带来诸多不利影响，为加强应对气候变化和极端事件风险能力，我们除在每期决策服务材料中提出阶段性应对建议外，还在本次高温过程结束后，对其进行了综合性、系统性总结分析，并提出如下综合建议。

一是构建气候变化风险早期预警体系。深化极端气候事件变化时空规律及其影响机理研究，加强极端天气气候事件的综合实况监测，提升无缝隙、全覆盖精准预报预测水平，大力发展极端天气气候事件和复合型灾害预警技术，强化预警信息发布和风险防范体系。

二是开展气候变化综合影响评估，提升重点行业领域对极端事件的适应韧性。加强高温干旱等气象灾害对农业生产、电力系统供需、水资源等影响评估技术研究；研发基础设施与重大工程极端事件影响监测和风险预警技术，推动构建全面覆盖、重点突出的适应气候变化区域格局，提高全社会的气候韧性水平。

三是加强气象灾害科普宣传，提高极端灾害公众防御意识。充分利用互联网、社区、学校等多渠道、多方式加强气象灾害科普宣传，将极端气象灾害防御知识列入义务教育内容，提高公众自然灾害安全防范意识和避险自救互救能力。

（三）加强公众服务　回应社会关切

多次组织气候专家参加中国气象局新闻发布会，向媒体发布高温最新监测实况及影响，就媒体关注的热点问题进行详细解答。针对气候热点与高影响天气气候事件，策划组织《人民日报》、新华社、中央电视台、《光明日报》等主流媒体采访共 83 次，投入专家 125 人次。充分利用新媒体平台，通过国家气候中心官方微信公众号发布 10 余篇文章。

四、气象防灾减灾效益

（一）精准预报成效显著

2022 年 3 月底，国家气候中心提前 3 个月精准预测出夏季华东、华中等地高温天气可能导致阶段性高温热浪；5 月底，在《2022 年汛期全国气候趋势及主要气象灾害滚动预测意见》中，预测出 7—8 月南方高温伏旱影响重，主要发生在华东、华中等地（图 1），可能出现高温过程长的情况，为部署高温应对工作赢得充足准备时间。

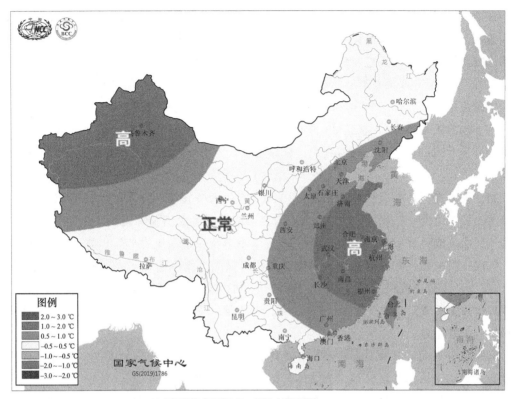

(a) 3月底发布汛期(6—8月)气温预测

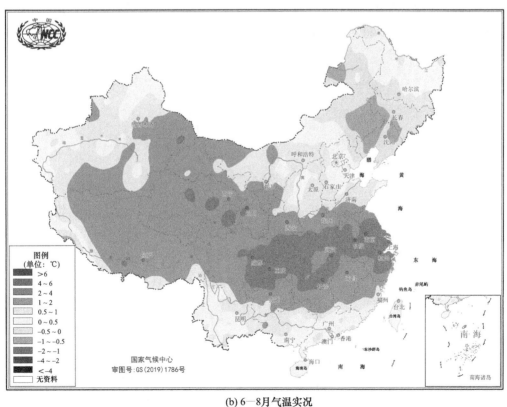

(b) 6—8月气温实况

图 1　国家气候中心 3 月底发布汛期（6—8 月）气温预测和 6—8 月气温实况对比

在南方出现高温后，开展跟踪监测评估，组织专家对高温过程出现的原因进行深入分析和研判，指出我国极端高温事件呈增多趋势，高温干旱复合型事件发生概率和风险也将持续增加，未来亟须加强应对气候变化和极端事件风险能力。

（二）气候服务成果卓著

决策服务方面，2022 年 6—8 月，国家气候中心累计完成 16 期《重要气候信息》、18 期《气候趋势滚动预测》，报送 89 份《专题材料》，10 余篇服务材料被中共中央办公厅、国务院办公厅采纳，多份材料得到中央领导批示，为防灾减灾决策部署提供了有力的技术支撑。

行业服务方面，根据中国气象局应急减灾与公共服务司统一部署，定期和按需参与制作迎峰度夏能源保供气象服务专报和周报，向全国能源电力部门及时提供气候异常特征分析、未来气候趋势预测及风能太阳能资源预测信息，有效支撑能源电力部门相关工作。国家气候中心气候预测室荣获 2022 年全国迎峰度夏能源保供气象服务优秀集体，中心 2 人获得优秀个人。8 月，制作《高温干旱影响总结及对全年粮食生产影响预判》，为发改委、农业部门等有效提供技术保障支撑。针对长江流域高温干旱发展，多次与三峡集团进行会商，强化提升流域气候服务能力。

公众服务方面，针对夏季气候热点及高温热浪等高影响天气气候事件，国家气候中心累计策划组织《人民日报》等主流媒体采访共 83 次，投入专家 125 人次。8—9 月，国家气候中心官方微信公众号针对此次高温干旱事件连续发布多期科学解读文章，及时回应社会关切问题，最高单篇阅读量破 8.4 万人次，创公众号成立以来历史最高纪录，另有多篇文章被各大主流媒体关注并广泛转载。

建设轻量级"风云地球"业务平台 实现国—省—市—县灾害性天气监测 预报服务四级联动

国家卫星气象中心

作者：王新 覃丹宇 赵现纲 郭徽 林曼筠

2022 年，国家卫星气象中心（简称卫星中心）以《气象高质量发展纲要（2022—2035 年）》为引领，贯彻落实"质量提升年""卫星应用能力提升方案"要求，强化风云气象卫星在气象核心业务中的支柱作用，服务防灾减灾第一道防线，保障人民安康福祉，以建设"风云地球"业务平台为契机、为抓手，提高卫星产品质量，提升天气服务效益，加快推动风云卫星资料在灾害性天气监测预报服务业务中的应用，努力实现国家级卫星技术和产品国—省—市—县四级贯通。

一、基本情况

"风云地球"业务平台的建设，启动于 2022 年年初，历经设计—研发—试点应用—全国推广—应用反馈的全链路闭环的组织推进过程。研发人员通过多次国省市县四级联合研讨、逐条梳理、认真策划，从百余种卫星反演产品中精选加工并研发形成面向不同类型灾害天气的应用型产品，建设形成"风云地球"业务平台 1.0 版本。平台自 2022 年 4 月 30日开始通过国家气象业务内网试运行，为期 1 个月的试运行期间，在全国气象部门内选取了 12 个省市试点开展了功能和产品试用。6 月 14 日，中国气象局预报与网络司组织召开平台推广应用会，试点单位交流了平台的试用情况。基于良好的试用反馈，经过预报与网络司批准，平台于 6 月 27 日开始全国业务试运行（气预函〔2022〕54 号）。8 月 16 日，预报与网络司组织了"风云地球"全国省市县培训，进一步巩固前期全国应用成果，总结凝练用户对产品精度和多数据融合等方面的深层次应用需求。截至目前，基于该平台，全国气象部门深度互动、一体联动，已经圆满完成了汛期各类灾害天气的应急服务保障、助力突泉县定点帮扶精准扶贫，为当地气象部门和政府决策提供了重要的分析材料，取得了良好的服务效益。

二、"风云地球"平台在气象防灾减灾中的创新做法

"风云地球"业务平台实现了五方面 17 类产品实时到达预报员桌面，具有内网部署、实时推送、简易应用的特点，概括为"一线""两全"和"三达"三方面创新做法。

（一）"一线"是始终以"一线预报员"核心业务需求为设计和改进目标

在平台框架、功能、产品种类和应用习惯等多方面的设计和改进中，面向中国气象局自 2021 年先后出台的 20 余个专项工作方案，有的放矢、重点明确，与全国气象部门的预

报员开展多次集中研讨、分类讨论，确立卫星应用产品既兼顾全国大范围，又聚焦流域气象，同时对于市县精细化网格化的实况监测进行细化优化。这些设计为"风云地球"在全国各级气象部门快速落地、实际应用奠定了坚实的技术和沟通基础。

（二）"两全"是"理念全"和"产品全"

第一全是理念全。"风云地球"业务平台融入了卫星中心"全流程大业务"的理念，包括卫星资料预处理、二级产品精度提升、应用算法研发更新，以及数据产品分发服务，体现了卫星中心各个部门环环相扣、通力合作，促进了业务需求驱动的卫星数据和产品精度提升，推进了卫星中心遥感应用全流程业务体系建设。

第二全是产品全。平台集成的可视化信息产品融合了系列风云卫星的资料和产品的综合结果，后台需要大量的计算资源和融合技术，同时，新研发的产品适用于强对流、台风、寒潮、暴雨、大雾等多类灾害天气的定量产品，提升了卫星资料应用在监测预报中的科技含量。

（三）"三达"是"气象业务内网直达""三键内到达"和"卫星监测及时送达"

"风云地球"业务平台集成在国家气象业务内网（http：//10.1.64.154，图1），与天擎、天衍等气象部门主要服务系统同步，既符合中国气象局专业软件研发的集约化思想，又适应多资料综合研阅形成监测预报结论的实际需求。"三键内到达"通过简单便捷的操作，使得每一种应用产品列表一目了然、易于上手。同时，针对FY-4B卫星分钟级250米每分钟一次的高分辨率观测图像和动画，"卫星监测及时送达"，确保实时地呈现给用户，特别是对于快速变化的中小尺度天气，实现了精细和准时的同步，最大程度保障了应用需求。

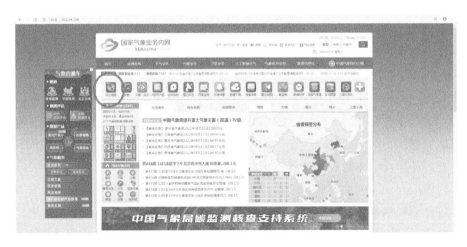

图1　"风云地球"业务平台集成于"国家气象业务内网"

三、基于"风云地球"平台监测预报预警和服务效益

2022年5月以来，全国气象部门应用"风云地球"业务平台，在台风、暴雨、强对流、东北冷涡、华西秋雨、地震、洪涝等气象服务中发挥了重要作用。下面以华南"龙舟水""梅花"台风、"四川地震"、"突泉县帮扶定点服务"4个方面的典型案例，总结"风云地球"平台发挥的国省市县四级深度互动、一体联动的灾害性天气监测预报

预警服务。

（一）华南"龙舟水""风云地球"业务平台监测预警服务

2022年"龙舟水"期间，华南平均降雨量为1951年以来第二多。累计雨量大、强降水过程频繁、极端性强，"龙舟水"后期广东、广西出现流域性洪水、大范围城乡内涝和地质灾害。早间会商过程中，中央气象台和各省累计应用"风云地球"平台76次，报送各类常规卫星决策服务报告56期，报送中国气象局值班室决策报告6期；与广东、广西、江西、福建等省（区）联动，联合制作卫星遥感重要信息专报；为省级政府部门提供决策的科学参考。

（二）"梅花"台风"风云地球"业务平台监测预警服务

2022年第12号台风"梅花"成为2022年首个登陆中国华东的台风以及截至9月登陆中国的最强台风，是1950年以来登陆上海的最强台风、登陆山东的最晚台风。浙江省气象局在"梅花"台风服务总结以及发给国家卫星气象中心的感谢信中提到"基于风云地球平台获取的FY-4B产品、台风三维立体结构等产品可以帮助预报员快速掌握台风的最新动态，在台风预报会商PPT中多次使用，在给省领导的决策服务中也多次展示该产品，由于其时空精细化的特点鲜明，非常受省领导欢迎"。山东省气象局服务总结中提到："通过卫星云图实时监测台风大范围流场的演变，在预报过程中使用'风云地球'平台中云图和预报场叠加的产品、副高的检验产品的应用，根据检验结果对台风路径的预报进行订正，实况监测给予预报员更多信息和预报的信心。"

（三）四川甘孜州泸定县地震风云地球业务平台监测预警服务

9月5日12时52分，四川省甘孜州泸定县发生6.8级地震，震源深度16千米。地震发生以后的1小时内，卫星中心应用"风云地球"平台，完成了云系分析和地表高分底图制作，在半小时内服务四川省气象局、国家级决策服务平台、《中国气象报》和CMA主页，快速开展了服务。在国家级决策服务平台中第一个发布监测报告（点击率高）。随后的72小时黄金救援期间，发布震区天气专题服务报告7期，为中央气象台、四川省气象局和甘孜州气象局联合提供材料4次。

（四）"风云地球（突泉版）"为突泉定点帮扶精准扶贫提供了及时气象监测服务

2022年11月，研发人员在"风云地球"业务大平台基础上，推出了"风云地球（县级版）"，紧密结合突泉乡村天气特点和保障需求，凝练了"县级版"的示范系统"风云地球（突泉版）"的核心功能点，积极配合响应中国气象局关于《助力突泉县全面提升乡村振兴气象保障服务能力建设工作方案（2022—2024年）》，以及《2022年突泉县定点帮扶工作计划》要求，针对性研发卫星监测预警产品，提升重要天气和气象灾害实况监测能力，提升生态和农业气象监测评估能力。在2022年11月中旬一次冷空气过程中，利用"风云地球（突泉版）"向突泉县开展了联合定点服务，辅助突泉县气象局向政府报告降温和积雪实况，得到了"及时、提心、精细"服务的良好评价。

综上所述，2022年5月以来，中央气象台及各省（区、市）早间会商发言应用"风云地球"业务平台（图2）产品500余次，点击量突破1.09亿次。"风云地球"平台（图3），通过"四个坚持"（坚持问题需求导向，坚持多方合作谋划，坚持产品好用易懂，坚持质量效益提升），达到了"三个飞跃"：降低了卫星数据应用门槛，实现了国省市县贯通，搭建了与卫星之间的应用桥梁。总之，2022 年，以"风云地球"为总抓手，风云卫星在灾害天气中的应用能力以崭新、易用、精干的面貌呈现，发挥了业务支柱作用，提升了菜单式需求响应能力，真正做到了国—省—市—县灾害天气监测预报服务的"主动、互动、联动"。

图 2　省级应用"风云地球"业务平台会商发言

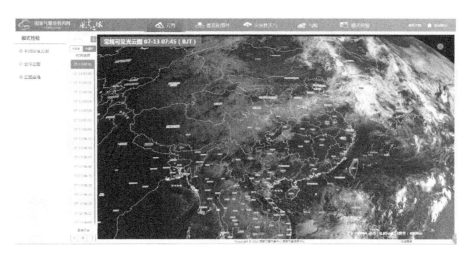

图 3　"风云地球"业务平台界面

持续升级天擎实况　数字感知天气变化

国家气象信息中心

作者：陈楠　韩帅　赵煜飞

随着气象现代化的不断发展，围绕气象业务、行业及社会的精细化服务需求，为进一步落实《全国气象发展"十四五"规划》《气象高质量发展纲要（2022—2035年）》《实况业务建设实施方案（2021—2023年）》等工作部署，自2020年9月29日国家气象信息中心实况产品服务发布会以来，实况业务产品服务已形成包括统一的服务接口、网站服务、可视化工具以及移动应用在内的"天擎·实况"综合支撑平台（图1），初步具备二维、三维实况可视化产品或工具的可视化服务能力，并基于手机端、网页端以及"天镜"等多终端提供气象数据服务，有效支撑台风、强降水、高温等多场景的天气会商及常规气象活动保障，为防灾减灾提供决策依据。

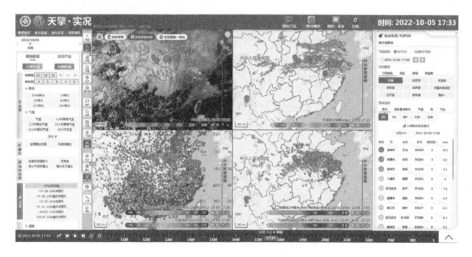

图1　"天擎·实况"综合支撑平台首页

一、服务概述

国家气象信息中心（简称信息中心）始终坚持学习贯彻习近平总书记对气象事业的重要指示精神，牢固树立以人民为中心的发展思想，强化底线思维和风险意识，认真贯彻落实中国气象局有关汛期气象服务保障、应急响应工作的要求和部署，成立国家气象信息中心2022年汛期气象服务工作组，积极做好汛期以及重大活动的各项支撑保障工作。注重落实庄国泰局长"加强对重点业务板块支撑"指示，围绕气象预报预测核心业务需求，在主汛期前，积极主动深入国省一线业务单位直接交流对接汛期产品服务需求，及时研发"好用数据"；在主汛期到来后，组织技术人员在中央气象台设立会商值班岗，面对面对接业务需求，着力支撑"用好数据"。

二、服务情况

（一）多源产品集成应用，做好精准预报支撑

在汛期服务中不断总结保障服务经验，加强面向台风与海洋气象预报中心对资料来源、服务形式等需求的收集，主动联合信息中心各处室，快速开展对香港、台湾省等沿海区域的站点及雷达产品等多源数据的服务工作，发布相控阵雷达反射率、小时雨量差分传播相移率、HY-2B、HY-2C 和 ASCAT 三颗卫星洋面风反演等新型观测可视化产品近 40 类，基于"天擎·实况"实现对"暹芭""木兰""马鞍""轩岚诺""梅花""奥鹿"6 次强台风的生成、登陆以及消亡的全流程实况直播跟踪式数据服务，为预报员准确研判台风活动提供全方位的数据支撑。

（二）极值权威统一发布，强化决策预警支撑

2022 年 6 月 19 日至 9 月 29 日期间，在高温过程、"龙舟水"过程、华西雨季等 7 次重大天气过程中，针对气象灾情信息国省历史、实况极值统计不一致等问题，发挥中国气象局长序列历史数据价值，构建"极值一张表"，权威发布 2400 多个国家站建站（最早为 1951 年）以来、任意时段极值及实况排名定制产品、短时强降水阈值产品、突破历史极值站点分布图、日最高气温/日降水/日极大风实况、过去 10 天最高气温/累计降水/极大风和过去 10 天高温/累计降水/大风日数等产品，提供实况、历史极值对比和实况统计图形产品等服务，为早间会商、复盘以及预警等业务提供数据决策支撑服务。

（三）专题保障定制服务，提升突发事件保障支撑

联合国家气象中心天气预报室、台风与海洋气象预报中心等核心业务单位，以突发事件气象保障服务需求为引导，利用二维、三维气象与基础地理信息融合应用，实现地表高低地形起伏和降水信息的三维图形产品，并将功能集成到突发事件快报系统中，根据突发事件当地气象服务需求，实现自动化制作突发事件实况服务快报，有效支撑"7·12"四川平武县山洪、"7·15"四川北川羌族自治县山洪、"8·13"成都彭州龙漕沟山洪、"8·17"青海大通县山洪、"9·8"四川省甘孜州泸定县地震、"9·23"台湾台东县地震等近 10 次突发事件的快报保障服务，将实况服务效率从之前的 8 小时提升至 2 小时。

（四）支撑预报核心业务，丰富实况产品种类

自 2022 年 4 月底，深入国省一线业务单位调研 32 次，梳理"十四五"期间分年度全球天气气候业务需求，量化能力与差距，调整产品研发计划，站点基础数据产品研发计划从 16 种增加至 27 种，新增 11 种，增幅 68.8%；多源融合网格实况分析产品研发计划从 21 种增加至 35 种，新增 14 种，增幅 66.7%。截至 2022 年 9 月，已完成 46 种（占总研发量的 74%）产品研发，在 2022 年汛期降水、强对流、台风、高温、旱涝等重点天气过程中，累计提供国家气象中心、国家气候中心、数值预报中心及省级业务单位 150 余次应用。

（五）以重大过程为契机，举一反三提升成效

2022 年汛期以来，信息中心积极参加国家气象中心、数值预报中心等单位组织的"龙舟水"、CMA 天气模式性能、北半球高温天气等天气过程复盘总结，深入分析实况产品在重大天气过程中的表现和服务情况。通过以需求为导向，提升实况产品在"实战"中的应用支撑水平，促进实况产品在国省天气预报业务中深入应用。在中国气象局预报与网

络司的组织下，信息中心联合湖北、广西、四川、青海等省（区）气象局召开应对突发事件下实况产品应用服务能力提升复盘会，总结实况产品的服务支撑情况，分析产品的准确性和时效性，推动构建快速、规范的实况服务流程。

（六）落实专项能力提升，加强省级技术支撑

落实分流域、分区域、分灾种气象保障能力提升方案，研制 1 千米分辨率流域专题实况产品，接入松辽等流域业务平台应用。落实西南地区业务能力提升方案，牵头形成国家级 3 单位加西南 7 省（区、市）组成的"西南实况业务团队"，联合攻关复杂地形实况业务关键技术。落实东北冷涡业务能力提升方案，联合牵头建立国家级 3 单位加北方 7 省（区）组成的"东北冷涡监测与实况业务团队"，研发东北冷涡实况产品。开展省级多源融合实况分析系统全国培训，支持省级本地生成 1 千米 10 分钟实况产品，时效 2～3 分钟，5 月以来已在全国 31 个省份开展部署。"天擎·实况"图形产品专栏实现新疆、河北、吉林、陕西的省级栏目部署，实况产品精细化应用程度更高。

三、服务成效

（一）强化需求沟通，让"好用数据"真好用

2022 年汛期以来，信息中心组织技术人员参与每日天气会商值班，密切跟踪国家气象中心核心业务需求，为会商及决策气象服务支撑现场及时提供"好用数据"。由于直接面对数据产品最终用户，更加全面和细致地收集用户对"好用数据"的定义，针对性组织研发、优化、提升"好用的"多源融合实况分析数据产品；有针对性地组织优化、重建、新建"天擎·实况"综合支撑平台等多个"好用的"栏目功能，从数据和工具两方面发力，做到数据产品"真好用"。

（二）发挥技术优势，让"台上功夫"见真章

信息中心充分发挥二维、三维数据可视化技术优势，基于气象大数据云平台"天擎"的数据、算法、算力，利用二维、三维可视化技术将累计降水、气温等气象实况产品与地表高低起伏的地形、隐患点等基础地理信息融合应用，实现任意区域快速出图，并完成自动化制作突发事件实况服务快报，将突发事件的实况服务效率从 8 小时提升至 2 小时。

（三）做好信息引领，让"国省联动"成常态

信息中心与河北省气象局、甘肃省气象局、陕西省气象局等多个省级单位对接，共商气象信息化发展。汛期，在广东省气象探测数据中心的配合下，完成相控阵雷达反射率、小时雨量差分传播相移率等 8 类产品在"天擎·实况"的集成发布，为 5 月 12 日华南等地暴雨会商研判提供数据支撑。主动对接四川省气象局，快速发布泸定震区降水、气温等气象实况产品，有效支撑 9 月 8 日四川省甘孜州泸定县地震气象服务保障。举办省级多源融合实况分析系统 1.0 培训会，推动实况业务省级试点部署。信息中心依托"引领""共建"，与省级单位凝心聚力，下活气象信息现代化高质量发展"一盘棋"。

未来，信息中心将继续依托"天擎·实况"综合支撑平台，围绕着"防风险、保安全"这条主线，确保实况数据准确、稳定，做好重要时间节点气象服务保障工作。同时，围绕秋冬灾害性天气监测预报需求，加强"天擎·实况"秋冬专题实况数据服务支撑，不断提升省级本地化实况业务能力，协同共建国省实况"一张图"。

评估冰雹过程模式预报能力
促进模式预报水平提升

中国气象局地球系统数值预报中心

作者：胡江林　杨军丽　王蕾

为贯彻落实中国气象局党组"加强数值模式常态化检验评估"工作要求，认真开展中国气象局"质量提升年"行动，中国气象局地球系统数值预报中心（以下简称数值预报中心）认真部署、精心安排，组织开展数值模式常态化检验及预报效果评估。通过每周三参与中央气象台的全国早间会商，加强模式预报检验工作，引导和促进全国各级预报员使用 CMA 模式产品提升预报服务水平。

一、9 月 4 日北京冰雹天气过程基本情况

2022 年 9 月 4 日 18 至 21 时北京发生一次强对流天气过程，其中昌平到通州一带观测到冰雹。19 时左右昌平最先出现冰雹，随后冰雹影响范围向西南方向扩展至朝阳大部、顺义西南部和通州北部，北京主城区部分地区地面出现难得一见的冰雹薄层，最大冰雹直径 2～3 厘米（图 1）。此外，北京多个区域出现了 6～8 级大风，其中昌平和通州各有 1 个自动气象站观测到 10 级大风，平均降雨量 3.9 毫米，朝阳站最大小时雨强达 28.9 毫米。

引发这场冰雹的大尺度天气背景是活跃的北方冷涡系统冷空气与台风向北输送的水汽交汇形成的中尺度对流系统。8 月下旬开始影响我国北方高纬度地区一直盘踞着的宽广的低压系统，平直的西风系统上多短波槽波动，9 月 4 日起蒙古冷涡逐渐自西北向东南

图 1　2022 年 9 月 4 日北京
发生冰雹天气过程

移动，引导冷空气与台风"轩岚诺"向北输送的水汽发生激烈碰撞，在北京地区引发中尺度强对流系统发生发展，伴有较高强度冰雹和大风天气。

二、CMA-MESO 模式对冰雹的预报效果诊断评估

每年春季和秋季都是北方地区冰雹的高发时节。此次北京地区的对流除满足静力不稳定、水汽和抬升触发 3 个关键条件外，与高空 0～−20℃层高度及两者之间的厚度层等物理量的分布配置密切相关。

分析 CMA-MESO 模式 9 月 4 日 08 时的逐小时预报结果可见，CMA-MESO 模式提前 12 小时预报出北京地区的大气物理量有利于形成强对流和冰雹，包括对流不稳定能量大（CAPE 能量达 1400 焦/千克以上、K 指数达 40 以上）、垂直上升速度为 5 米/秒以上（图 2）

等，同时预报的北京站20时温、湿、风等物理量垂直廓线与实际观测探空曲线相近，这些物理量的空间分布及相互之间的配置十分有利于冰雹形成。

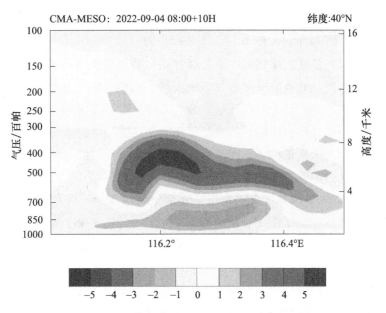

图2　CMA-MESO模式预报冰雹过程的上升速度剖面（单位：米/秒）

进一步分析诊断可知，CMA-MESO模式预报的0 ℃层在4千米、−20 ℃层在7千米左右，模式水物质霰的混合比在北京上空达到6克/千克（图3）。通常水物质霰的混合比达到3克/千克，其落地即可形成冰雹。这些指标的预报值都显示此次对流过程很可能发生冰雹灾害。

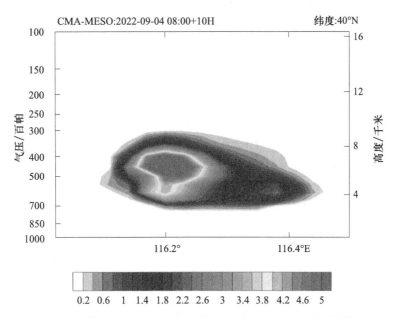

图3　CMA-MESO模式预报的北京地区水物质霰混合比垂直分布（单位：克/千克）

9月4日傍晚北京出现的局地强对流天气，除昌平到通州地面都观测到冰雹外，X波段雷达观测到的最强回波超65 dBZ。通过CMA-MESO模式逐小时预报组合反射率与实况的动态对比可知，模式可提前 12 小时预报出这次强对流的发生，及其从西北向东南方向推进的发展、衰减和消亡过程。模式预报的组合反射率整体上从范围、出现时间到移动路径与观测基本一致，但预报的过程结束时间比观测约早 1 小时。

三、模式诊断评估成果的应用与服务

为发挥数值模式气象防灾减灾第一道防线作用，数值预报中心对 CMA 系列模式预报效果进行评估分析，通过对数值预报业务系统资料收集和同化吸收的监控，以及对模式预报结果的检验、分析、诊断等全流程评估，分析 CMA 各模式预报产品的特点，发现模式预报优势，凝练总结模式预报性能，并通过早间会商系统及时向全国预报员反馈，引导预报员在各种纷繁复杂的天气条件下，选择参考该天气型下预报准确度较高的模式产品，从而提升对包括冰雹在内的各种强对流天气的预报能力。

通过对 2022 年以来全国各地多次典型强对流天气过程的 CMA-MESO 模式预报效果分析诊断，发现 CMA-MESO 模式对系统性大尺度天气过程有较准确的预报能力，预报时效一般可提前 3～5 天，而对中尺度系统以及暖区降水等对流过程，CMA-MESO 一般可提前 12 小时得到有指示意义的对流降水及雷达组合反射率（DBZ）等相关物理量场的预报，例如在此次冰雹过程中模式预报的水物质霰的混合比、DBZ 和垂直上升速度等。关注模式相关物理量的预报产品有助于预报员提升对灾害性强对流天气的预报能力。

四、关注模式检验评估，提升气象防灾减灾能力

目前数值预报中心已建立对 CMA 模式的常态化检验、诊断与评估机制，持续推动我国自主可控数值模式发展。检验评估与诊断工作重点关注东北冷涡和西南涡等低涡系统、南亚高压、副热带高压等天气系统，聚焦暴雨、台风、冰雹、龙卷、大风、异常降温和高温等重要天气过程，探索天气系统分型检验，总结 CMA 模式优势产品及存在的问题。

数值预报中心与国家气象中心、公共气象服务中心、国家气象信息中心等上下游单位建立了联合工作专班，形成了定期交流反馈机制，在冬奥气象服务保障等重大任务中发挥了中坚作用。在联合国家气象中心专班工作中，除通过每周三早间会商定期向预报员介绍 CMA 模式对上一周天气过程的预报效果、系统性偏差及预报订正方向外，还多次参加重大天气过程复盘总结，增进了预报员对 CMA 模式预报性能的了解，增强预报员参考 CMA 模式的信心。同时积极宣讲推介 CMA 数值模式产品，切实推动 CMA 模式产品在业务及科研应用方面的技术支撑；在联合公共气象服务中心专班工作中，为公共气象服务中心提供 CMA 模式对风力、边界层预报的检验结果，推动 CMA 模式产品在风能、太阳能服务中的应用；在联合国家气象信息中心专班工作中，积极应用国家气象信息中心观测数据开展检验评估工作，及时反馈数据应用中发现的问题，共同推进数据信息服务应用及保障。

检验评估工作也提升了模式研发人员对模式业务预报效果的关注，增强了对天气系统的理解，深化了对天气学检验和模式自身问题的认识，有效推动了模式改进优化进程。2022年，基于相关检验评估工作，数值预报中心解决了在业务预报中发现的 CMA-GFS 模式云导风质量控制、西南涡移动路径偏南、CMA-MESO 模式 2 米气温偏高及 CMA-GFS 模式降水量级预报偏弱等模式问题，有效提升了 CMA 模式对预报预测业务的支撑能力。

四川彭州山洪和泸定地震灾害的气象服务案例分析与思考

中国气象局气象探测中心

作者：康家琦　郭建侠　杨金红　郭亚田　徐鸣一　黄美金

朱永超　权继梅　王海深

一、引言

　　山洪、地震灾害是我国影响最严重的重大突发灾害，山区防御突发降水导致的山洪地质灾害，点多面广，难度大，而地震灾区前期累积降水导致土壤松软，灾情重，救灾急。如何降低重大灾害的损失是气象服务的终极目标。

　　本文以 2022 年 8 月 13 日四川省成都彭州市龙漕沟山洪灾害和 2022 年 9 月 5 日四川省甘孜州泸定县地震两次重大突发灾害为例，结合多源资料监测服务的实践经验，总结出重大突发灾害防御决策气象服务策略：①建立气象服务应急专班，上下联动，推动国省市县交流合作，促进灾害防御的协同参与。②监测决策气象服务与预报防灾部署紧密衔接。③根据山洪、地震灾害不同特点，结合实际需求，突出服务的重点。④充分利用雷达和多源监测业务现代化成果，展现气象探测部门科技实力和专业水准。在彭州山洪灾害气象服务中充分发挥了雷达尤其是双偏振 S 波段雷达定量估测降水的精准监测作用，弥补了山区自动气象站监测的不足。在泸定地震灾害服务中，利用土壤体积含水量等产品信息，国家级和当地气象部门紧密联系，通过上下沟通、左右联动，实现了监测信息快速共享，重点开展了震区前期降水对救援工作的潜在影响分析服务，圆满完成了抗震救援气象保障工作。本文对两次重大灾害的决策服务工作经验进行总结分析，以期对今后类似决策气象服务工作有所启示。

二、基本情况

（一）四川彭州山洪灾害

　　2022 年 8 月 13 日 15 时 30 分，四川省成都彭州市小鱼洞社区龙漕沟突发山洪。据应急管理部门通报，此次灾害造成 7 人死亡，8 人轻伤。事发后中国气象局气象探测中心（简称探测中心）第一时间与四川省气象局联系，了解情况。针对地面自动气象站监测不足的情况，充分利用天气雷达定量估测降水、实况分析场融合降水产品等，结合流域水系分布，对灾害实况和致灾原因进行分析。当日制作气象监测快报 1 期和气象监测专题报告 1 期，发送中国气象局应急办、减灾司、综合观测司和四川省气象局。

（二）四川泸定地震灾害

　　2022 年 9 月 5 日 12 时 52 分在四川甘孜州泸定县发生 6.8 级地震，震源深度 16 千米，附近四川雅安市石棉县和汉源县发生多次余震。此次地震共造成 93 人遇难，其中甘孜州遇难 55 人，雅安市遇难 38 人。灾害发生后，探测中心第一时间响应，与国家气象中心、四川省气象部门及时沟通，建立抗震救灾气象服务保障微信工作群。对震区前期和当前天气实况进行分析，当日制作震区气象监测快报 1 期和气象监测专题报告 1 期，天衍系统增加震区天气实况板块，开通四川省直通访问。其后每日制作 2 期震区天气监测快报（共 31 期），相关材料及时发送抗震救灾气象服务保障微信工作群并上传中国气象局决策服务平台。

三、四川彭州山洪灾害天气监测服务

（一）双偏振 S 波段雷达估测降水，有效弥补山洪灾害地面站监测盲点

成都天气雷达组合反射率产品（图 1）显示，8 月 13 日 13 时 30 分左右，成都彭州市龙漕沟西侧有降水回波发生，到 13 时 51 分最大回波强度发展到 52 dBZ，且回波移动缓慢，之后对流单体在该地继续维持发展，至 14 时 43 分，50 dBZ 以上的回波范围有所增加但增幅不大，一直到 16 时 50 分，回波强度才开始减弱。差分反射率因子从图上可看出 ZDR 较大，在 2～3 dBZ，相关系数 CC 在 0.95～0.99，表明有大雨滴存在。龙漕沟河流为东西走向（图 2），西侧为河流的上游区域，可见正是由于事发地上游的强对流单体长时间"停留"并在该地持续发展，造成上游连续性强降水，加上流域汇水作用，短时间内形成山洪灾害。

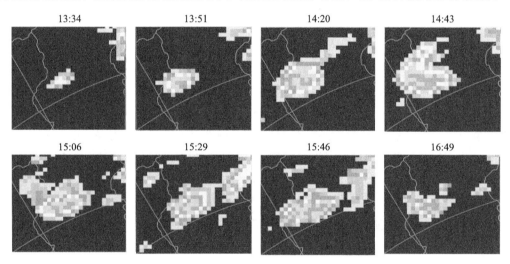

图 1　8 月 13 日 13 时 34 分至 16 时 49 分成都雷达组合反射率演变回波图

图 2　龙漕沟周边水系分布

事发时间彭州市 41 个地面自动观测站均未监测到明显降水。由彭州市站点分布图（图 3）可以看到，龙漕沟附近地面观测站主要分布在其南侧和东侧，而事发地西侧上游出现雷达回波的地区为山区，并未布设地面观测站点。

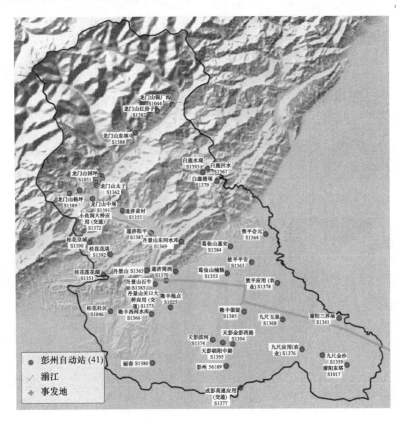

图 3　成都彭州市地面观测站点分布

结合雷达定量估测降水产品（图 4）来看，成都雷达 1 小时定量估测降水产品（78 号产品，单偏振）15:00 时显示最大为 42.58 毫米，但从水凝物分类产品看，在该区域上空识别出有冰雹粒子，冰雹粒子的存在会造成雷达降水高估很多，而双偏振参量 KDP 对于空中的干雹来说影响不大，利用双偏振参量 ZDR、KDP 很大程度上可以提高估测降水的准确率，从 1 小时定量估测降水产品（169 号产品，双偏振）14:23—15:29 雷达估测的小时降水量都超过 20 毫米，15:00 显示最大为 23.28 毫米，可见在此时间段内降水的强度大，但雷达短时强降水报警产品未发出报警，原因是该产品默认是小时雨量超过 20 毫米并且面积超过 30 平方千米时发出报警，而该过程由于局地性较强，强降水面积远未达到 30 平方千米，因此未报警，当把报警的面积阈值设为 5 平方千米时，报警产品在 15:12 发出报警。

（二）山洪灾害防御的监测决策气象服务策略

1. S 波段双偏振雷达定量估测降水产品，助力山洪地质灾害预警与救援工作

本次山洪局地突发灾害因自动气象站监测不足，而天气雷达具有时空分辨率高的特点，是短临天气监测的一个重要手段，在此次过程中双偏振 S 波段雷达定量估测降水产品发挥了重要作用，弥补了地面监测降水的不足，同时报警产品提前对强降水作出预警，体现了雷达监测精密的能力和效益。

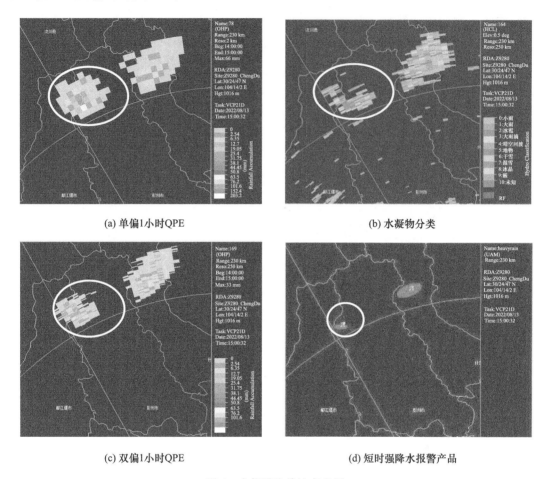

(a) 单偏1小时QPE　　　　　　　　　　　　　(b) 水凝物分类

(c) 双偏1小时QPE　　　　　　　　　　　　　(d) 短时强降水报警产品

图 4　成都雷达单站产品图

2. 建立 ROSE 适合本地化的短时强降水报警参数的阈值，提高雷达在山洪灾害中的监测效益

充分利用雷达定量估测降水监测预警产品，结合流域水系分布，在山区地形较复杂地区，判断龙漕沟西侧上游区域局地性较强的强对流单体连续 1 个多小时出现强降雨，加上流域汇水作用，短时间内很容易造成山洪地质灾害。但是在应用方面，还有待做进一步的研究，需要建立适合不同区域，特别是复杂地形区域易发生山洪地质灾害区域的这种局地性较强的适合本地化的短时强降水雷达监测报警参数的阈值，提升雷达观测适用性，提高雷达在山洪灾害中的监测效益。

3. 加强山区流域站网布局，研制流域汇水量实时监测与预警产品

本次服务充分发挥了雷达监测作用，提升了山区突发局地降水监测预警能力，但同时也发现山区流域降水监测短板，流域雨量汇水预警产品缺乏，未来应加强山区流域站网布局，并加强流域汇水量实时监测与预警产品研制。

四、四川泸定地震灾害天气监测服务

（一）土壤体积含水量产品，助力地震灾害预警与救援

综合气象观测产品系统（天衡天衍）24 小时和 72 小时累积降水量产品（图 5）显示，9 月 4 日 13 时至 5 日 13 时，四川省普遍出现小到中雨，24 小时累积降水量 50～99.9 毫米有 1 个站，25～49.9 毫米有 7 个站，10～24.9 毫米有 108 个站，0.1～9.9 毫米有 1438 个站。其中泸定县西侧以中雨为主，周边其他区域以小雨为主。泸定县周边 72 小时累积降水量在 20.0～59.5 毫米。

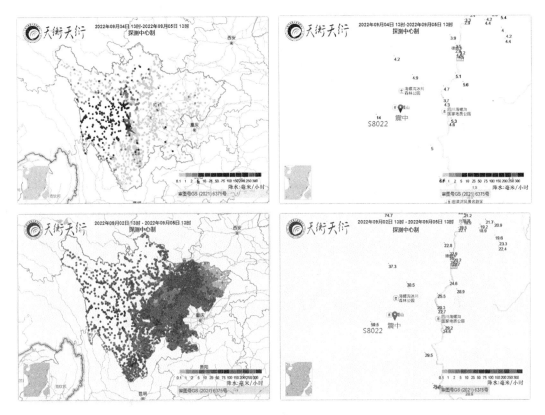

图 5　9 月 5 日 13 时四川省及泸定县周边过去 24 小时和 72 小时累积降水量产品

震中西侧的泸定磨西海螺沟二号营地（S8022）站（图 6）出现较大降水，24 小时累积降水量 14 毫米，72 小时累积降水量 59.5 毫米，该站自 9 月 2 日 18 时至 5 日 00 时持续出现降水。

从土壤体积含水量产品可以看到，9 月 5 日 19 时震区土壤体积含水量平均在 25% 左右（图 7），总体较为湿润。受前期降水影响，泸定附近的石棉站（泸定暂无土壤水分站）过去 72 小时最大土壤体积含水量达 24.2%，5 日 19 时仍维持在 22.5%（图 8）。

（二）成立气象服务应急专班，上下联动，推动国省市县交流合作和信息共享

地震发生后，探测中心成立气象服务应急专班，上下联动，推动国省市县交流合作，实现监测信息快速共享，促进灾害防御的协同参与。同时迅速在天衡天衍综合产品系统上增加震区专题板块（图 9），集成并实时加载显示天气雷达、垂直观测和融合格点等观测产

品，开通国家气象中心与四川省气象局直通使用。探测中心值班员每日滚动制作震区气温、降水、风力等天气实况服务材料，推送中央气象台和四川省气象台预报员。

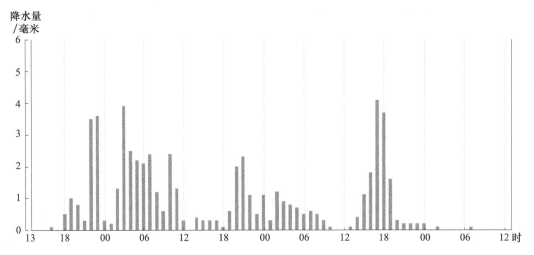

图 6　泸定磨西海螺沟二号营地（S8022）站 9 月 2 日 13 时至 5 日 13 时降水实况序列图

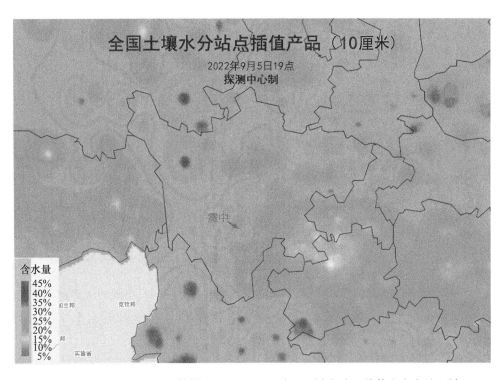

图 7　四川泸定、汉源、石棉周边 9 月 5 日 19 时 10 厘米深度土壤体积含水量（%）

（三）把握好不同时期关注重点，有效开展地震救援气象监测保障服务

地震发生之初，关注当前和前期天气状况，泸定县出现持续约 60 小时降水，震中及周围区域土壤体积含水量平均 25% 左右，总体湿润，在地震作用下，土质更为疏松，地质条件脆弱，容易造成地表不稳定。救援期应特别关注震区降水、大风、降温等情况，加强对山洪、泥石流、滑坡等灾害的防范。

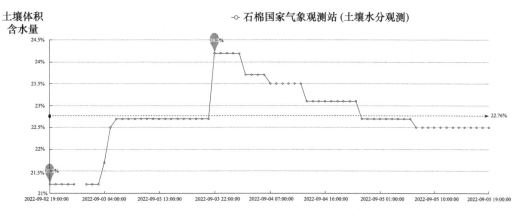

图 8　四川石棉站 9 月 2 日 19 时至 5 日 19 时 10 厘米深度土壤体积含水量

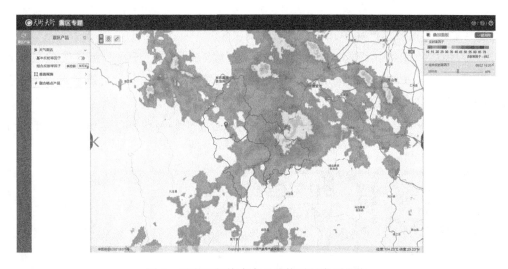

图 9　天衡天衍综合产品系统震区专题板块

五、气象服务情况

四川省成都彭州市龙漕沟突发山洪灾害后，探测中心迅速响应，与四川省气象局对接服务需求，密切关注四川省成都市观测设备运行情况，快速分析山洪突发的气象因素，持续跟踪事发地天气实况，当日制作气象监测快报 1 期和气象监测专题报告 1 期，相关材料及时发送中国气象局应急办、减灾司、综合观测司和四川省气象局。

四川甘孜州泸定发生地震后，中国气象局气象探测中心快速响应，与国家气象中心、四川省气象部门及时沟通，建立微信工作群，依托华西秋雨工作专班（国家气象中心、探测中心和卫星气象中心共同成立），形成上下左右互动联动，根据四川省气象局需求，开展抗震救灾气象保障服务。迅速检查震区装备运行情况、数据质量情况，第一时间发送震区装备运行情况保障短信。主动对接应急物资需求，与四川成都、陕西西安和海南海口 3 个国家级储备库沟通，确保应急物资能第一时间送往震区。探测中心华西秋雨专班人员开展震区过去天气形势分析同时紧盯当前天气实况，地震发生当日紧急制作震区气象监测快报 1 期和气象监测专题报告 1 期。天衡天衍综合产品系统增加震区天气实况板块，开通四川省气象局直通使用。后续救援期间也持续跟进，将重要天气实况即时发送微信工作群，每日制作 2 期震区天气监测快报，共 31 期，发送微信工作群并上传中国气象局决策服务平台。

六、气象防灾减灾效益

（一）发现山洪监测短板，推进观测站网优化完善

四川彭州山洪突发后，探测中心快速响应，密切关注灾害发生地的动态和天气形势，分析四川彭州山洪灾害暴发的气象因素，制作服务材料，及时发送当地气象部门和中国气象局应急办、减灾司、综合观测司等单位。服务材料中分析了彭州市地面站网现状，事发地西侧山区出现局地雷达回波的区域未布设地面监测点，故此次山洪灾害彭州市自动站未监测到明显降水。综合观测司通过服务材料进一步明晰了我国西部山区地面观测仍存在盲区，为今后补短板等工程项目的观测布局设计提供了方向思路，推进了观测站网的优化完善。

（二）震区实况监测产品多次用于天气会商

地震发生后，探测中心第一时间增加震区天气实况板块，开通四川省气象局直通访问。每日制作震区气象监测快报 2 期，供当地气象部门和中央气象台抗震救灾保障人员快速了解天气实况（图 10）。每日早间制作震区天气实况 PPT 素材提供给会商首席，期间被中央气象台应用 5 次、四川省气象局应用 6 次，推进了观测与预报的紧密结合，取得了良好的服务应用效益。

图 10 中央气象台和四川省气象局预报员使用震区天气实况产品

七、可供借鉴和推广的经验

（一）迅速响应、上下左右联动

重大灾害突发后，第一时间响应，国家级气象部门和当地气象部门紧密联系，强化部门联动、信息共享。前方气象工作者挺进震中，建好气象站，传出气象数据。后方的国家级业务单位组建华西秋雨、抗震救援工作专班，以强有力的技术服务，强化保障支撑。国省市县气象部门上下一心，实现多轴联动，圆满完成抗震救援气象保障工作。

（二）密切关注灾害情况，信息直通相关部门

两次灾害突发后，探测中心快速密切关注灾害发生地的动态和天气形势，分析四川彭州山洪灾害暴发的气象因素与泸定地震前和当前的天气状况，针对性制作服务材料，及时发送当地气象部门和中国气象局相关单位。四川彭州山洪事件中，中国气象局综合观测司通过服务材料及时了解到西部山区的观测短板，为下一步观测站网的优化完善指明方向。将防灾减灾救灾过程中发现的问题及时总结归纳并反馈至有关部门，快速推进气象事业的发展。

（三）综合运用多源观测资料开展气象服务

在四川彭州山洪灾害中，由于降水对流系统尺度非常小，而事发地周围也未建设地面自动气象观测站，故无法监测到具体的降水量级，而天气雷达具有时空分辨率高的特点，是短临天气监测的一个重要手段，在此次过程中双偏振雷达定量估测降水产品发挥了重要作用，弥补了地面监测降水的不足，同时报警产品提前对强降水作出预警，但是在应用方面还有待做进一步的研究，需要建立适合不同区域，特别是复杂地形区域易发生山洪地质灾害区域的这种局地性较强的强对流天气雷达监测报警的阈值。

优化服务机制 强化合作联动
精细化气象服务为能源保供保驾护航

中国气象局公共气象服务中心

作者：丁秋实 袁彬 申彦波

2022年夏季，我国遭遇区域性高温天气事件，其综合强度为自1961年有完整气象观测记录以来最强，多地电力供应和用电负荷屡创新高，严重影响能源安全。中国气象局公共气象服务中心（以下简称公共服务中心）深入贯彻落实党中央、国务院关于做好迎峰度夏能源保供重要决策部署，按照中国气象局党组要求，认真践行"人民至上、生命至上"，在2022年夏季我国复杂的天气气候形势下全力以赴做好能源安全与保供气象服务，取得显著成效。

一、基本情况

2022年夏季，全国平均气温22.3 ℃，较常年同期偏高1.1 ℃，其中6月13日至8月30日出现持续79天大范围持续高温天气，为1961年以来历史同期最高；全国平均降水量290.6毫米，较常年同期偏少12.3％，为1961年以来同期第二少。7月以来，受高温少雨影响，长江中下游及川渝地区夏伏旱影响范围广、强度强；强对流天气频繁，局地灾害影响重；全国共发生19次区域性暴雨过程，珠江流域、松辽流域出现汛情；生成和登陆台风少，初台"暹芭"登陆强度强。公共服务中心在迎峰度夏关键期，密切监测汛期天气过程及对能源电力影响，优化服务机制，强化合作联动，为平稳度夏和人民群众生产生活保驾护航。

二、气象服务开展情况

1. 强化用户互动，建立交流反馈机制。一是建立专家常态化参与会商机制。从2022年2月开始，公共服务中心选派专家每月参加国家能源局电力安全风险管控工作会并发言，积极主动对接能源保供气象服务需求，针对能源行业用户关注的夏季高温、降水、强对流等天气情况，高温对电力负荷影响情况，林区输电线路和设备安全情况，新能源出力发电情况等气象服务需求，确定了迎峰度夏能源保供气象服务产品清单、服务方式等。二是建立能源保供气象信息快速交流反馈机制。组建能源保供气象信息共享群，与能源部门建立了实时快速交流反馈机制，针对台风、强对流等突发天气，第一时间发布临近预报及对能源电力影响，同时根据国家能源局各相关单位提出的行业需求及时滚动更新服务产品信息，使服务紧贴用户、紧跟天气，弥补了以往服务专报由于时间固定、遇突发天气时无法及时响应的不足，有力提升了能源保供气象服务质量和效益，获得能源部门充分肯定。

2. 强化需求引领，研发精细化服务产品。一是强化针对性服务产品研发和检验。针对能源行业用户关注的夏季高温对电力负荷的影响情况，在缺乏电力负荷数据的情况下，改进技术方案，研发未来 5 天全国电力负荷气象条件预报产品（图 1）、全国电力负荷气象条件预报距平产品，并经检验取得了良好的预报效果，为高温天气下能源稳定供应提供保障。二是强化基于需求的影响预报和风险提示。注重开展针对用户关注的新能源发电情况，基于全国风能太阳能预报业务系统及风电、光伏发电理论，研发未来 5 天全国风电、光伏发电气象条件预报产品，对全国风电零发/低发/高发/满发/切出区域及光伏发电条件优/良/中/差区域进行预报提示，使能源电力行业用户能够直观便捷获取新能源发电情况信息，为迎峰度夏关键期新能源调峰调度提供指导，显著提升了能源保供气象服务精细化水平及科技支撑能力。

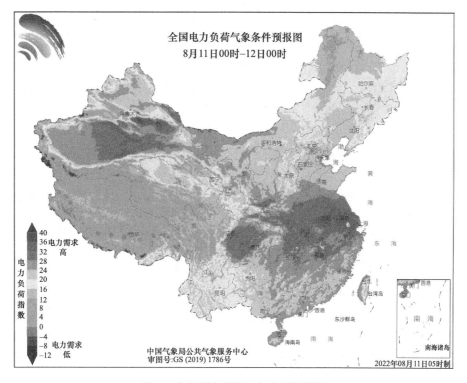

图 1　全国电力负荷气象条件预报图

3. 左右协同上下联动，集约高效开展服务。一是组建服务专班。迎峰度夏能源保供气象服务涉及高温热浪、暴雨、台风、强对流等天气过程及能源影响预报等服务需求，涉及面广，服务精细化要求高。在中国气象局应急减灾与公共服务司的指导下，公共服务中心联合国家气象中心、国家气候中心组建迎峰度夏能源保供气象服务专班，按职责开展服务。其中国家气象中心、国家气候中心做好未来重点天气过程预报预测，公共服务中心做好能源影响预报以及高温、暴雨等气象灾害风险提示。二是优化业务服务流程。依托专班，各单位及时分析夏季频发强降水、高温、台风等天气及对电力生产、输送、负荷的影响，提出能源保供针对性防范建议，公共服务中心汇总制作《迎峰度夏能源保供气象服务周报》，每月制作《能源保供气象服务专报》（图 2），建立了能源保供决策服务高效集约服务模式及业务流程。三是强化国省合作联动。向全国 31 个省（区、市）气象局下发风能太阳能短期预报指导产品，支撑湖北、吉林、陕西、内蒙古、河南、甘肃等省（区）研发本地化能源保供气象服务产品，形成湖北迎峰度夏专题服务、吉林新能源气象服务专报、宁夏迎峰度夏能源保供气象服务专报等，提升了能源保供国省共建气象服务能力。

图 2　《迎峰度夏能源保供气象服务周报》（左）和《能源保供气象服务专报》（右）

三、取得的成效

1. 决策服务能力显著提升。面对 2022 年复杂的天气气候形势和国内外严峻的能源形势，制作完成了《迎峰度夏能源保供气象服务周报》16 期、《能源保供气象服务专报》9 期，不定期制作高温干旱对能源电力影响决策服务材料 8 期，每周五参加全国早间天气会商，显著提升了面向决策部门的服务能力。

2. 行业影响力明显增强。迎峰度夏能源保供服务用户高达 75 个，包括国家发改委经济运行调节局、国家能源局及 22 个派出机构、31 个省（区、市）能源局、19 个电力安全委员会成员企业、生态环境部大气司、华北电力调控中心等，彰显了气象部门强大的服务保障能力。同时，通过参加能源部门会商，与能源行业多个用户建立了深度联系，行业企业主动对接电力交易、新能源发电、电网运行等服务需求，以决策服务为基石，拓宽了能源气象服务用户覆盖面。《人民日报》《中国能源报》等主流媒体广泛刊载服务亮点和成效，社会效益及行业影响力显著提升。

3. 精细化服务能力得到提升。通过主动对接，需求引领，从无到有研发完成了多类能源保供气象服务产品。同时通过与国家级业务单位合作联动，打造了集天气监测、预报预警、能源气象要素预报、气候预测为一体的全方位、精细化服务，气象部门为能源保供提供精细化服务保障能力大幅提升。国家发改委经济运行调节局反馈："气象部门在防灾减灾中发挥了重要作用，气象为能源保供服务越来越强。"中国大唐集团有限公司反馈：

"新能源气象条件预报对指导新能源企业抢发电、停机检修提供了时间参考，做到了最大限度的增发、满发。"中国广核集团有限公司反馈："每期能源保供气象服务周报对集团和各成员公司全面掌握气象情况提供了非常有益的参考。"

四、经验启示

（一）需求引领是前提

积极与用户交流互动，在服务开始前，通过会商、技术交流会等方式主动对接能源保供气象服务需求，根据服务需求确定产品清单，针对性研发能源保供气象服务产品。在服务过程中，通过信息共享群建立实时互动反馈机制，及时根据国家能源局各相关单位提出的行业需求滚动更新服务产品信息。在一次次面向需求的"实战"过程中，不断完善服务内容、迭代服务产品，让用户感受到精细化、有温度、有内涵的气象服务。

（二）合作联动是关键

在迎峰度夏能源保供服务开展过程中，积极发挥能源气象服务主体作用，在减灾司的组织下，汇集国家级业务单位优势组建迎峰度夏能源保供气象服务专班，探索建立主责明确、优势互补、高效集约的服务模式。积极与省级气象部门沟通合作，通过打造省级示范应用及技术支撑，发展省级本地化能源保供产品，国省一盘棋推动精细化、高质量能源气象服务发展。

（三）科技攻关是保障

注重提升能源保供气象服务科技含量，通过首席专家带队、科研项目支撑、组建技术攻关团队等方式攻破新能源发电、电力负荷气象条件预报等关键领域技术问题。根据不同生产环节和应用场景，构建了基于影响及场景的预报模型，研发了多类能源保供气象服务针对性产品，增加了能源保供气象服务产品细分种类，显著提升了能源保供气象服务科技支撑能力。

强化科技支撑　致力台风预报服务

1. 中国气象科学研究院灾害天气国家重点实验室；

2. 国家气象中心台风与海洋气象预报中心

作者：赵大军[1]　冯佳宁[1]　董林[2]

2022 年 9 月 8—16 日，第 12 号台风"梅花"4 次登陆我国，"梅花"具有登陆强度强、影响范围广、大风持续时间长、降水强度大等特点，是 2022 年以来登陆我国最强的台风。中国气象局进入台风二级应急响应，中国气象科学研究院（简称气科院）及时启动台风区域同化和预报系统（T-RAPS）和台风快速更新短临预报系统（TRANS V1.0），精准预报"梅花"台风路径、强度、登陆点及风雨影响。24 小时路径预报误差 68.8 千米，强度预报误差 5.2 米/秒，暴雨及以上量级降水和阵风实时预报产品有效应用于国省两级台风业务预报服务中，为台风防灾减灾工作提供了科学决策依据，充分发挥了科技支撑作用。

一、基本情况

2022 年第 12 号台风"梅花"于 9 月 8 日生成，12 日进入东海并长时间维持强台风强度，后于 14 日晚 20 时 30 分以强台风级登陆浙江舟山，再于 15 日凌晨 00 时 30 分以台风级第二次登陆上海奉贤，又于 16 日凌晨 00 时以热带风暴级第三次登陆山东青岛，于 16 日 12 时 40 分前后以热带风暴级第四次登陆辽宁大连，之后逐渐减弱变性为温带气旋，中央气象台 16 日 20 时对其停止编号。"梅花"是 1949 年以来首个 4 次登陆我国不同省（市）的台风，也是 1949 年以来最晚登陆山东和辽宁的台风。"梅花"与冷空气结合，带来的大风影响范围广、强度大、持续时间长。"梅花"给浙江、上海、江苏东部、山东半岛、辽宁东部等地带来的累计降雨量达 100～200 毫米，浙江绍兴、宁波局地达 600～700 毫米。

我国是全球受台风影响最多的国家之一，沿海各省（区、市）以及部分内陆地区，均可能遭受台风之灾。为提高我国台风路径、强度及风雨预报水平，揭示台风的三维精细化结构特征，气科院灾害天气国家重点实验室台风创新研究团队研发并集成了多项关键技术，建立了高分辨率、全流程自动化、模块化的台风区域同化和预报系统（T-RAPS）及台风快速更新短临预报系统（TRANS V1.0）。T-RAPS 和 TRANS V1.0 这两个系统共同构成了气科院灾害天气国家重点实验室台风预报系统。

二、监测预报预警技术情况

在短期预报时效内，T-RAPS 系统集成了自主研发的开阔洋面台风涡旋动力初始化、中尺度地形适应的台风涡旋初始化、CAMS 云微物理参数化方案、E-ε 边界层参数化方案等区域台风模式关键技术。T-RAPS 系统连续 8 年开展了西北太平洋台风实时预报。2022

年第 12 号台风"梅花"活动期间，T-RAPS 系统共开展了 36 次逐 6 小时滚动预报，系统运行稳定，结果可靠。系统较为准确地预报了"梅花"台风的路径和强度演变特征，24 小时路径预报平均误差 68.8 千米，强度预报平均误差 5.2 米/秒。系统预报出了"梅花"台风的 4 次登陆过程，24 小时预报时效内，4 次登陆点的位置预报误差平均为 40.5 千米，登陆强度预报误差平均为 4.1 米/秒。T-RAPS 系统对"梅花"台风的过程累积大风和过程极端降水也表现出一定的预报能力。

在短临预报时效内，TRANS V1.0 系统集成了卡尔曼滤波雷达资料循环同化技术、雷达风空间均匀稀疏化算法（SETM）及目标台风同化敏感区识别等关键技术，有效提升了台风登陆前高时空分辨率雷达观测资料在台风数值模式中的应用能力。2022 年第 12 号台风"梅花"活动期间，TRANS V1.0 系统实时同化了浙江舟山雷达资料，共开展了 24 次逐 1 小时滚动预报，系统运行稳定，结果可靠。系统实时提供高时空分辨率的阵风、平均风、降水等 5 类 29 种预报产品。检验表明，TRANS V1.0 系统具备描述中小尺度精细降水过程的能力，能够较好地预报出"梅花"台风的雨强演变趋势。

三、气象服务情况

2022 年第 12 号台风"梅花"活动期间，特别是影响我国期间，气科院台风创新团队与国家气象中心台风与海洋气象预报中心、国家气象信息中心先进计算室密切配合，充实了台风实时预报保障小组，完善了台风预报系统《值班制度》和《值班表》，气科院科研人员在"梅花"影响我国期间 24 小时轮流值班。两套台风预报系统在业务环境下运行稳定、可靠，预报时效能够满足当前业务需要。实时预报产品多次在全国天气预报会商、"梅花"加密会商及预报服务中被采用，为国家级和省级台风预报业务提供了有力的科技支撑（图 1）。

图 1　TRANS V1.0 系统实时预报产品应用于"梅花"台风二级应急响应

为进一步了解"梅花"台风的影响情况，调研省、市、区三级气象部门台风预报预警服务业务发展与防灾减灾能力建设现状，切实提高气科院台风预报服务的针对性与现代化水平，9 月 16—18 日，气科院灾害天气国家重点实验室台风创新研究团队 2 名骨干成员积极参加"国家气象中心联合台风专家组"，先后赴浙江省宁波市气象局、海曙区气象局、舟山市气象局、浙江省气象台和杭州市气象局进行了"梅花"台风气象预报服务与防灾减灾能力建设调研（图 2）。通过此次调研，对"梅花"台风过程服务成效、灾害影响情况、预报服务的难点等有了更进一步认识。调研发现目前一线预报员的预报水平以及技术支撑产品尚不能满足当地决策部门日益增长的精细化气象服务需求。

图 2   台风专家组实地调研"梅花"台风登陆点浙江省舟山市普陀区沈家门码头

四、气象防灾减灾效益

2022 年度检验结果（统计截至 10 月 10 日）表明，气科院灾害天气国家重点实验室台风预报系统 24 小时台风路径预报误差平均为 69.2 千米，强度预报误差平均为 5.3 米/秒，路径和强度预报性能与国内业务台风预报模式总体持平，说明气科院灾害天气国家重点实验室台风预报系统对影响我国台风的路径和强度有较好的预报能力。

相比于目前业务参考的模式，气科院灾害天气国家重点实验室台风预报系统在登陆台风暴雨、大暴雨预报中有优势，具备特大暴雨的预报能力。同时系统可以刻画强台风登陆过程中的降水落区及演变趋势，具备描述中小尺度精细降水过程的能力，可为预报员进行短临时段的精细化预报提供参考。系统对 6 级及以上的极大风预报范围和时间与实况非常一致，特别对 6～8 级的大风预报性能预报偏差不大，与实况非常接近。系统具备对台风登陆前后阵风出现和分布的预报能力，对 8～12 级风预报性能良好且稳定。

气科院灾害天气国家重点实验室台风预报系统为中央气象台、海南省气象台等业务单位提供了高分辨率台风路径、强度、形势场、大风和降水等预报产品，成为预报员分析和预报的重要参考，在会商指导和预报服务中发挥了非常重要的作用。为深入贯彻"监测精密、预报精准、服务精细"的要求，为决策服务打出更多提前量，气科院灾害天气国家重点实验室台风预报系统将继续改进和提升，争取为我国台风预报业务提供更为有力的科技支撑。

首次南方汛期大规模空地联合增雨作业

——增加湖库蓄水，有效缓解旱情

中国气象局人工影响天气中心

作者：林大伟　王飞　蔡森　孙晶

2022年，为应对入夏以来我国南方持续高温干旱，中国气象局人工影响天气中心（以下简称人影中心）充分发挥国家级引领作用，坚持"全国一盘棋"，在全国范围内统筹调度多方资源驰援旱区。首次在南方汛期为国家南水北调蓄水工程——丹江口水库组织大规模人工增雨作业，为缓解当地旱情，保障农业生产生活、能源保供、水资源安全和秋粮稳产丰收发挥积极作用，受到政府和相关部门高度关注与认可，提升了良好的社会影响力。

一、背景情况

2022年6月以来，南方地区发生严重气象干旱，部分地区平均降水量为1961年以来历史同期最少；长江流域干流来水显著减少，江河湖泊水位明显下降，出现"汛期反枯"的罕见现象。其中，丹江口水库及汇水区出现重度以上气象干旱，土壤严重缺墒，森林火险气象等级极高，农业生产受到影响，人民生活用水出现困难。8月25日监测显示，丹江口水库水位已降至157米。若不及时"补水"，将影响南水北调中线工程的输水、发电。面对严重高温、旱情，在中国气象局的统一部署下，人影中心充分发挥国家级引领作用，坚持"全国一盘棋"，在全国范围内统筹调度多方资源驰援旱区（图1）。8月30日，调集

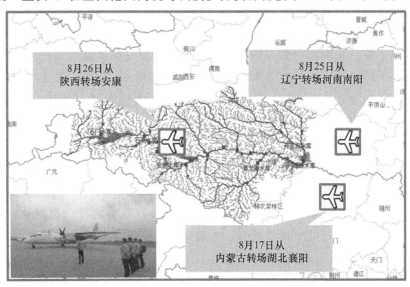

图1　丹江口流域汇水区国家级增雨飞机部署情况

部署在河南南阳、湖北襄阳、陕西安康的 3 架国家级高性能增雨飞机，并协调当地增雨飞机和地面作业力量，统筹调度、统一指挥，抓住有利天气过程，在丹江口流域汇水区首次为国家南水北调工程开展大规模空地联合增雨作业，有效缓解了当地旱情，为保障农业生产、居民生活、能源保供、水资源安全和秋粮稳产丰收发挥积极作用。人工增雨抗旱服务也受到政府和相关部门的高度关注与认可，提升了良好的社会影响力。

二、典型案例

（一）精准预报，科学设计作业方案

围绕 8 月 30 日可能出现的有利降水天气，26 日起人影中心滚动分析丹江口流域的增雨作业条件，发布《人影作业条件预报和作业预案建议》3 期，《人影作业条件监测预警报》2 期，组织人影中心和湖北、陕西、河南 3 省气象局开展专题会商 3 次，对丹江口水库汇水区的云系性质、移向、增雨潜力等人影作业条件进行了专项分析和预报。

人影中心持续加强旱区云降水过程监测预报，利用 FY-4B、天气雷达、CMA-MESO 等国家级业务单位监测预报产品，结合人影模式和卫星云参量反演产品，并回顾了 2013 年南方高温干旱期间降水天气系统特征和增雨条件，确定了"天气类型—降水—云系水平结构—云系垂直结构—作业条件—作业潜力落区"逐步判断的预报思路，对作业条件进行了滚动预报。8 月 29 日 08 时起报的 CMA-CPEFS V1.0 预报结果显示：预计 30 日上午位于陕西安康、湖北十堰的丹江口流域汇水区受积层混合云系影响，有小到中雨天气；云系内单体自西向东移动，移速约 30 千米/小时；从不同水凝物的垂直结构来看（图 2），降水云系主要为冷暖混合云，云顶高度约 8 千米，云顶温度约 $-15\ ℃$，云层暖区发展较为深厚，云底较低，约 1 千米；云中过冷水层浅薄，主要位于 $0\sim-5\ ℃$ 高度（约 $5.3\sim6.3$ 千米），过冷水含量 $0.05\sim0.30$ 克/千克；冷云催化作业建议飞行高度为 $5.3\sim6.3$ 千米；暖云催化作业建议飞行高度为 $2.0\sim3.0$ 千米。利用天衡天衍雷达拼图、2022 年新上线的"风云地球"高清云图、快扫云图检验模式、各类云特性参量产品 8 月 30 日的实况对预报结果进行检验，预报的作业条件与观测基本一致。

基于国家重点研发专项"云水资源评估研究与利用示范"对固定目标区云水资源开发的研究成果，根据水凝物的循环特性与更新期，确定丹江口流域最佳作业区域，选择丹江口水库及上游汇水区约 150 千米范围（陕西东南部、河南西南部及湖北西北部）作为重点作业区开展人工增雨，预计会取得较好的水库增蓄效果。根据 8 月 30 日云条件预报，结合实际空域情况，以"上下游协同、左右岸联动"为原则，设计了"三地四架、冷暖结合"的飞机联合增雨作业方案（图 3）。其中，陕西一架增雨飞机（B-650N）、河南一架增雨飞机（B-3435）以及湖北两架增雨飞机（B-3726 和 B-124M）计划分别在丹江口流域汇水区西部、北部和南部开展作业。方案建议飞机到达作业区域后首先进行垂直探测，根据云系结构及降水性质的实际观测确定作业高度和催化剂类型。作业结束后通过回穿飞行探测作业效果。方案同时提醒需注意飞机作业安全，避开可能出现的强对流和强降水区。

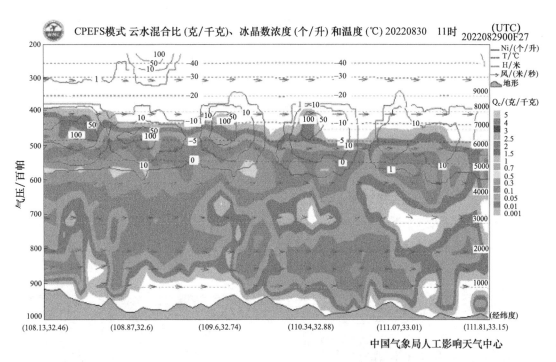

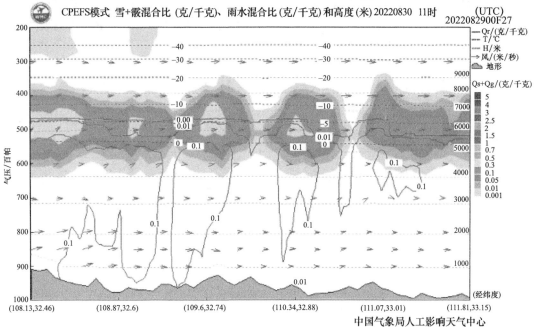

图 2　CPEFS 模式预报的 2022 年 8 月 30 日 11 时沿陕西安康至湖北十堰的云系垂直结构

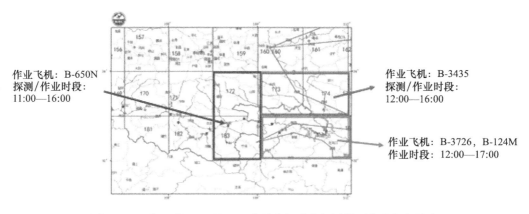

图 3 2022 年 8 月 30 日丹江口流域多机联合探测增雨作业方案设计

（二）精密监测，指挥跟踪作业实施

从 8 月 30 日天气实况来看（图 4），丹江口流域汇水区位于副高西北侧脊区、低层存在切变线，该地区湿层较厚且水汽辐合，降水条件较好。云系以积层混合云为主，降水系统大致由西向东移动，存在局地生消的较强分散性对流。天气实况与预报结果基本一致。

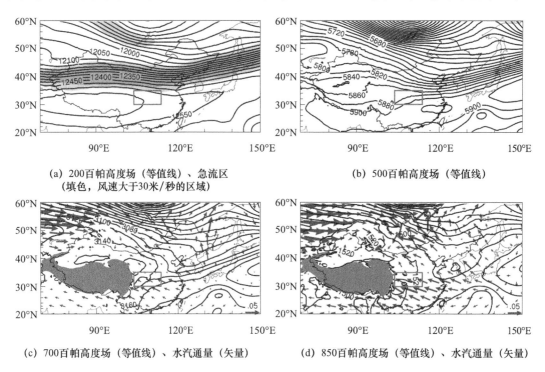

(a) 200百帕高度场（等值线）、急流区（填色，风速大于30米/秒的区域）

(b) 500百帕高度场（等值线）

(c) 700百帕高度场（等值线）、水汽通量（矢量）

(d) 850百帕高度场（等值线）、水汽通量（矢量）

图 4 2022 年 8 月 30 日 08—20 时天气形势图

（方框区域为丹江口流域汇水区，灰色区域为青藏高原地区）

服务期间，充分利用基本气象业务数据结合人影专项产品监测作业条件。基于气象卫星和天气雷达 V3.0 反演产品实时滚动监测目标云和回波的发展演变（图 5），同时加强探空云结构分析及人影中心自主研发的云特性参量产品的应用和检验，结合实时下传的机载宏观、微观探测数据，开展丹江口流域云降水结构特征的多源资料精密监测。

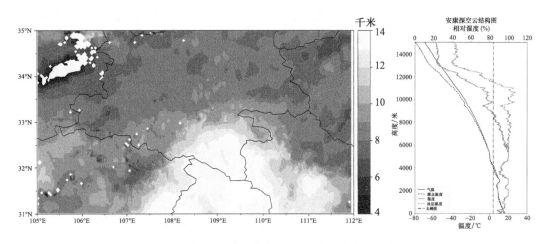

图5 8月30日陕西南部FY4卫星反演产品示意图

8月30日白天，陕西南部以发展深厚的冷暖混合云为主，云顶高度为12～14千米，冷区厚度约7千米，云光学厚度可达40～60。6～8千米高度附近雷达回波强度较弱，为5～15 dBZ，有利于过冷水的形成。

以停靠在陕西安康的B-650N增雨飞机空地实时指挥为例。根据云系结构与发展演变特征，分别于30日06:59和11:31起飞进行人工增雨作业。机载探测资料显示，飞机在海拔（Altitude）4000～5000米多次穿过高过冷水含量区，液态水含量（LWC）最大可达0.14克/米³，云滴数浓度（N）最大可达161.3个/厘米³，云滴平均有效直径（diameter）约27.9微米（图6）。根据云条件的星—空—地综合观测分析，指挥人员提出了飞机在0～−5 ℃高度层使用致冷剂催化或在气温低于−5 ℃高度层使用AgI催化的作业建议。

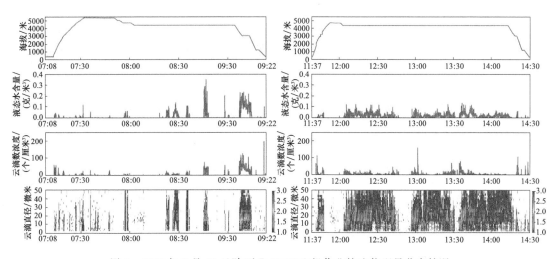

图6 2022年8月30日陕西B-650N飞机作业轨迹物理量分布情况

（左图：06:59飞行架次；右图：11:31飞行架次）

（三）精细服务，抗旱增蓄成效显著

以8月30日陕西安康起飞的B-650N第二架次增雨飞行为例分析作业效果。作业时

段，飞行区域以积层混合云为主，存在分散性对流（图 7），作业高度位于云层中下部，主要通过燃烧暖云焰条进行催化作业。本次飞机增雨作业影响区位于强降水中心东北侧，主体云团降水快速减弱，而影响区降水在作业后有所增加。从机载 CDP（客户数据平台）给出的沿飞行轨迹云滴数浓度和作业前后云滴谱变化（图 8）也可以看出，南侧的飞行区域探测到较多穿云样本。作业开始后约 20 分钟云滴谱明显拓宽，表明暖云播撒作业后可能引起云滴粒子碰并过程增强，直径较小的云滴粒子向较大的雨滴粒子转化，有利于暖云降水的发生，这也侧面印证了影响区作业后降水增强的现象。

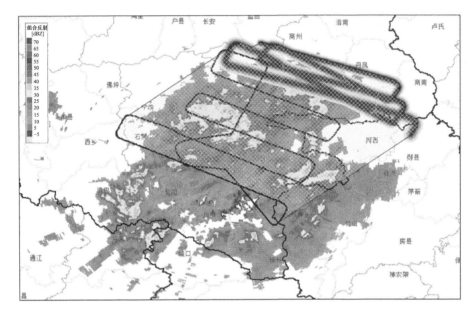

图 7　2022 年 8 月 30 日第二架次 B-650N 的 3 小时催化传输范围叠加 13:03 安康雷达组合回波

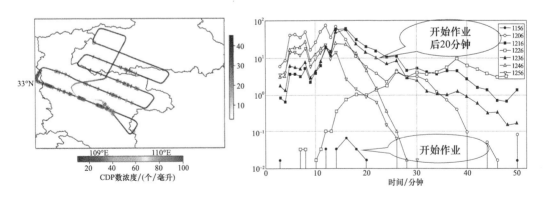

图 8　2022 年 8 月 30 日第二架次 B-650N 探测的 CDP 数浓度（左）
及 CDP 谱随时间变化情况（右，实线为不同时刻 CDP 谱曲线）

　　针对 8 月 30 日降水天气过程，湖北、陕西共开展飞机增雨作业 5 架次，累计飞行时间 14 小时 40 分钟，燃烧冷云焰条 53 根、暖云焰条 80 根，下投冷云焰弹 515 枚，具体飞机作业信息见表 1。此外，湖北十堰、陕西安康、河南南阳围绕丹江口汇水区共组织地面增雨作业 22 次，发射高炮炮弹 289 发、火箭弹 41 枚（表 2）。初步估算，此次空地大范围联合人工增雨作业累计影响面积约 11.5 万平方千米，增加降水约 0.1 亿吨，在自然降水和人工增雨的共同影响下，丹江口流域汇水区的旱情得到一定缓解（图9）。

表1　8月30日丹江口流域及汇水区飞机增雨作业信息

作业省份	飞机编号	机场	起飞时间	降落时间	冷云焰条	冷云焰弹	暖云焰条
陕西	B-650N	安康	06:59	09:25	—	196	24
湖北	B-124M	襄阳	09:19	12:13	30	—	—
湖北	B-3726	襄阳	09:32	12:37	3	99	16
陕西	B-650N	安康	11:31	14:34	—	220	40
湖北	B-124M	襄阳	13:56	17:08	20	—	—

表2　2022年8月30日丹江口流域及汇水区人影作业信息统计表

省份	地面作业			飞机作业	
	次数	炮弹用量（发）	火箭用量（枚）	架次	飞行时长
湖北	12	20	37	3	9小时11分钟
河南	9	269	—	—	—
陕西	1	—	4	2	5小时29分钟
总计	22	289	41	5	14小时40分钟

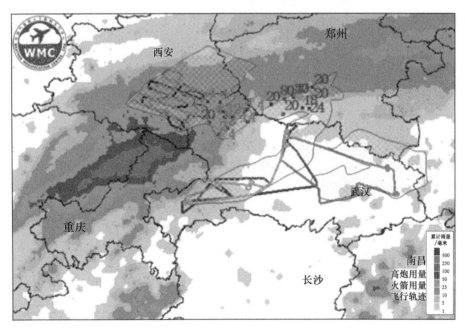

图9　2022年8月30日累计雨量叠加飞机和地面作业影响区

三、服务亮点

在中国气象局的统一部署下，人影中心统筹调度、靠前指挥，湖北、陕西、河南等省密切联合、通力合作，首次调用多架国家高性能增雨飞机为国家南水北调蓄水工程水源地开展补水增容服务，取得良好成效。主要体现在以下方面。

（一）创新机制，服务能力显著提升

围绕丹江口水库汇水区大规模联合增雨作业，是中国气象局首次调用多架国家高性能增雨飞机为国家南水北调蓄水工程水源地开展补水增容服务。创新提出了国省联动、多方协同的工作机制，以及集约高效、统一指挥的人影业务模式。充分显示了东北、西北、中部人影工程的现代化建设成果，高性能增雨飞机在长航时、冷暖云催化、实时指挥和精准监测方面的优势得到验证。同时加强科研成果业务转化，相关做法和经验为提升南方汛期增雨作业能力提供了基础。

（二）科学研判，强化国家级业务指导与技术支撑

人影中心持续加强旱区云降水过程监测预报，利用 FY-4B、天气雷达、CMA-MESO 等国家级业务单位监测预报产品，结合人影模式和卫星云参量反演产品，滚动分析作业条件，制作发布作业预案和作业方案指导产品。围绕专题会商、预报预测、监测预警、跟踪指挥、作业实施、效果评估、安全管理等核心业务，建立了一整套流程，同时积极组织开展技术复盘总结，为后续人影专项服务保障提供了参考样板。

（三）广受关注，人影工作社会影响力明显提升

此次大规模抗旱增雨相关新闻在新华社、《人民日报》、中央电视台密集报道，多家气象和航空头部媒体通过多个渠道跟踪报道了服务全过程，人影服务工作获得了良好的社会影响力，多次得到当地政府的认可和表扬。同时，人影中心多位专家在媒体讲解人工增雨原理和技术，进一步提高了全社会对人影工作的科学认知。

四、下一步工作

本次高温抗旱人影作业服务结束后，人影中心将以此为契机，抓人影业务质量提升，促全国人影转型发展，具体组织做好以下工作。

（一）提升南方暖云、对流云作业技术水平

长期以来，我国主要在北方针对冷云和层状云开展人工增雨，相关的科技基础、技术经验比较成熟；而此次南方高温抗旱的作业对象多是暖云和对流云，相应的科学机理、技术方法和经验明显不足，套用北方冬春季的作业技术在南方夏季开展增雨作业，效果大打折扣。后续将围绕南方暖云、对流云的成套人工增雨作业技术开展专项攻关，在作业装备和催化剂、作业条件识别和效果评估等方面开展针对性的研究工作。

（二）推动国家级增雨飞机运行机制优化完善

此次保障服务，调集了多架国家级增雨飞机在非常驻省开展服务，在调度指挥、作业安全、运行管理等方面或多或少还存在一些问题。后续将围绕这些问题，优化机制、理顺流程、明确责任，提升国家级增雨飞机的运行效率，确保各方面的作业安全。

精细化组织重大天气"一过程一策"推动宣传科普深度融入防灾减灾第一道防线

中国气象局气象宣传与科普中心(中国气象报社)

作者:苏玉君　张永

2022年汛期,中国气象局气象宣传与科普中心(中国气象报社)(简称宣传科普中心(报社))认真贯彻落实中国气象局党组要求,坚持"人民至上、生命至上",深入思考探索极端天气背景下的宣传科普与预报服务互动机制,抓住暴雨、高温、台风等重大天气过程,创新组织开展"一过程一策",把握宣传科普时度效,凝聚内外合力,在实践中不断总结凝练,使宣传科普在汛期防灾减灾中的先导性作用进一步发挥,舆论引导力进一步增强,取得了良好成效。关于南方强降雨、高温干旱的"一过程一策"宣传科普工作报告得到中国气象局庄国泰局长两次批示肯定。

一、基本做法

我国幅员辽阔,气候复杂多变,特别是在气候变暖背景下,极端天气呈现多发、重发、并发趋势。气象宣传科普作为气象防灾减灾工作链条上的重要一环,在重大天气过程的"前、中、后"通过有组织、有策划地开展精细化媒体传播,可以更好地解疑释惑、引导舆论,提升公众防灾避险能力。2022年以来,宣传科普中心(报社)认真落实中国气象局办公室和减灾司的有关要求,创新开展"一过程一策",着力在精细化组织和内外联动方面下功夫,其基本做法有四方面。

一是加强组织协调,完善工作机制。加强组织部署,做到重大天气过程"有方案、有组织",建立健全统一策划、科普先导、全媒采集、权威发布、舆情监测、传播评估全链条流程机制,实现内部无缝衔接、上下紧密协作、内外有效联动。加强上下联动,与国家级业务单位和受影响省份气象局建立微信群等常态化沟通机制,加强宣传科普沟通指导,第一时间共享宣传科普素材。

二是优化产品供给,发挥科普先导性作用。利用气象科普产品库,提前制作并更新汛期气象灾害防御科普产品,根据具体天气过程预报结论及天气发展,分时段、分区域地为受影响省份提供形态多样、针对性强的科普产品清单。同时,通过宣传科普中心(报社)媒体沟通渠道和各地气象部门向社会媒体主动提供科普产品,扩大科普覆盖面。

三是精细组织策划,把握宣传科普时度效。根据预报与实况进展情况,找准科普切入点,把握宣传科普节奏,加强舆论引导力。在天气过程前,注重预报极端性和防灾提醒,提前广泛发布防灾避险科普产品;在天气过程中,注重宣传实况以及服务情况,遇到复杂天气和预报不准确情况时,及时通过专家科普解疑释惑,回应社会关切;在天气过程中间和临近结束时,深入挖掘典型案例,广泛宣传气象人精神。

四是加强媒体合作，递进式组织新闻发布。根据天气特点、进展情况以及舆情情况，适时组织线上线下媒体通气会，注重发挥专家的专业、权威作用，坚持上下联动，联合国家级业务单位和受影响省份气象部门及时滚动发布，取得良好效果。同时依托中国气象报社丰富的报道素材，通过与央媒建立的"绿色通道"，实现新闻通稿快速直达，受到媒体记者的广泛欢迎。

2022 年汛期，针对重大天气过程，组织开展暴雨、台风、高温"一过程一策"15 次，组织线上线下新闻发布会 16 场，推出专家解读 39 期，向各单位和媒体提供科普产品近百个，联合上百家媒体开展直播 5 场次，运营 14 个微博话题浏览量超千万次、7 个话题超亿次，国家级报网微端开设"人民至上、生命至上""汛期气象服务"等专题专栏近 20 个，推出报道超过 1.5 万篇（个），各类产品浏览量超 10 亿次。

二、"一过程一策"具体案例

（一）南方高温干旱

2022 年 8 月以来，针对南方持续高温干旱，中央气象台连续发布高温红色预警，宣传科普中心（报社）认真落实庄国泰局长关于宣传科普与预报互动的要求，精心组织开展"一过程一策"，加强国省联动和媒体沟通，创新形式组织新闻发布，积极引导舆论，包括人工增雨在内的气象工作得到广大网友积极评价，气象部门社会良好形象进一步树立。

1. 把握时度效，加强组织协调

一是突出重点，找准切入点。根据天气形势变化，前期重点组织宣传高温预警、实况以及高温对农业等各行业影响，做好防灾提示。随着干旱的发展，后期重点做好气象服务宣传，特别是灭火服务和人工增雨宣传，全方位展示气象部门应对高温干旱的行动、成效和气象人精神。

二是创新形式，权威发布。打破传统发布会形式，根据天气形势及舆情情况，滚动组织两场国省联动线上媒体通气会。邀请国家气象中心、国家气候中心、公共气象服务中心以及湖北、上海、浙江、重庆等直属单位和省（市）气象局专家进行权威解读，超过 70 家媒体参加发布会。

三是上下联动，无缝对接。与南方受影响各地气象部门密切联动，加强与媒体沟通策划，通过与中央广播电视总台等建立的"绿色通道"机制，第一时间将具有"滚烫"现场感的新闻素材推送给中央媒体，确保了新闻的时效性和刊播率。

2. 宣传科普成效显著

一是中央媒体密集报道。《新闻联播》《焦点访谈》《新闻 1＋1》等重点栏目播出气象相关报道 15 条。《人民日报》刊发高温干旱及相关气象服务报道 53 篇。围绕中国气象局派出增雨飞机驰援重庆、四川、湖北等地，央视《新闻联播》《共同关注》《东方时空》等多个栏目进行报道。央视新闻频道特别推出《时空纪实 重庆"向天索雨"纪实》系列报道。

二是新媒体传播效果显著。围绕高温天气策划推出系列专家解读、动态数据新闻、短视频等融媒体产品。其中"专家解读高温天气"在线直播获得《人民日报》、央视频等 25

家媒体转发，播放量达 610 万次。运营微博话题"高温天气超长待机""如何退出高温群聊"，滚动发布高温预报预警和"名家讲科普"等科普产品，阅读量达 7992 万次，登上热搜榜。挖掘策划新媒体产品《重庆北碚"以火灭火"！气象人"借"了把关键的东风！》，全网阅读量超过 300 万次，得到《科技日报》等媒体转载，中央电视台《东方时空》栏目据此进行深入采访。

三是进一步弘扬气象人精神。加强上下联动策划，深入挖掘报道一线故事，多种形式宣传服务成效。重庆市奉节县气象局局长左燕丽扑救林火事迹的报道《累倒在山石上的女气象局长，为了啥?》登上微博热搜榜。热点话题"睡在火点旁的气象局长"登上微博热搜、抖音热搜，50 余家媒体转载，相关新媒体话题和融媒体产品阅读量超过 7000 万次，形成现象级传播，生动反映了气象干部职工践行"两个至上"、奋力做好高温干旱气象服务的良好风貌。

（二）5 月 9 日至 13 日南方强降雨

5 月 9 日至 13 日，南方出现入汛以来最强降雨，中国气象局启动三级应急响应。宣传科普中心（报社）坚持"人民至上、生命至上"，认真贯彻中国气象局党组要求并结合落实《重大灾害性天气科普联动工作方案》，牵头组织"一过程一策"，助力实现"预报早服务早、联动好效果好"。

1. 加强组织策划，构建联动机制

根据预报情况，提前制定《关于 5 月 9 日至 13 日强降雨过程宣传科普联动工作方案》，与中央气象台等国家级业务单位以及福建、江西、湖南、广东、广西等受影响区域的 5 个省（自治区）建立微信沟通群，加强宣传科普指导，并根据灾害防御重点两次提供科普产品清单，组织协调各单位专家接受媒体采访。

2. 加强天气解读，开展滚动科普

5 月 7 日至 8 日，各平台提前发布本次暴雨过程预报信息和专家解读，提醒公众做好防御。其中，中国气象网推出的《入汛以来最强降雨将袭南方》得到 526 家媒体转载。暴雨期间，邀请湖南、广西、广东等地气象专家解读本区域暴雨情况，提示防御重点，合计阅读量超过 500 万次。在降雨最强时段，启动全国气象新媒体矩阵应急联动，对于广州暴雨"姗姗来迟"、部分公众质疑预报准确性时，联合深圳市气象局知名主播推出科普短视频，中国气象微信推出评论，及时解疑释惑、引导舆论。

3. 加强内外联动，提升宣传影响力

加强与中央媒体、地方媒体、社会媒体沟通策划，细化传播服务，每日为媒体提供科普素材和新闻通稿，借助媒体广泛开展防灾避险知识宣传，形成全社会合力。广东省气象局与广东省广播电视台新闻中心直播连线，由首席预报员、暴雨专家就入汛最强降雨特点、预报难点对公众进行解读，得到广东电视台全媒体矩阵播出，全网观看量超过 200 万次。福建省气象局与福建省委网信办合作，向全省 189 家主流媒体和政务新媒体推送发布微信《雨！雨！雨！本轮降水的强盛时段开始了》等信息。

据统计，5 月 9 日至 14 日，针对南方暴雨全网报道总量近 10 万条；中国气象局、《中国气象报》、中国天气网及其新媒体发布各类产品合计千余条，阅读量近 2 亿次。

三、经验启示

2022 年汛期宣传科普中心（报社）结合改革后的新职能、新定位，在实施"一过程一策"中，着眼于加强组织策划能力和资源统筹能力，进一步完善与外部媒体沟通机制，上下联动机制更加顺畅，策划更加具有针对性和系统性，宣传科普内外合力得到加强，进一步发挥了宣传科普在防灾减灾中的先导性作用。

通过实践，探索了宣传科普与预报服务的互动机制，这就要求在"早、细、实、活"上下功夫。"早"就是早谋划、早部署，打出宣传科普提前量。对每一次重大天气过程，在预报结论出来之后第一时间进行部署安排，细化工作方案，梳理科普产品，做到"方案早、产品早、人员部署早"。"细"就是要以需求为导向，根据天气过程特点和变化情况，细化策划方案和流程机制，细化舆情应对措施，"量身定制"宣传科普素材。"实"就是要突出实用性，科普产品不能千篇一律，好的宣传报道更要回应社会关切，真正做到解疑释惑。"活"就是要鲜活，通过深入一线挖掘鲜活案例，创新展现形式，生动讲好气象故事，才能引起共鸣得到广泛传播。

下一步，宣传科普中心（报社）将进一步总结经验、查找不足、调研需求，通过健全联动机制、提升组织策划能力，不断提升宣传科普工作质量水平，为筑牢气象防灾减灾第一道防线做出更大贡献。

紧抓关键节点 多元化产品出新
中国天气全媒体服务高温天气过程

华风气象传媒集团有限责任公司

作者：卫晓莉 张明 陈萌

2022年夏季，我国经历自1961年以来最强的高温热浪事件。"中国天气"全程关注高温、干旱天气影响，充分发挥平台资源和专业数据优势，运用多个业务单位独家产品，策划形式丰富的节目和媒体产品，实行主流媒体密集发声、全媒体分发，服务公众，引导舆论，取得良好的传播效果，有效助力发挥防灾减灾第一道防线作用。

一、服务成效

"中国天气"依托平台资源和专业数据优势，权威预警，头条发布，主流媒体密集发声。

公共广播电视平台综合运用25个国家级广播电视媒体平台，第一时间发布中央气象台的预警预报产品。《新闻联播天气预报》无一遗漏地发布了75次高温预警，11次最高级别的红色预警（图1）。

图1 《新闻联播天气预报》发布高温预警

在高温事件发展的不同阶段，采取连续追踪、递进式报道的方式，推出了"北方最强高温热浪""观测史上最热大暑节气""滚烫中伏""今夏观测史最强高温热浪事件""8月中旬极致暑热""首个高温红色预警""最热三伏盘点""挥别最热夏天"等多个头条策划（图2），面向公众权威发声。

图2 《新闻联播天气预报》策划多个高温头条

中国天气网策划发布的媒体服务产品，在网站、微博、微信、百度百家号、抖音、快手等多平台分发，全网总浏览量达 5.2 亿次，多次登上各大平台热搜榜。具体如下：

实时追踪各地高温进程，发布预报预警、独家专访、生活预警地图、防御科普、分析师解读产品共计 310 条，被多家媒体转载，中国天气网端总浏览量达 5273 万次，登上微博、百度、新华社、腾讯新闻等热搜榜 16 次。同时，充分运用短视频画面直观、丰富、生动、利于传播信息的特征，推出预警预报、专家解读、天气资讯、气象科普等各类短视频 200 条，总观看量达 6350.3 万次。短视频《高温灭灯地图》被央视《晚间新闻》栏目、央广网、中国青年网等多家主流媒体和自媒体引用，各平台总浏览量达 1062.7 万次，为"中国天气"在各大平台运营以来浏览量最高的短视频。预警类短视频《今年首发最高级别高温红色预警》登上快手热榜第二位，《北京发布高温黄色预警》被快手平台进行热点推送。

新媒体端共发布高温相关内容超 550 条，＃上海气温追平 1873 年来最高纪录＃、＃今年来范围最大最强高温来袭＃、＃河南热成了可南＃等 10 个原创话题登上微博热搜，＃重庆的热比 996 还拼＃等 36 个话题登上微博同城热搜，总阅读量超 8.5 亿次。

二、亮点工作

（一）创新推出高温榜单可视化产品

"中国天气"充分运用专业数据，结合公众心理感受、社会舆情走向，打造切合公众体验的可视化产品。创新打造了高温日历、桑拿天地图、高温四大榜单等独家排行类、地图类服务产品（图 3），产品击中网友可以对号入座的分享心理，引发传播热潮和网友热议。国家级影视节目打造首个自主研发适合影视业务的极值监测预警产品（图 4 至图 9），在 2022 年高温热浪过程中频繁应用，大大提高了《新闻联播天气预报》等节目的科技含量。

图 3　中国天气网打造地图服务产品

图 4　CCTV-5《体育天气》中发布紫外线强度指数预报

图 5　CCTV-17《农业气象》关注农田干旱

图 6　播报油茶高温干旱分布

图 7　播报柑橘高温热害

图 8　播报农业干旱监测

图 9　播报苹果高温热害等级分布

（二）重点针对天气转折点提供精细化服务

关键节点，提前策划制作相关图文、视频产品，做到"第一时间、权威发布"。高温开启之际，中国天气网发布《首席有话说：好热！今年以来最强高温开启》。高温逐渐发展之时，推出热点稿件《全国超 260 个高温红色预警生效中　重庆四川继续领跑全国气温排行榜》等被新华社、中新网、光明网等 10 余家主流媒体转载。在高温消退的重大转折点，推出《高温灭灯地图》，短短 10 秒的视频迅速火爆各大视频平台，引发网友热烈互动。策划推出独家图文产品《终于要熬出头了！全国高温退场日历出炉，你家哪天退出高温"群聊"》，上线后登上腾讯、百度、微博三大热搜榜，"中国天气"原创话题♯全国高温退场日历♯阅读量超 5200 万次。高温终结之时，推出《了姐涨知识：今年高温热的有多凶？一起来盘它》等文章，盘点 2022 年高温事件之极端，整体介绍暑热结束进程。

（三）密集增加多档直播，发布多篇专访，回应舆论热点

此次高温热浪事件历史罕见，媒体和公众都在追问"高温为什么这么强""高温何时能缓解"等问题。"中国天气"实时追踪高温进程，发布多篇深度访谈，回应舆论热点和公众疑问。国家气候中心明确高温事件强度后，推出专访《四问 1961 年来最强高温：高温造成哪些影响？何时缓解？》。随着南方旱情发展，策划推出专访《四问长江流域严重旱情：正值汛期为何干旱？雨水何时来解渴？》，解析长江流域旱情及未来雨水趋势，登上百度热搜榜第 5 位（图 10）。

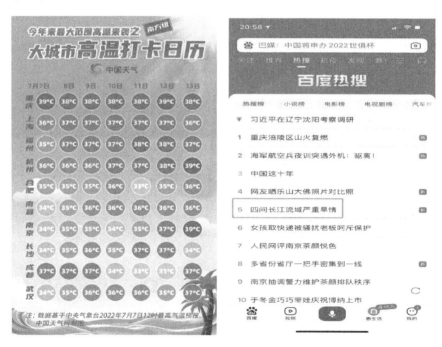

图 10　中国天气网解读旱情登上百度热搜榜第 5 位

公共广播电视平台累计增加直播、录播连线总计 24 次，合作栏目覆盖了中央广播电视总台核心的新闻栏目（图 11 至图 13）。节目中除了大气环流形势异常的解读外，还关注气候变化对高温热浪趋势的影响。专家对全球极端高温热浪进行了横向比较与分析，对全球气候异常极端事件增多等大背景作了科普和深度分析，中国之声晚间大科普《新闻超链接》增加 4 次，每次 30 分钟的深度科普。

图 11　CCTV-1《东方时空》专家解读高温天气

图 12　《凤凰卫视》专家连线

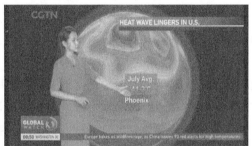

图 13　CGTN《环球瞭望》主播连线介绍国外极端高温

（四）联合国省业务单位，运用独家产品开展媒体服务

8 月 21 日，"中国天气"联合国家卫星气象中心遥感应用室发布原创策划《南方高温干旱持续发展　鄱阳湖洞庭湖近一个月均"缩水"约 66％》，利用高清卫星图片展示鄱阳湖、洞庭湖水体面积变化，被百度弹窗推荐，人民网、腾讯新闻、中国青年网等 10 余家主流媒体转载，登上腾讯新闻首页高温专题热门。高温热浪事件后期，"中国天气"联合中国气象局人工影响天气中心，湖北、重庆、河南、贵州等地气象部门，发布各地人影作业现场报道，推出《六问人工增雨抗旱》等权威解读回应公众关切，宣传人影作业。推出图文《中国气象局人工增雨飞机抵达河南　支援河南增雨抗旱》、真人拟物表演短视频《人工增雨到底是如何实现化云为雨的？》等服务产品，科普人工增雨科学原理、实现方式等。

三、主要经验

（一）以技术创新为引领，提升核心服务能力

在此次服务报道过程中，"中国天气"积极加强技术创新，持续加强核心应用能力建设。自主研发气象影视极端天气监测预警产品，对未来 3 天可能出现的平破纪录、接近纪录的极端天气进行预警，并将预警结果转化为可供节目使用的可视化图形；创新三维天气科普产品，结合三维制作软件 C4D 和 Viz-Artist，制作完成三维动画 14 组，丰富气象服务影视产品可视性；上线自主研发新版业务产品共享平台，满足日常节目制作中信息和图

形发布和查询、智能化存储和利用等功能，极大提高了节目制作能力和效率；实现预警类稿件自动化发布，通过推进 CMS 平台升级，预警稿件自动化生产和微博预警自动化发布开发工作，实现预警稿件的发稿时间由原来的 5～8 分钟缩短至 1～3 分钟，有效提升发布效率；应用新 30 年气候数据，挖掘公众服务高影响天气气候规律，并进行深入的可视化研究。

（二）加强策划，打"有准备之仗"

在此次服务报道过程中，实行季—周—日的全时间段策划机制，长期策划储备服务产品和科普模型，中期策划制定报道方案，进行数据挖掘和图形制作，短期策划紧盯实况、关注舆情。针对高温天气，在服务上突出长时效部署、连续追踪，回应社会关切。针对 2022 年高温时间长、影响大等情况，紧抓关键传播节点，提前研判加密解读，加强独家观点输出，打造系列爆款传播案例。

（三）国省上下业务联动，传递官方声音

"中国天气"积极联合国省各级气象业务单位，提升报道内容的丰富度，同时使媒体和公众进一步了解气象部门的工作内容及意义。

中国天气官网微博与高温高影响省份官方微博积极互动 20 余次，传播本地化高温预报预警或科普等内容，阅读量超百万次。中国天气网联合湖南、重庆等省级站发布高温及其社会影响类高清图集和图文资讯超 200 条，持续关注高温对各地的影响。其中，中国天气网联合黑龙江省气象服务中心，特别策划推出数据新闻《全国多地热到发紫　大数据揭秘 25℃的夏天在哪里》，上线后《人民日报》、光明网等多家媒体各端转载近 50 次，各端阅读量超 150 万次。

此次高温热浪是近年来持续时间最长的高关注度天气事件，"中国天气"全过程追踪、全媒体发布、全平台推广媒体服务产品，及时传播预报预警、科普高温原因、人工如何影响天气等热门话题，同时宣传气象部门的工作内容和意义。今后，"中国天气"还将把此次高温热浪事件报道的有效经验运用到业务工作中，同时不断创新更利于传播信息、更易被受众接受的媒体产品形式，不断提升媒体服务水平，助力发挥防灾减灾第一道防线作用。